普通高等教育创新型人才培养规划教材

机电传动与控制

（第 2 版）

王 丰 琚立颖

杨 杰 王鑫阁 施政达 编著

U0271591

北京航空航天大学出版社

内 容 简 介

本书以机电传动和电气控制为两条主线编写而成,主要包括绪论、机电传动控制系统中的控制电动机、低压电器及其选择、继电接触器控制、可编程控制器、交流电动机无级调速控制和机电传动控制系统设计,书后附有实用技术资料,包括控制电动机、常用低压电器元件和 MM 440 变频器的主要技术数据、S7-200 系列 PLC 重要信息等。

本书可作为高等院校机械设计制造及其自动化专业和机械电子工程专业的教材,也可供从事电气控制技术工作的工程技术人员参考。

图书在版编目(CIP)数据

机电传动与控制 / 王丰等编著. -- 2 版. -- 北京:
北京航空航天大学出版社,2017.7
　　ISBN 978-7-5124-2460-9

Ⅰ. ① 机… Ⅱ. ① 王… Ⅲ. ① 电力传动控制设备－高
等学校－教材 Ⅳ. ①TM921.5

中国版本图书馆 CIP 数据核字(2017)第 162615 号

机电传动与控制
(第 2 版)

王　丰　琚立颖

杨　杰　王鑫阁　施政达　编著

责任编辑　金友泉

*

北京航空航天大学出版社出版发行

北京市海淀区学院路 37 号(邮编 100191)　http://www.buaapress.com.cn
发行部电话:(010)82317024　传真:(010)82328026
读者信箱:goodtextbook@126.com　邮购电话:(010)82316936
北京兴华昌盛印刷有限公司印装　各地书店经销

*

开本:787×1 092　1/16　印张:17.25　字数:442 千字
2017 年 7 月第 2 版　2017 年 7 月第 1 次印刷　印数:3 000 册
ISBN 978-7-5124-2460-9　定价:36.00 元

前　言

　　距 2013 年出版《机电传动与控制》已有 4 年。其间,该书承蒙多所兄弟院校同仁们的厚爱而被广泛采用,作者心存万分感念。结合多年来的教学实践和科研经历,作者认为有必要纳入 S7 - 200 PLC 关于高速计数器、脉宽调制、步进电动机定位控制等方面的高级应用示例,故有了此次再版。除此之外,还对教材的体系结构做了较大幅度的调整,从而使其专业条理性更加清晰。

　　本书共分为 6 章和附录。第 1 章介绍机电传动控制的目的、任务及其发展,以及机电传动控制系统的组成和分类;第 2 章介绍机电传动控制系统中的常用控制电动机,如直流伺服电动机、交流伺服电动机、步进电动机的工作原理及其基本控制方法;第 3 章介绍常用低压电器元件(包括一些新型元器件)的基本结构、工作原理、主要技术参数、选用方法以及继电接触器控制的基本控制线路、继电接触器控制系统的设计方法和设计实例;第 4 章以德国西门子公司的 S7 - 200 系列 PLC 为例介绍 PLC 的基本知识以及 S7 - 200 PLC 编程软件、S7 - 200 PLC 常用指令和高级应用(包括高速计数器、脉宽调制、步进电动机定位控制)、PLC 控制系统的设计原则、基本设计方法和设计实例;第 5 章介绍交流电动机无级调速控制,并以西门子公司 MM 440 变频器为例介绍变频器的基本结构和功能、变频器的选用方法以及变频器的参数设定;第 6 章介绍机电传动控制系统设计的基本原则和一般步骤,并通过设计实例,详细介绍机电传动控制系统的设计内容和设计方法。从实用角度出发,书后附录部分提供了一些经过作者精心挑选的技术资料,包括日本三菱公司交流伺服电动机和德国百格拉公司三相混合式步进电动机的技术规格和特性曲线、常用电器元件技术数据、S7 - 200 PLC 模块接线图、S7 - 200 PLC 特殊存储器(SM)标志位含义及其功能、S7 - 200 PLC SIMATIC 指令集、MM440 变频器技术数据等。为了便于读者自学,每章后均附有习题和思考题。书中图形符号和文字符号采用新的国家标准 GB/T 4728—2005 ～ 2008 及 GB7159—87。附录部分包括附录 A 到附录 D,从附录中可以查找 MELSERVOJ3 交流伺服系统技术数据、德国百格拉公司步进电动机技术数据、常用电器元件等的技术数据。

　　参加本书编著工作的有王丰、琚立颖、杨杰、王鑫阁和施政达。全书由王丰统稿和定稿,除了第 1 章由王丰和杨杰、第 5 章由王丰和琚立颖共同编著、西门子 S7 - 200 PLC 高级应用示例由王鑫阁和施政达增补外,其余章节由王丰完成。本书的出版得到了北京航空航天大学出版社的大力支持,唐宇轩、何磊、魏鹏、彭辉辉、李峥、史浩楠、刘绍川等同学为本书的文字录入、图表制作做了大量工作,在此谨致衷心的感谢。

本书参考了参考文献中的部分内容和图表,书中部分技术资料取材于互联网,作者在此对其作者一并表达谢意。由于机电传动控制涉及多个学科,限于作者的学识水平,书中不妥之处未可避免,敬请使用本书的教师和读者提出宝贵意见。

作 者

2017 年 5 月

目　录

第1章 绪 论

1.1 机电传动控制的目的和任务

机电传动也称电力拖动或电力传动,是指以电动机为原动机驱动生产机械的系统的总称。其目的是将电能转变成机械能,实现生产机械的启动/停止和速度调节,以满足生产工艺过程的要求,保证生产过程正常进行。因此,机电传动控制包括用于拖动生产机械的电动机以及电动机控制系统两大部分。

在现代化生产中,生产机械的先进性和电气自动化程度反映了工业生产发展的水平。现代化机械设备和生产系统已不再是传统的单纯机械系统,而是机电一体化的综合系统。机电传动控制已成为现代化机械的重要组成部分。机电传动控制的任务从狭义上讲,是通过控制电动机驱动生产机械,实现产品数量的增加、产品质量的提高、生产成本的降低、工人劳动条件的改善以及能源的合理利用;而从广义上讲,则是使生产机械设备、生产线、车间乃至整个工厂实现自动化。

随着现代化生产的发展,生产机械或生产过程对机电传动控制的要求越来越高。例如:一些精密机床要求加工精度达百分之几毫米,甚至几微米;为了保证加工精度和粗糙度,重型镗床要求在极低的速度下稳定进给,因此要求系统的调速范围很宽;轧钢车间的可逆式轧机及其辅助机械操作频繁,要求在不到 1 s 的时间内就能完成正反转切换,因此要求系统能够快速启动、制动和换向;对于电梯等提升机构,要求启停平稳,并能准确地停止在给定的位置上;对于冷、热连轧机或造纸机,要求各机架或各部分之间保持一定的转速关系,以便协调运转;为了提高效率,要求对由数台或数十台设备组成的自动生产线实行统一控制和管理。上述这些要求都要依靠机电传动控制来实现。

随着计算机技术、微电子技术、自动控制理论、精密测量技术、电动机和电器制造业及自动化元件的发展,机电传动控制正在不断地创新与发展,如直流或交流无级调速控制系统取代了复杂笨重的变速箱系统,简化了生产机械的结构,使生产机械向性能优良、运行可靠、体积小、质量轻、自动化方向发展。因此,在现代化生产中,机电传动控制具有极其重要的地位。

1.2 机电传动控制的发展

1.2.1 机电传动的发展

机电传动及其控制系统总是随着社会生产的发展而发展的。20 世纪初,由于电动机的出现,使得机床的传动方式发生了深刻的变革,电动机替代了蒸汽机。而后,它的发展大体上经历了成组拖动、单电机拖动、多电机拖动和交、直流无级调速四个阶段。

1. 成组拖动

成组拖动是用一台电动机拖动一根天轴,然后再由天轴通过传递带轮和传递带分别拖动各生产机械,这种传动方式生产效率低,劳动条件差,一旦电动机发生故障,将造成成组的生产机械停车。

2. 单电机拖动

单电机拖动是用一台电动机拖动一台生产机械。较之成组拖动,单电机拖动简化了传动机构,缩短了传动路线,提高了传动效率,至今仍有一些中小型通用机床采用单电机拖动。

3. 多电机拖动

多电机拖动是指一台生产机械的每一个运动部件分别由一台专门的电动机拖动,例如龙门刨床的刨台、左右垂直刀架与侧刀架、横梁及其夹紧机构,均分别由一台电动机拖动,这种传动方式不仅大大简化了生产机械的传动机构,而且控制灵活,为生产机械的自动化提供了有利的条件,所以现代化机电传动基本上均采用这种传动形式。

4. 交、直流无级调速

电气无级调速具有可灵活选择最佳切削速度和极大简化机械传动结构的优点。由于直流电动机具有良好的启动、制动和调速性能,可以很方便地在宽范围内实现平滑无级调速,所以 20 世纪 30 年代以后直流调速系统在重型和精密机床上得到广泛应用。20 世纪 60 年代以后,由于大功率晶闸管的问世以及大功率整流技术和大功率晶体管的发展,晶闸管直流电动机无级调速系统和采用脉宽调制的直流调速系统获得广泛应用。20 世纪 80 年代以后,由于半导体交流技术的发展,使得交流电动机调速系统有突破性进展。交流调速有许多优点:单机容量和转速可大大高于直流电动机;交流电动机无电刷与换向器,易于维护,可靠性高。与直流电动机相比,交流电动机还具有体积小、质量轻、制造简单、坚固耐用等优点。目前,交流调速已突破关键性技术,从实用阶段进入了扩大应用、系列化的新阶段。以鼠笼式交流伺服电动机为对象的矢量控制技术,是近年来新兴的控制技术,它能使交流调速具有直流调速的优越调速性能。交流变频调速器、矢量控制伺服单元及交流伺服电动机已日益广泛地应用于工业生产中。交流调速的发展必将对机床行业产生深远影响,必须引起充分重视。

1.2.2　机电传动控制系统的发展

自从以电动机作为原动机以来,伴随着电气拖动的发展,机电传动控制系统的发展经历了以下几个阶段:

1. 继电接触器控制

最早的自动控制是 20 世纪 20～30 年代出现的传统继电接触器控制,它可以实现对控制对象的启动、停车、调速、自动循环以及保护等控制。其优点是所用控制器件结构简单、价格低廉、控制方式直观、易于掌握、工作可靠、维护方便,在机电传动控制中得到广泛的应用。但是经过长期使用,这种控制方式的不足之处也日益显现,即体积大、功耗大、控制速度慢、改变控制程序困难;由于是有触点控制,在控制系统复杂时可靠性降低,因此不适合对生产工艺及流程经常变化的机械进行控制。

2. 顺序控制器控制

在 20 世纪 60 年代,随着半导体技术的发展,出现了顺序控制器。它是继电器和半导体元件综合应用的控制装置,具有易于修改程序、通用性较强等优点,广泛用于组合机床和自动线上。

3. 可编程序控制器（PLC）

可编程序控制器是计算机技术与继电接触器控制技术相结合的产品。它是以微处理器为核心、顺序控制为主的控制器，不仅具有顺序控制器的特点，而且具有微处理器的运算功能。PLC 的设计以工业控制为目标，因而具有功率级输出、接线简单、通用性强、编程容易、抗干扰能力强、工作可靠等优点。它一经问世，便以强大的生命力迅速地占领了传统的控制领域。PLC 的发展方向之一是微型、简易、价廉，以图取代传统的继电接触器控制；而它的另一个发展方向是大容量、高速、高性能，对大规模复杂控制系统能进行综合控制。

4. 数字控制技术（NC）

数字控制技术是以数字化的信息，通过数控装置（专用或通用计算机）实现控制的技术，数控机床是其最典型的产品。它集高效率、高柔性、高精度于一身，特别适合多品种、小批量的加工自动化。早期的数控装置实质上就是一台专用计算机，由固定的逻辑电路来实现专门的控制运算功能，可以实现插补运算。

在数字控制的基础上，又出现了以下几种控制方式：

1）计算机数字控制技术（CNC）

计算机数字控制技术是利用小型通用计算机来实现数控装置的运算功能，其运算功能更强。

2）加工中心机床（MC）

加工中心机床是采用计算机数字控制技术，集铣床、镗床、钻床三种功能于一体的加工机床，它单轴加工，配有刀库和自动换刀装置，大大地提高了加工效率，是多工序自动换刀数控机床。

3）自适应数控机床（AC）

自适应数控机床可针对加工过程中加工条件的变化（如材料变化、刀具磨损、切削温度变化等），自动进行适应调整，使加工过程处于合理的最佳状态。自适应数控机床基于最优控制及自适应控制理论，可在扰动条件下实现最优。

4）柔性制造系统（FMS）

柔性制造系统将一组数控机床与工件、刀具、夹具以及自动传输线、机器人、运输装置相配合，并由一台中心计算机（上位机）统一管理，使生产多样化，为生产机械赋予柔性，可实现多级控制。FMS 是适应中小批量生产的自动化加工系统。有些较大的 FMS 由一些较小的 FMS 组成，而这些较小的 FMS 系统也称为柔性加工单元（FMC）。

5）计算机集成制造系统（CIMS）

虽然柔性制造系统具有柔性，但是由于缺少计算机辅助设计等环节，因此不能保证"及时生产"（即边生产边设计）。计算机集成制造系统是在柔性制造系统的基础上，增加计算机辅助设计环节，从而使设计和制造一体化。它利用计算机对产品的初始构思设计、加工、装配和检验的全过程实行管理，从而保证了生产既多样化，又能"及时生产"，使整个生产过程完全自动化。只要向 CIMS 系统输入所需产品的有关信息和原始材料，就可以自动地输出经检验合格的产品。因此，CIMS 是今后机电传动控制系统的发展方向。

1.3　机电传动控制系统的组成和分类

1.3.1　机电传动控制系统的组成

　　机电传动控制系统是一种实现预定的自动控制功能，以满足生产工艺和生产过程的要求，并达到最优技术经济指标的控制系统，是现代化生产机械中的重要组成部分，其性能和质量在很大程度上影响着产品的质量、产量、生产成本和工人劳动条件。

　　机电传动控制系统以电动机为控制对象，按工艺要求对生产机械进行控制，因此机电传动控制系统的硬件组成可以包括电动机、控制电器、检测元件、功率半导体器件及微型计算机等。大型的机电传动控制系统往往需要控制多台电动机，可以采用多层微型计算机构成网络来实现控制。

1.3.2　机电传动控制系统的分类

　　按组成原理分，机电传动控制系统可分为开环系统和闭环系统。

　　在开环控制的传动系统中，虽然系统输入的控制信号保持不变，但是在扰动的作用下，输出量将偏离给定值。如图1.1所示，一个机电传动开环控制系统由晶闸管变流器、电动机和工作机械组成，其中工作机械包含传动机构和执行机构。在该系统中，晶闸管变流器向电动机供电并控制其运行状态。当电网电压波动、负载转矩变化等扰动作用于系统时，将导致系统输出量偏离给定值，此时系统的静态和动态特性将由变流器、电动机和工作机械的特性决定。

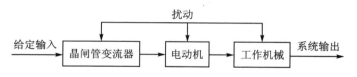

图1.1　机电传动开环控制系统

　　如图1.2所示的闭环机电传动系统采用测速发电机、位置传感器等检测装置来测量系统的输出量，并将其转换成与被测量成正比的电信号。当输出量的反馈值偏离给定输入值时，控制器将根据偏差信息产生控制信号，并作用到变流器上，以确保系统输出具有预期的特性。

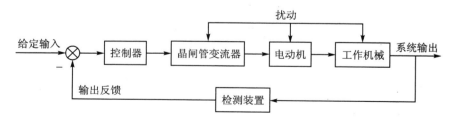

图1.2　机电传动闭环控制系统

　　按控制目的分，机电传动控制系统又可分为定值控制、位置随动控制和程序控制。

　　定值控制可以保持受控量恒定，最常见的机电传动定值控制系统是稳速控制系统。当然，这种系统也可以控制生产过程中的其他工艺参数，如带形物料卷取时的张力控制。

位置随动控制可以用来控制工作机构的位移,即电动机的转角按事先规定的或者未知的规律变化。典型例子是雷达天线的方位控制系统,其功能是将天线对准所跟踪的目标。

程序控制可以使受控量按预先确定的规律变化。如机床上刀具的位移控制系统就属于程序控制,其功能是实现切削刀具和工件之间的复杂运动轨迹。

由此可见,将机电传动控制系统按控制目的进行分类,主要取决于给定量的变化特性,而与系统的构成原理无关。

习题与思考题

1. 机电传动控制的主要目的和任务是什么?

2. 机电传动以及机电传动控制技术的发展分别经历了哪几个阶段?今后的发展方向是什么?

3. 机电传动开环系统和闭环系统的优缺点是什么?

4. 按控制目的分类,机电传动控制系统分为哪几种?试简要说明。

第2章　机电传动控制系统中的控制电动机

控制电动机一般用于自动控制、随动系统以及计算装置中,它是在一般旋转电动机的基础上发展起来的小功率电动机,其电磁过程及所遵循的基本规律与一般旋转电动机没有本质区别,只是所起的作用不同:传动电动机主要是将电能转换为机械能,以达到拖动生产机械的目的,因此需要具有较高的力能指标,如输出转矩、传动效率和功率因数等;控制电动机则主要用来完成控制信号的传递和变换,要求技术性能稳定可靠、动作灵敏、精度高、体积小、质量轻、耗能少等。事实上,传动电动机与控制电动机之间并无严格的界限,同一台电动机有时既起到控制电动机的作用,也起到传动电动机的作用。

2.1　伺服电动机

伺服电动机又称为执行电动机,是控制电动机中的一种。它在控制系统中用作执行元件,将输入的受控电压信号转换为电动机轴上的角位移或角速度等机械信号输出。按控制电压来分,伺服电动机分为直流伺服电动机和交流伺服电动机两大类。直流伺服电动机的输出功率一般为 $1\sim600$ W,也可达数千瓦,多用于功率较大的控制系统。交流伺服电动机的输出功率较小,一般在 100 W 以下,常用于功率较小的控制系统。

2.1.1　直流伺服电动机及其控制

1. 直流伺服电动机的种类和结构

直流伺服电动机的品种很多,按励磁方式分,可分为电磁式和永磁式两种;按控制方式分,可分为磁场控制和电枢控制方式;按电枢形式分,可分为一般电枢式、无槽电枢式、绕线盘式和空心杯电枢式等。为了避免电刷和换向器的接触,还有无刷直流伺服电动机。

1) 普通直流伺服电动机

根据励磁方式不同,普通直流伺服电动机分为电磁式和永磁式两种:电磁式直流伺服电动机的定子磁极上装有励磁绕组,励磁绕组接励磁控制电压产生磁通,它实质上就是他励直流电动机;永磁式直流伺服电动机的定子磁极由永久磁铁或磁钢制成,其磁通不可控。这两种直流伺服电动机的性能接近,惯性比其他类型直流伺服电动机的大。

与普通直流电动机相同,直流伺服电动机的转子一般由硅钢片叠压而成。转子外圆有槽,槽内装有电枢绕组,绕组通过电刷和换向器与电枢控制电路相连。为了提高控制精度和响应速度,伺服电动机的电枢铁芯长度与直径之比要比普通直流电动机的大,定子和转子间的空气隙也较小。

2) 无槽电枢直流伺服电动机

与普通伺服电动机不同的是,无槽电枢直流伺服电动机的电枢铁芯上不开齿槽,是光滑圆柱体,电枢绕组直接用环氧树脂粘在电枢铁芯表面,气隙较大,其结构如图 2.1 所示。

3）空心杯电枢直流伺服电动机

空心杯电枢直流伺服电动机有两个定子，一个是由软磁材料制成的内定子，另一个是由永磁材料制成的外定子。外定子用于产生磁通，而内定子主要起导磁作用。电枢绕组用环氧树脂浇注成空心杯形，在内、外定子间的气隙中旋转。图 2.2 是空心杯电枢直流伺服电动机的结构图。

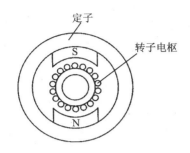

图 2.1　无槽电枢直流伺服电动机结构

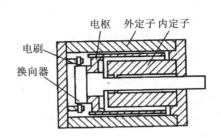

图 2.2　空心杯电枢直流伺服电动机结构

4）盘形电枢直流伺服电动机

盘形电枢直流伺服电动机的电枢由线圈沿转轴的径向圆周排列，并用环氧树脂浇注成圆盘形。定子由永久磁铁和前、后铁轭共同组成，磁铁可以在圆盘电枢的一侧或两侧。盘形绕组中通过的电流是径向的，而磁通是轴向的，两者共同作用而产生电磁转矩，从而使伺服电动机旋转。图 2.3 是盘形电枢直流伺服电动机的结构图。

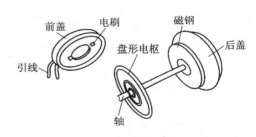

图 2.3　盘形电枢直流伺服电动机结构

与普通直流伺服电动机相比，无槽电枢、空心杯电枢和盘形电枢直流伺服电动机的转动惯量和机电时间常数小，因此动态特性较好，适用于需要快速动作的直流伺服系统。

5）无刷直流伺服电动机

无刷直流伺服电动机由电动机主体、位置传感器、晶体管开关电路三部分组成。电动机主体由具有二极或多极结构的永久磁铁转子和一个多相式电枢绕组定子组成。晶体管开关电路和位置传感器代替了电刷和换向器，位置传感器是由传感器转子和传感器定子绕组串联而成的无机械接触的检测装置，用于检测转子位置，其信号决定了开关电路中各功率元件的导通和截止状态。

这种电动机既保持了一般直流伺服电动机的优点，又克服了电刷和换向器带来的缺点，使用寿命长，噪声低，适用于要求噪声低、对无线电信号不产生干扰的控制系统。

2. 直流伺服电动机的控制特性

直流伺服电动机的机械特性公式与他励直流电动机的相同，即

$$n = \frac{U_c}{K_e \Phi} - \frac{R}{K_e K_t \Phi^2} T \tag{2.1}$$

式中：n——直流电动机的转速（r/min）；

　　　U_c——电枢控制电压；

　　R——电枢回路电阻；

　　T——直流电动机的转矩；

　　Φ——每极磁通；

　　K_e、K_t——电动机结构常数。

　　由此可见,通过改变电枢控制电压U_c或磁通Φ都可以控制直流伺服电动机的转速,前者称为电枢控制,后者称为磁场控制。电枢控制具有响应迅速、机械特性硬、调速特性线性度好的优点,因此在实际应用中大多采用电枢控制方式,而很少采用磁场控制,磁场控制只是在功率很小的场合采用。对于永磁式直流伺服电动机,则只能采用电枢控制。

　　针对式(2.1)考虑以下两种特殊情况:

　　① 转矩为零:此时的电动机转速称为直流伺服电动机的理想空载转速,它仅与电枢电压U_c有关,并与之成正比。

　　② 转速为零:此时的电动机转矩称为电动机的堵转转矩,它也仅与电枢电压U_c有关,并与之成正比。

　　由此可以得到不同电枢电压下的直流伺服电动机的机械特性曲线,如图2.4所示。

　　从图2.4可以看出,不同电枢电压下的直流伺服电动机的机械特性曲线是一组平行线,在一定负载转矩下,如果磁通Φ不变,升高电枢电压U_c,则电动机的转速上升,反之,转速下降;当电枢电压为零时,电动机立即停止,因此不会产生自转现象。

　　目前,直流伺服电动机常用晶闸管直流调速驱动和晶体管脉宽调制(PWM)调速驱动两种方式。

　　晶闸管直流调速驱动通过调节触发装置控制晶闸管的导通角来移动触发脉冲的相位,以改变整流电压的大小,使直流伺服电动机电枢电压发生变化,从而实现平滑调速。由于晶闸管本身的工作原理和交流电源的特点,晶闸管导通后利用交流过零来关闭,因此在整流电压较低时,其输出是很小的尖峰值的平均值,这就导致了电流的不连续性。

　　图2.5是晶闸管直流调速驱动系统,其中CF为晶闸管触发电路,KZ为晶闸管整流电路,L为整流线圈。

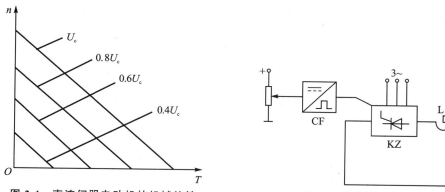

图 2.4　直流伺服电动机的机械特性　　　　　图 2.5　晶闸管直流调速驱动

　　如图2.6所示,PWM直流调速驱动是在电枢回路中串入功率晶体管或晶闸管,功率晶体管或晶闸管工作在开关状态,这样就在电动机电枢两端得到一系列矩形波,矩形波电压的平均值就是电动机的工作电压,改变矩形波的脉冲宽度或周期,就可以改变平均电压的大小,从而达到控制转速的目的。采用PWM调速驱动系统,其开关频率较高(通常达2 000～3 000 Hz),

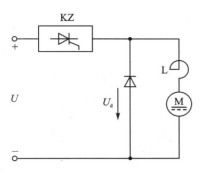 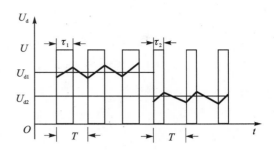

图 2.6　PWM 直流调速驱动

伺服机构能够响应的频带范围也较宽。与晶闸管直流驱动相比,其输出电流脉动非常小,接近于纯直流。图中 KZ 为晶闸管整流电路,L 为整流线圈。

3. 直流伺服电动机的特点

直流伺服电动机主要有以下优点:

- 稳定性好:直流伺服电动机具有较硬的机械特性,因此能够在较宽的速度范围内稳定运行。
- 可控性好:直流伺服电动机具有线性的调节特性,通过控制电枢电压的大小和极性,可以控制直流伺服电动机的转速和转动方向;当电枢电压为零时,由于转子惯量很小,因此直流伺服电动机能立即停止。
- 响应迅速:直流伺服电动机具有较大的启动转矩和较小的转动惯量,在控制信号输入、增加、减小或消失的瞬间,直流伺服电动机能够快速启动、增速、减速或停止。

2.1.2　交流伺服电动机及其控制

1. 交流伺服电动机的种类和特点

交流伺服电动机分为同步型(SM)和感应型(IM)两种。同步型伺服电动机实质上是采用永磁结构的同步电动机,又称为无刷直流伺服电动机。它具有直流伺服电动机的全部优点,转矩产生机理与直流伺服电动机相同,但是没有接触换向部件。同步型伺服电动机需要编码器等检测装置来检测磁铁转子的位置。感应型伺服电动机指笼形感应电动机,它可以将定子电流矢量分解为产生磁场的励磁电流分量和产生转矩的转矩电流分量分别加以控制,并同时控制两分量间的幅值和相位。

2. 交流伺服电动机的结构

交流伺服电动机一般是两相交流电动机,由定子和转子两部分组成。两相定子绕组在空间相差 90°电角度,其结构完全相同,但作用不同:一个绕组作励磁之用,称为励磁绕组(WF),而另一个作控制之用,称为控制绕组(WC)。两相交流伺服电动机的转子一般有笼形和杯形两种结构形式。笼形转子和三相鼠笼式异步电动机的转子结构相似,采用高电阻率材料如黄铜、青铜或镍铝等制成。杯形转子通常用铝合金或铜合金制成空心薄壁圆筒,放置在内定子和外定子之间。从实质上讲,杯形转子只是笼形转子的一种特殊形式。为了降低转动惯量,这两种形式的转子都制成细而长的形状,而且电阻都做得比较大,其目的是使电动机在控制绕组不施加电压时能及时制动,以防止发生"自转"。目前用得最多的是笼形转子的交流伺服电动机。

3. 交流伺服电动机的工作原理

两相交流伺服电动机以单相电容式异步电动机原理为基础，其工作原理如图2.7所示。图中，$\dot{U}_f$ 为励磁电压，$\dot{U}_c$ 为控制电压，两者均为交流，且频率相同，但相位相差90°。励磁绕组 WF 接到交流电网上，控制绕组 WC 接到控制电压 $\dot{U}_c$ 上。在没有控制信号时，电动机气隙中只有励磁绕组产生的脉动磁场，因此转子静止不动。当有控制信号输入时，两相绕组中分别流过在相位上相差90°的励磁电流和控制电流，从而在电动机的气隙中产生旋转磁场。该磁场与转子中的感应电流相互作用而产生电磁转矩，带动转子以一定的转速转动起来。由于电动机的转动方向与旋转磁场的方向相同，因此当控制电压反相时，伺服电动机便反向旋转。

根据单相异步电动机的原理，在电动机开始转动以后，如果取消控制电压而仅由励磁电压单相供电，则电动机仍将按原来的运行方向继续转动，即存在"自转"现象，这就意味着对电动机失去控制作用，必须采取措施加以克服。

为了消除自转现象，需要将电动机的转子电阻设计得很大，以便在电动机单相运行时，最大电磁转矩出现在临界转差率 $S_m > 1$ 的地方，如图2.8所示。图中曲线1为 $U_c \neq 0$ 时交流伺服电动机的机械特性曲线；曲线2和3分别为去掉控制电压后，由脉动磁场分解的正、反两个旋转磁场所产生的转矩曲线；曲线4为单相运行时的合成转矩曲线。很显然，单相运行时的机械特性曲线与异步电动机的机械特性曲线不同，它位于第二和第四象限内，这就意味着在去掉控制电压而仅由励磁电压单相供电时，电磁转矩的方向始终与转子转向相反，所以是一个制动转矩。由于存在制动转矩，转子能够迅速停转，从而避免了自转现象的产生。与同时取消两相电压、仅凭摩擦实现制动相比，此时停转所需要的时间要少得多。因此，在两相交流伺服电动机工作时，励磁绕组应始终接在电源上。

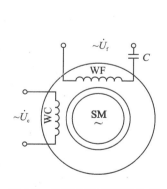

图2.7 两相交流伺服电动机

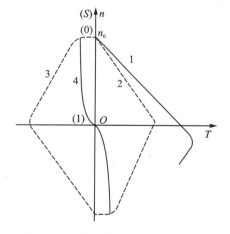

图2.8 交流伺服电动机的机械特性

4. 交流伺服电动机的控制

两相交流伺服电动机的转速和转向不但与励磁电压和控制电压的幅值有关，而且还与励磁电压和控制电压间相位差的大小有关，因此在励磁电压、控制电压以及它们之间的相位差三个量中，任意改变其中的一个或两个都可以实现电动机的控制。两相交流伺服电动机的控制方法有三种,分别是幅值控制、相位控制和幅相控制。

1）幅值控制

幅值控制是指保持励磁电压和控制电压间的相位差为 90°,通过改变控制电压幅值来控制电动机的转速。图 2.9 是幅值控制时伺服电动机的一种接线图,适当选择电容 C ,使 $\dot{U}_f$ 和 $\dot{U}_c$ 相位差为 90°。使用时励磁电压保持为额定值;改变电阻 R 的大小,即改变控制电压 $\dot{U}_c$ 的幅值,使之在零与额定值之间变化。图 2.10 所示是不同控制电压下交流伺服电动机的机械特性曲线。从图中可以看到,不同的控制电压对应着不同的转速,在一定负载转矩下,控制电压越高,电动机的转速也就越高。

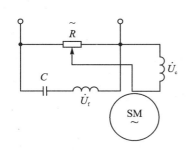

图 2.9　幅值控制接线图

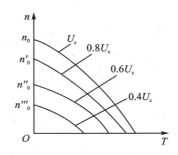

图 2.10　不同控制电压下的机械特性

2）相位控制

与幅值控制不同,相位控制时控制电压和励磁电压均为额定值,通过改变控制电压和励磁电压之间的相位差实现伺服电动机的控制。设控制电压和励磁电压的相位差为 β,β 的范围为 0°～90°。当 $\beta=0°$ 时,伺服电动机的转速为 0;当 $\beta=90°$ 时,伺服电动机的转速最大;当 β 在 0°～90°之间变化时,伺服电动机的转速由低向高变化。相位控制接线图如图 2.11 所示。

3）幅相控制

幅相控制对控制电压的幅值、控制电压和励磁电压之间的相位差都进行控制。由图 2.12 可以看出,这种控制方法是将励磁绕组串联电容 C 后接到交流电源上。当控制电压 $\dot{U}_c$ 的幅值改变时,励磁绕组中的电流随之发生变化,励磁电流的变化引起电容 C 端电压的变化,从而使控制电压和励磁电压之间的相位角发生改变。可见,幅相控制只需一个串联电容,而不需要复杂的移相装置,设备组成简单。

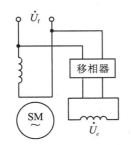

图 2.11　相位控制接线图

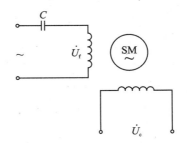

图 2.12　幅相控制接线图

2.2　步进电动机

步进电动机是将电脉冲控制信号转换成机械角位移或直线位移的一种控制电动机。在驱动电源的作用下,步进电动机每接受一个电脉冲,转子就转过一个相应的角度(步距角)。电动机转子角位移的大小和转速的高低分别与输入的控制电脉冲数量及其频率成正比,而电动机的转向与绕组通电相序有关,因此,通过控制输入电脉冲的数目、频率及电动机绕组通电相序,就可获得所需要的转角、转速及转向,所以利用微型计算机很容易实现步进电动机的开环数字控制。

2.2.1　步进电动机的分类和工作原理

步进电动机通常可分为三种类型,即反应式(VR)、永磁式(PM)和混合式(HB)步进电动机。此外,目前又出现了新的步进电动机类型,如直线步进电动机和平面步进电动机。

1. 反应式步进电动机

反应式步进电动机的定子和转子均由软磁材料制成,是一种利用磁阻的变化产生反应转矩的步进电动机,因此又称为可变磁阻式步进电动机。反应式步进电动机的原理图如图 2.13 所示。从图中可以看出,电动机的定子上有六个磁极,每个磁极上都装有控制绕组,每两个相对的磁极构成一相。转子上均匀分布有四个齿,转子齿上没有绕组。

当 A 相控制绕组通电、B 相和 C 相不通电时,定子 A 相磁极产生磁通,而这个磁通要经过磁阻最小的路径形成闭合磁路。转子与定子间的相对位置不同,磁路的磁阻也不同:当齿—齿相对时,磁路的磁阻最小;当齿—槽相对时,磁路的磁阻最大。因此,转子齿 1、3 将与定子的 A 相磁极对齐,如图 2.13(a)所示。若 A 相断电并改为 B 相通电时,B 相磁极产生的磁通同样也要经过磁阻最小的路径形成闭合磁路,于是转子逆时针转过 30°,使转子齿 2、4 和定子的 B 相磁极对齐,如图 2.13(b)所示。当再使 B 相断电并改为 C 相通电时,转子又将逆时针转过 30°,使转子齿 1、3 和定子的 C 相磁极对齐,如图 2.13(c)所示。如果按照 A→B→C→A…的顺序循环往复地通电,步进电动机将按一定的速度沿逆时针方向一步步地转动。当按照 A→C→B→A…的顺序通电时,步进电动机的转动方向将变为顺时针方向。

(a) A相通电　　　　　　　(b) B相通电　　　　　　　(c) C相通电

图 2.13　三相单三拍反应式步进电动机工作原理

在步进电动机的控制过程中,定子绕组每改变一次通电方式,称为一拍。上述的通电控制方式在每次切换前后只有一相绕组通电,并且经过三次切换使控制绕组的通电状态完成一次循环,故称为三相单三拍。此外,三相步进电动机还有三相双三拍、三相六拍通电方式。在三相双三拍通电方式中,控制绕组的通电顺序为 A B→B C→C A→A B…(转子逆时针旋转)或 A C→C B→B A→A C…(转子顺时针旋转)。对于三相六拍通电方式,控制绕组的通电顺序为 A→AB→B→B C→C→C A→A…(转子逆时针旋转)或 A→A C→C→C B→B→BA→A…(转子顺时针旋转),如图 2.14 所示,转子的具体运转情况请读者自行分析。

(a) A相通电　　　　　　　(b) A相和B相通电　　　　　　　(c) B相通电

图 2.14　三相六拍反应式步进电动机工作原理

　　通过步进电动机工作原理的分析可以看出,对于同一台三相步进电动机,其通电方式不同,则步距角也不相同:单三拍和双三拍的步距角为 30°,而六拍的步距角为 15°。因此,在采用三相六拍通电方式时,步进电动机的步距角是三相单三拍和三相双三拍时的一半。

　　步进电动机的步距角 β 与转子齿数、控制绕组的相数和通电方式有关,可由下式计算

$$\beta = \frac{360^{\circ}}{mZK} \tag{2.2}$$

式中:m——步进电动机的相数,对于三相步进电动机,$m=3$;

　　　K——通电状态系数,单三拍或双三拍时,$K=1$,六拍时,$K=2$;

　　　Z——步进电动机转子的齿数。

　　步进电动机的转速可通过下式计算

$$n = \frac{60f}{mZK} \tag{2.3}$$

式中:n——步进电动机的转速(r/min);

　　　f——步进电动机的通电脉冲频率,即每秒的拍数(或步数)(脉冲拍/s)。

　　由式(2.2)和式(2.3)可以看出,步进电动机的相数和转子齿数越多,步距角越小;在一定的脉冲频率下,电动机的转速也就越低。

2. 永磁式步进电动机

　　永磁式步进电动机的转子一般使用永磁材料制成,故得此名。图 2.15 所示是永磁式步进电动机的典型原理结构图,转子为一对或几对磁极的星形磁钢,定子上绕有两相或多相绕组,电源按正负脉冲供电。当定子 A 相绕组正向通电时,在 A 相的 A(1)、A(3)端产生 S 极,A(2)、A(4)端产生 N 极。基于磁极同性相斥、异性相吸的原理,转子位于图 2.15(a)所示的位置上。当 A 相断电、改为 B 相绕组正向通电时,B 相的 B(1)、B(3)端产生 S 极,B(2)、B(4)端产生 N 极,转子将顺时针旋转 45°至图 2.15(b)所示的位置。当 B 相断电、改为 A 相负向通电时,A 相的 A(1)、A(3)端产生 N 极,A(2)、A(4)端产生 S 极,转子继续顺时针旋转 45°至图 2.15(c)所示的位置。当 A 相断电、改为 B 相负向通电时,B 相的 B(1)、B(3)端产生 N 极,B(2)、B(4)端产生 S 极,转子继续顺时针旋转 45°至图 2.15(d)所示的位置。

　　按上述 A→B→$\overline{A}$→$\overline{B}$…单四拍方式循环通电,转子便连续旋转。也可按 AB→B$\overline{A}$→$\overline{A}\overline{B}$→

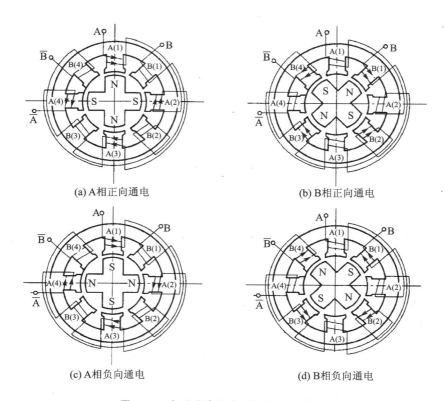

(a) A相正向通电   (b) B相正向通电

(c) A相负向通电   (d) B相负向通电

图 2.15　永磁式步进电动机原理结构图

$\overline{B}A\cdots$双四拍方式通电,步距角均为 45°。当按照 $A \rightarrow AB \rightarrow B \rightarrow B\overline{A} \rightarrow \overline{A} \rightarrow \overline{A}\,\overline{B} \rightarrow \overline{B} \rightarrow \overline{B}A\cdots$八拍方式通电时,步距角为 22.5°。

对于永磁式步进电动机,若要减小步距角,则可以增加转子的磁极数和定子的齿数,然而转子制成 N-S 相间的多对磁极十分困难,加之必须相应增加定子极数和定子绕组线圈数,这些都将受到定子空间的限制,因此永磁式步进电动机的步距角一般都较大。

3. 混合式步进电动机

混合式步进电动机在永磁和变磁阻原理的共同作用下运转,也可称为永磁感应式步进电动机。它兼具反应式步进电动机步距角小、启动频率和运行频率高的优点以及永磁式步进电动机励磁功率小、无励磁时具有转矩定位的优点,成为目前市场上的主流品种。和永磁式步进电动机相同的是,这类电动机要求电源提供正负脉冲。

图 2.16 是混合式步进电动机的剖面图,其中图 2.16(a)是电动机轴向剖面图,图 2.16(b)是电动机 x、y 方向的剖面图。由图中可以看出,电动机转子上装有一个轴向磁化永磁体,用来产生一个单向磁场。转子分为两段,一段经永磁体磁化为 S 极,另一段则磁化为 N 极,每段转子齿以一个齿距间隔均匀分布,但是两段转子的齿之间相互错开 1/2 转子齿距。定子上有 8 个磁极,每相绕组分别绕在 4 个磁极上,图中 A 相绕组绕在 1、3、5、7 磁极上,B 相绕组绕在 2、4、6、8 磁极上,每相相邻磁极上的绕组以相反方向缠绕,以便使相邻磁极产生方向相反的磁场。

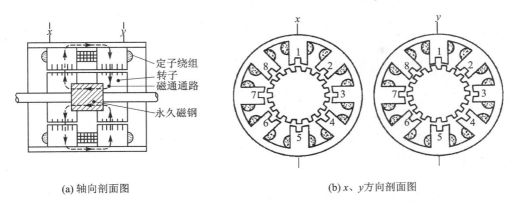

(a) 轴向剖面图　　　　　　　　　　　　(b) x、y 方向剖面图

图 2.16　混合式步进电动机剖面图

2.2.2　步进电动机的特点

步进电动机具有以下几个基本特点：

1. 易于实现数字控制

步进电动机严格受数字脉冲信号的控制，因此易于与微机接口，实现数字控制。

① 步进电动机的输出角位移与输入脉冲数成正比，即

$$\theta = N\beta \tag{2.4}$$

式中：θ——电动机转子转过的角度(°)；

　　　N——控制脉冲数；

　　　β——步距角(°)。

② 步进电动机的转速与输入脉冲频率成正比，即

$$n = \frac{\beta}{360°} \times 60f = \frac{\beta f}{6} \tag{2.5}$$

③ 步进电动机的转动方向可以通过改变绕组通电相序来改变。

2. 具有自锁能力

步进电动机具有自锁能力，当停止输入脉冲时，只要某些相的控制绕组仍保持通电状态，电动机就可以保持在该固定位置上，从而使步进电动机实现停车时转子定位。

3. 抗干扰能力强

步进电动机的工作状态不易受到各种干扰因素(如电源电压波动，电流的幅值与波形的变化，环境温度变化等)影响，只要这些干扰未引起"失步"，步进电动机就可以继续正常工作。

4. 步距角误差不会长期累积

从理论上讲，每一个脉冲信号应使步进电动机的转子转过相同的角度，即步距角。但是实际上，由于定子、转子的齿距分度不均匀，或定子、转子之间的气隙不均匀等原因，实际步距角和理论步距角之间存在偏差，即步距角误差。当转子转过一定步数以后，步距角会产生累积误差，但是由于步进电动机每转一周都有固定的步数，因此当转子转过 360° 后又恢复到原来位置，累积误差将变为零，所以步进电动机的步距角只有周期性误差，而无累积误差。

5. 多用于构成开环控制系统

步进电动机可以用于开环和闭环两种控制系统。当步进电动机用于开环控制时，由于无

需位置和速度检测反馈装置，因此结构简单，使用维护方便，并且可以可靠地获得较高的位置精度，因此被广泛地用于构成开环位置伺服系统。

2.2.3　步进电动机的运行特性和性能指标

1. 步距角

步距角是指在一个电脉冲的作用下，步进电动机转子所转过的角度，可由式（2.2）计算。步距角是步进电动机的主要性能指标之一，步距角越小，步进电动机的位置精度越高。步进电动机一旦选定后，其步距角就固定不变，可以通过改变通电方式来获得两种步距角。反应式步进电动机的步距角一般为 $0.6°/1.2°$、$0.75°/1.5°$、$0.9°/1.8°$、$1°/2°$、$1.5°/3°$，而采用微机控制、由变频器三相正弦电流供电的混合式步进电动机的步距角可达到 $0.036°$，这就意味着电动机每旋转一圈需要 10 000 步。

2. 矩角特性和最大静转矩

在空载状态下，步进电动机的某相绕组通以直流电流，转子齿的中心线与定子齿的中心线相重合，转子上没有转矩输出，此时的位置称为转子初始稳定平衡位置。如果在电动机转子轴上施加负载转矩 T_L，转子齿将偏离初始平衡位置一定角度 θ_e 后才重新稳定下来。此时，电动机的电磁转矩 T_j 与负载转矩 T_L 相等。转矩 T_j 称为静态转矩，θ_e 称为失调角，T_j 与 θ_e 之间的关系称为矩角特性。由如图 2.17 所示的矩角特性曲线可以看出，当 $\theta_e = \pm\dfrac{\pi}{2}$ 时，静态转矩最大，

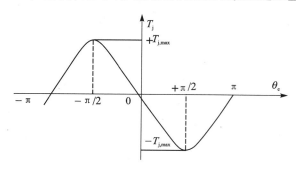

图 2.17　步进电动机的矩角特性

称为最大静转矩 $T_{j,max}$。

最大静转矩是步进电动机最主要的性能指标之一，它反映了步进电动机带负载的能力，$T_{j,max}$ 越大，电动机带负载能力越大，运动的快速性和稳定性越好。步进电动机的负载转矩必须小于 $T_{j,max}$，否则将无法带动负载。为了使电动机能够稳定运行，T_L 一般只能是 $T_{j,max}$ 的 $30\%\sim50\%$。

3. 启动转矩

在单相励磁时，步进电动机从静止状态突然启动并且不失步运行所能带动的最大负载转矩为启动转矩（T_q）。启动转矩必须大于负载转矩，否则步进电动机将无法启动。

T_q 可通过最大静转矩 $T_{j,max}$ 折算求得，T_q 和 $T_{j,max}$ 之间的数值关系与步进电动机的相数和通电方式有关，如对于三相反应式步进电动机，单三拍和双三拍时，$T_q/T_{j,max}$ 均为 0.5，六拍时为 0.87。

4. 惯频特性和启动频率

在空载的情况下，步进电动机由静止状态突然不失步启动的最高脉冲频率称为空载启动频率（f_q）或空载突跳频率。它是反映步进电动机动态响应性能的重要指标，启动频率越高，表明电动机的响应速度越快。启动频率与传动系统的转动惯量有关，包括步进电动机转子的转动惯量以及其他运动部件折算到电动机轴上的转动惯量。负载转动惯量越小，在相同的电

磁转矩的作用下,角加速度越大,启动频率越高。启动频率与负载转动惯量之间的关系为步进电动机的惯频特性,如图2.18所示。此外,启动频率还和步进电动机的最大静转矩有关,$T_{j,max}$越大,启动频率越高。

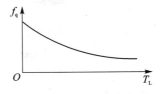

图 2.18　步进电动机的惯频特性

　　事实上,步进电动机大多是在带负载的情况下启动的。在带负载启动时,随着负载惯量的增加,启动频率显著下降,这时的启动频率称为负载启动频率。很显然,负载启动频率将低于空载启动频率,一般为空载启动频率的 50%～80%。

5. 最高连续运行频率

　　在步进电动机启动后,当脉冲频率逐渐连续上升时能不失步运行的最高脉冲频率称为最高连续运行频率。它会受到转动惯量以及步进电动机绕组电感和驱动电源电压的影响,转动惯量主要影响运行频率连续升降的速度,而步进电动机的绕组电感和驱动电源的电压则影响运行频率的上限。由于步进电动机在运行中不但要克服负载转矩,而且还要克服轴上的惯性转矩,因此在实际应用中,最高连续运行频率要比启动频率高许多。

6. 矩频特性和动态转矩

　　步进电动机在连续运行状态下所产生的输出转矩为动态转矩,它随控制脉冲频率的不同而改变。矩频特性反映了步进电动机在负载转动惯量一定且稳定运行时,动态转矩与控制脉冲频率之间的关系。由图 2.19 可以看出,步进电动机的动态转矩随控制频率的升高而逐渐下降,这是因为步进电动机的绕组为感性负载,在绕组通电时,电流缓慢上升;绕组断电时,电流缓慢下降。随着脉冲频率的升高,电流波形的前后沿占通电时间的比例增大,因此频率越高,平均电流越小,输出转矩也就越小。当脉冲频率高到一定程度时,步进电动机的输出转矩小到不足以克服自身的摩擦转矩和负载转矩,其转子就会在原位振荡而不能进行旋转运动,这就是所谓的失步或堵转。

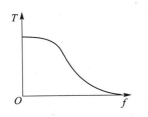

图 2.19　步进电动机的矩频特性

　　从图 2.19 还可以看出,在低频区,矩频特性曲线比较平坦,步进电动机基本保持额定转矩;而在高频区,矩频特性曲线急剧下降,说明步进电动机的高频特性较差。因此步进电动机在从静止状态到高速旋转需要有一个加速过程,从高速旋转状态到静止同样也要有一个减速过程。如果在运行过程中没有加、减速过程或加、减速不当,步进电动机都将出现失步现象。

2.2.4　步进电动机的驱动与控制

　　步进电动机的运行特性不但与电动机本身的特性有关,而且还与配套使用的驱动电源(或驱动器)有密切关系,步进电动机的性能是由电动机和驱动电源相互配合反映出来的,因此,驱动电源在步进电动机控制系统中占有相当重要的地位。

　　步进电动机的驱动电源一般由脉冲信号发生器、环形脉冲分配器和功率放大器组成。脉冲信号发生器(微型计算机、数控装置或专门的硬件电路)准确地输出一定数量和频率的脉冲,通过环形脉冲分配器按一定的顺序分配给步进电动机各相绕组,再利用功率放大器对环形分配器的输出信号进行功率放大,得到驱动步进电动机控制绕组所需要的脉冲电流和脉冲波形,从而使步进电动机的转角、转速及转动方向得到控制。

1. 环形脉冲分配器

步进电动机实现环形脉冲分配的方法有硬件和软件两种方法。

1) 硬件环形分配器

硬件环形分配器可分为集成电路型、专用芯片型和可编程逻辑器件型。图 2.20 是采用小规模集成电路搭接而成的三相六拍环形分配器,它有三个双稳态触发器 C1~C3,其余为"与非"门。脉冲信号加到脉冲分配器的脉冲输入端 CP,步进电动机的旋转方向由正、反转控制信号决定。该电路的初始状态是 C 相导通。当正向控制端加高电平、反向控制端加低电平时,在 CP 端输入第一个脉冲,触发器 C1 翻转。此时,步进电动机的 A、C 相同时通电,B 相断电。在第二个脉冲到来时,C3 翻转,于是 A 相通电,B 相和 C 相同时断电。如果不断地输入脉冲,步进电动机绕组将按 C→CA→A→AB→B→BC→C 的顺序通电,且正向旋转。反之,当反向控制端加高电平、正向控制端加低电平时,步进电动机绕组则按 C→CB→B→BA→A→AC→C 的顺序通电,且反向旋转。

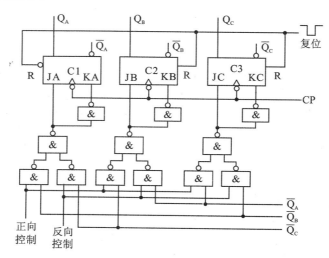

图 2.20　三相六拍环形分配器

这种环形分配器需要根据步进电动机的相数和通电方式进行设计,灵活性大,可搭接任意相数、任意通电方式的环形分配器,但是电动机相数过多时会导致电路十分复杂。

目前广泛使用的是专用集成电路芯片和通用可编程逻辑器件组成的环形分配器。利用专用芯片实现环形分配,接口简单,使用方便,可靠性好。而在利用 PAL、GAL 等通用可编程逻辑器件构成环形分配器时,结构更加简单,性能更好。

专用环形分配芯片的种类有很多,如 CH250(双三拍或六拍三相步进电动机)、PMM8713(三相或四相步进电动机)、PMM8714(五相步进电动机)等。图 2.21 和图 2.22 分别为 CH250 三相六拍接线图和 PMM8713 双四拍接线图,表 2.1 和表 2.2 分别为 CH250 和 PMM8713 的主要端子功能说明。

2) 软件环形分配器

不同种类、不同相数、不同通电方式的步进电动机都必须配备不同的环形分配器。而硬件环形分配器只能适用于某种相数或某种通电方式的步进电动机,在使用时有很大的局限性。

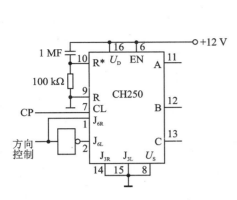

图 2.21　CH250 三相六拍接线图

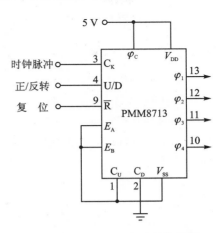

图 2.22　PMM8713 双四拍接线图

表 2.1　CH250 主要端子功能

端　子	功　能	说　明
U_D、U_S	电源端	—
A、B、C	三相励磁信号输出端	—
R、R*	确定初始励磁相	R＝0、R*＝1 时,A、B、C 的初始励磁相为 110;R＝1、R*＝0 时,A、B、C 的初始励磁相为 100;R＝0、R*＝0 时,环形分配器工作
CL、EN	进给脉冲输入端	若 EN＝1,则进给脉冲接 CL 端,脉冲上升沿使环形分配器工作;若 CL＝0,则进给脉冲接 EN 端,脉冲下降沿使环形分配器工作。否则,环形分配器状态锁定
J_{3R}、J_{3L}	三相双三拍正、反转控制端	—
J_{6R}、J_{6L}	三相六拍正、反转控制端	—

表 2.2　PMM8713 主要端子功能

端　子	功　能	说　明
V_{DD}、V_{SS}	电源	—
C_K	时钟脉冲	双四拍工作方式时,电动机的转速由 C_K 的脉冲输入频率决定
U/D	正、反转切换	若 U/D＝1,则电动机正转;若 U/D＝0,则电动机反转。电动机正、反转也可采用脉冲控制方法,即通过 C_U、C_D 端子控制
C_U、C_D	电动机正、反转脉冲输入	C_U 端输入的脉冲使电动机正转,C_D 端输入的脉冲使电动机反转,此时,C_K 和 U/D 端同时接地
φ_C	切换电动机相数	分配器用于三相电动机时,φ_C＝0;用于四相电动机时,φ_C＝1
φ_1～φ_4	脉冲输出	—
E_A～E_B	励磁方式选择	1～2 相励磁时,E_A＝E_B＝1;2 相励磁时,E_A＝E_B＝0;1 相励磁时,E_A 和 E_B 一端为 1,另一端为 0
$\overline{R}$	复位端	$\overline{R}$＝0 时,φ_1～φ_4 均为 1,此时步进电动机锁住不动

为了充分利用计算机软件资源,降低硬件成本,可采用软件环形分配器,即编制不同的环形分配程序,将其存入程序存储器,通过调用不同的程序段就可控制不同相数的步进电动机按不同的通电方式工作。

以三相步进电动机为例,三相六拍通电方式所对应的环形脉冲分配状态如表2.3所列。将表中的状态代码01H~06H放在顺序存储单元中,通过软件依次访问这些存储单元,这样就可以将表中的状态代码顺序提取出来,并通过输出接口输出,以控制步进电动机运动。通过正向或反向顺序读取代码,可控制步进电动机正转或反转;通过控制读取时间间隔,即可控制步进电动机的转速。

表2.3 三相六拍环形脉冲分配表

转 向	C	B	A	代 码	通电相	转 向
	0	0	1	01H	A	
	0	1	1	03 H	AB	
	0	1	0	02 H	B	
	1	1	0	06 H	BC	
	1	0	0	04 H	C	
	1	0	1	05 H	CA	
正转	0	0	1	01H	A	反转

2. 功率放大电路

一般来说,步进电动机定子绕组的电流为几安培~十几安培,而从环形分配器来的脉冲电流信号只有几毫安,不足以驱动步进电动机运动,因此需要采用功率放大电路将环形分配器送来的脉冲电流进行放大,并获得较为理想的矩形脉冲波形。但是,由于步进电动机绕组有很大的电感,因此要想做到这一点并不容易。可见,功率放大电路对步进电动机的运行性能有很大影响。

最早应用的功率放大电路是单电压功率放大电路,其功率消耗大,输出脉冲波形较差,现在已较少使用。后来又出现了双电压(高低压)功率放大电路、斩波恒流功率放大电路、调频调压功率放大电路等,其电路分别如图2.23到图2.26所示。

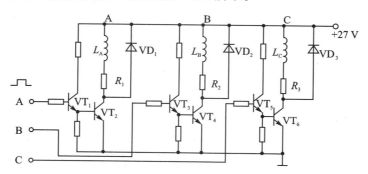

图2.23 单电压功率放大电路

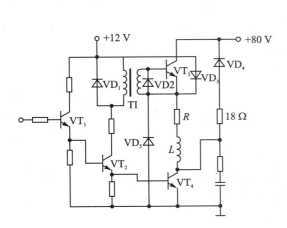

图 2.24　高低压功率放大电路

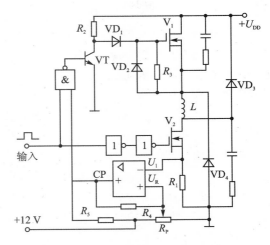

图 2.25　斩波恒流功率放大电路

在实际应用中,步进电动机的每相绕组都要接一个功率放大电路。在电动机工作过程中,单电压功率放大电路只有一个方向的电压对绕组供电,而高低压功率放大电路可以提供两种电压:一种是高电压,一般为 80 V 左右;另一种是低电压,一般不超过 20 V。这种电路常用于大功率步进电动机的驱动,启动转矩和运行频率高,但在低频时振荡严重,导致运行平稳性较差,输出转矩下降。斩波恒流功率放大电路虽然复杂,但是绕组中的脉冲电流波形好,而且可以使步进电动机在较大的频率范围内都输出恒定的转矩。调频调压功率放大电路

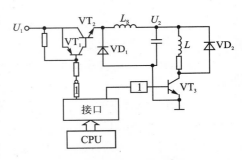

图 2.26　调频调压功率放大电路

可以使驱动电源为绕组提供的电压与步进电动机运行频率建立直接的联系,即低频时用低压,高频时用高压,从而避免低频运行时可能出现的振荡。

3. 步进电动机细分驱动

前面提到的步进电动机驱动是利用环形分配器进行脉冲环形分配,控制步进电动机各相绕组的导通或截止,从而使电动机产生步进式运动。步进电动机的运动精度和步距角有关,但是步距角的大小受到电动机结构的限制,而小步距角电动机加工比较困难。目前,为了使步进电动机有更小的步距角,满足生产机械控制精度的要求,通常采用细分步距角的方法。其具体做法是:在每次输入脉冲切换时,不是将绕组电流全部通入或切除,而是只改变绕组中额定电流的一部分,从而使步进电动机转子在每步运动时只转过步距角的一部分。这种将一个步距角细分为若干小步、每一小步只有步距角的一部分的驱动方法称为细分驱动。

细分驱动的特点如下:

① 在不改变电动机结构参数的情况下,使步距角减小,实现精确定位。

② 由于步进电动机在细分状态下步距角变小,转子达到新的稳定位置时所具有的动能也变小,从而使振动显著减小。

③ 由于采用细分驱动后,电动机绕组中的电流不是由零跳升到额定值,而是经过若干小

步的变化后才达到额定值,同样也不是由额定值陡降至零,而是经过若干小步才达到零,所以绕组中各相电流的变化比较均匀,能够使电动机运行平稳,并在任何位置停步。

因此,细分驱动技术有效地克服了步进电动机的低频振荡、噪声及分辨率低等缺点,使步进电动机在低频段能够实现平滑的步进运动,拓宽了步进电动机的应用范围,提高了它与直流伺服电动机和交流伺服电动机相抗衡的能力。

若要实现细分,需要将绕组中的矩形电流波改为阶梯形电流波,即绕组中的电流以若干个等幅等宽的阶梯上升到额定值,并以同样的阶梯从额定值下降为零。目前实现阶梯波供电的方法有以下两种:

1)利用多片专用集成电路芯片构成细分电路

采用三片三相六拍环形分配芯片可实现三相十八拍细分驱动。假如三相步进电动机的步距角为 $3°/1.5°$,即单三拍或双三拍通电方式时的步距角为 $3°$,而六拍时的步距角为 $1.5°$,那么十八拍时的步距角则减小为 $0.5°$。

2)用微机实现细分驱动

若要利用微型计算机实现细分,则必须增加接口电路的 I/O 口,以步进电动机的三相六拍 15 细分控制为例,由四个 I/O 口并联控制一相绕组。由于要在每相绕组中产生 15 个等间距的上升或下降阶梯电流波形,在这四个 I/O 口需要分别串联 1:2:4:8 的权电阻,并联后接于某一相,这样按照特定的逻辑顺序来接通不同的权电阻,便可产生所需要的波形。三相六拍 15 细分时有与之对应的 90 个特殊组合的逻辑状态,在硬件线路确定后,相应的 90 个四位数据及其顺序也就确定下来。将计算好的这些数据按一定的顺序存在存储器中,即建立了一个脉冲分配表,利用查表指令将各个数据依次顺序取出。改变地址指针的增减方向,即可改变读取数据的方向,从而达到控制电动机正反转的目的。

4. 步进电动机驱动器

目前,随着步进电动机在实际生产中的广泛应用,步进电动机的驱动装置已逐渐发展为系列化和模块化,这样就可以大大简化步进电动机控制系统的设计过程,提高系统的工作效率及系统运行的可靠性。

不同厂家生产的步进电动机驱动器虽然标准并不统一,但工作原理基本相同。只要掌握了接线端子、标准接口及拨动开关的定义和使用,就可以利用驱动器构成步进电动机控制系统。下面对德国百格拉三相混合式步进电动机驱动器 WD3-008 进行详细介绍。

德国百格拉公司的三相混合式步进电动机系统应用了交流伺服控制原理,彻底解决了传统步进电动机的低速爬行、存在共振区、噪声大、高速扭矩小、启动频率低、驱动器可靠性差等缺点,成为具有交流伺服电动机运行特性的步进电动机系统。百格拉 WD3-008 型步进电动机驱动器主要驱动 12~16.5 N·m 的三相混合式步进电动机,输入电压为 220 V AC,输出电压为 325 V AC。

1)驱动器控制面板

WD3-008 型步进电动机驱动器控制面板如图 2.27 所示。图中,01 为控制信号接口,用于输入信号的连接;02 为功能选择开关,其中,STEP1、STEP2 用于设置电动机的每转步数,I-RED 用于设置半流功能,GAT/ENA 用于设置门/使能功能,PH.CURR 用于设置输出电流;03~07 为状态指示灯,用于指示驱动器正常工作、电动机相间短路、驱动器超温、驱动器超压、驱动器欠压等状态;U、V、W 为功率接口,用于驱动器和电动机之间的连线。

2）驱动器控制信号定义

PULSE：脉冲信号输入端，每一个脉冲的上升沿使电动机转动一步。应当说明的是，对于输入控制信号而言，最小脉冲宽度和最小脉冲间隔为 2.5 μs，最高接收脉冲频率为 200 kHz。

DIR：方向信号输入端，低电平时电动机按顺时针方向旋转；高电平时电动机按逆时针方向旋转。

GAT/ENA：使能控制信号输入端。

READY：报警信号，在使用时需串联到上位机的某个输入端。当驱动器正常工作时，该信号为高电平；当驱动器工作异常时，该信号为低电平。

3）驱动器控制方式及控制信号连接

WD3-008 型驱动器采用"脉冲和方向"控制方式，控制信号可以是高电平有效，也可以是低电平有效。当输入信号高电平有效时，把 PULSE－和 DIR－短接后连到上位机的信号地（0 V），而把 PULSE＋和 DIR＋分别与上位机的脉冲信号和方向信号连接；当输入信号低电平有效时，把 PULSE＋和 DIR＋短接后连到上位机的公共信号端（5 V），而把 PULSE－和 DIR－分别与上位机的脉冲信号和方向信号连接。

4）功能设置

（1）10 细分功能

WD3-008 有一个细分开关，它是一个隐藏开关，置于驱动器的顶部。利用细分开关可以设定 10 细分功能，使电动机每转的步数提高 10 倍。开关设置为 ON 时为细分状态。

（2）电动机每转步数设定

通过拨动开关 STEP1 和 STEP2 以及细分开关，可以设定电动机每转的步数，如表 2.4 所列。

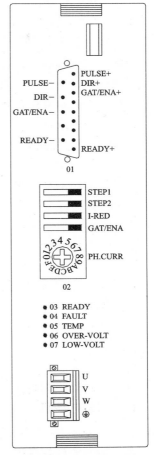

图 2.27　WD3-008 型步进电动机驱动器控制面板

表 2.4　电动机每转步数设定

开关 状态	STEP1	ON	ON	OFF	OFF	ON	ON	OFF	OFF
	STEP2	OFF	ON	ON	OFF	OFF	ON	ON	OFF
	细分开关	OFF	OFF	OFF	OFF	ON	ON	ON	ON
电动机步数/(步·转$^{-1}$)		200	400	500	1 000	2 000	4 000	5 000	10 000

（3）半流功能

半流功能是指驱动器在 100 ms 内无输入脉冲时，自动减少输出相电流为额定值的 60%。该功能可以节省能源，减少电动机发热，延长驱动器的工作寿命。利用拨动开关 I-RED 来设定半流功能，当开关设置为 OFF 时为半流功能。

（4）电动机复位功能

利用门/使能开关(GAT/ENA)和使能位，可以对电动机进行复位。当拨动开关设置为门功能且使能位有输入时，驱动器为工作状态；当拨动开关设置为门功能而使能位无输入时，驱动器将封闭任何输入脉冲，电动机复位且无保持转矩。该功能用于电动机复位和在多个电动机中选择部分电动机工作。

（5）电动机输出相电流设定

在WD3-008驱动12 N·m和16.5 N·m步进电动机时，驱动器的输出电流分别是4.1 A和4.7 A，输出相电流开关PH.CURR分别设置在位置7和位置9。应当注意的是，设定的输出相电流值必须小于或等于电动机铭牌上给出的额定相电流。表2.5给出了PH.CURR设置在各个位置时的输出相电流。

表2.5　电动机输出相电流设定

PH.CURR 开关位置	0	1	2	3	4	5	6	7	8	9	A	B	C	D	E	F
电动机输出 相电流/A	1.7	2.0	2.4	2.7	3.1	3.4	3.7	4.1	4.4	4.8	5.1	5.4	5.8	6.1	6.5	6.8

习题与思考题

1. 直流伺服电动机和交流伺服电动机各有何特点？

2. 直流伺服电动机和交流伺服电动机常用的控制方法有哪几种？试分别简述其调速原理。

3. 什么是电动机自转？对于直流伺服电动机和交流伺服电动机，哪一种电动机会产生自转现象？为克服自转，应采取何种措施？

4. 步进电动机一般分为哪三种类型？各自的特点是什么？

5. 简述反应式步进电动机的工作原理。

6. 步进电动机如何实现角位移、速度及转向控制？

7. 三相步进电动机有哪几种通电方式？某一步进电动机的步距角为 $0.75°/1.5°$，说明其含义。

8. 步进电动机有哪些主要运行特性和性能指标？了解这些特性和性能指标，对于选择和使用步进电动机有何指导意义？

9. 步进电动机环形脉冲分配器的作用是什么？实现脉冲分配的方法有哪些？各有何优缺点？

10. 列出三相单三拍和三相双三拍环形分配器的正、反向环形脉冲分配表。

11. 画出CH250环形分配芯片三相双三拍接线图。

12. 画出PMM8713环形分配芯片三相六拍接线图。

13. 步进电动机功率放大电路的作用是什么？常用的功率放大电路有哪几种？各自的优缺点是什么？

14. 步进电动机细分驱动的基本原理及其特点是什么？可以用哪些方法实现细分驱动？

第 3 章　继电接触器控制

3.1　常用低压电器

低压电器是在电压为交流 1 200 V、直流 1 500 V 及以下的电路中起通断、保护、控制、调节及转换作用的电器。

根据在电路中所处的地位和作用,低压电器可归纳分为两大类:一类为低压控制电器,用于各种控制电路和控制系统中,能够根据外界信号手动或自动地接通、断开电路,以实现对电路或被控对象的控制;主要有接触器、继电器、主令电器、电动机启动器等。另一类为低压配电电器,用于低压配电系统中对电能进行输送、分配和保护;主要有刀开关、断路器和熔断器等。

低压电器按动作方式的不同可分为自动电器和非自动电器。自动电器具有电磁铁等动力机构,在完成电路接通和断开操作时,依靠外部指令和信号或其本身参数的变化而自动地进行工作,如接触器、继电器、电磁阀等。非自动电器主要依靠人力或其他外力直接操作来完成电路切换等动作,如按钮开关、行程开关、转换开关、刀开关等。

继电接触器控制系统可以分成两大部分:一部分是用于接通和断开电动机的主电路,由电动机及其相关电器元件(如电器主触点)等组成,允许通过较强的电流;另一部分是控制电路,一般由电器线圈及其辅助触点、按钮、行程开关等组成,只能通过较弱的电流,其任务是根据给定指令,按照控制规律和生产工艺要求,对主电路进行控制。由于主电路和控制电路的职能和传送的能量不同,因此所使用的电器元件也不同。

本章主要介绍继电接触器控制系统中常用低压电器的结构、工作原理、应用及其图形和文字符号。

3.1.1　开关电器

开关电器是使用最早、最普遍的电器,其作用是电源隔离、电气设备的保护和控制,广泛应用于配电系统和机电传动控制系统。常用的开关电器主要有隔离器(开关)、刀开关和断路器等。

1. 隔离开关

为了保障检修人员的安全,在对电器设备的带电部分进行维修时,应使这些部分始终处于不带电的状态,所以必须将电器设备从电网脱开并隔离。能够起到这种隔离电源作用的开关电器称为隔离器。隔离器在电源切除后,能够切断电路中的所有电流通路,并保持有效的隔离距离。

一般来说,隔离器属于无载通断类型的电器,只能接通或分断"可忽略的电流",即套管、母线、连接线和短电缆等的分布电容电流和电压互感器或分压器的电流。

作为隔离器使用的开关称为隔离开关,具有一定的短路接通能力。

2. 刀开关

刀开关是低压配电电器中结构最简单、应用最广泛的一种电器,主要用于不频繁接通和分断交直流低压电路或小容量电动机;当能满足隔离功能要求时,也可用于电路与电源的隔离。

刀开关按触刀数可分为单极、双极和三极三类,其中三极刀开关使用较多;按刀开关转换方向可分为单掷和双掷两类。常用的刀开关有闸刀开关和负荷开关等类型。

1) 闸刀开关

闸刀开关又称开启式刀开关,一般用于无载通断电路。如图 3.1 所示,闸刀开关由手柄 1、触刀 2(相当于动触点)、触刀座 3(相当于静触点)、铰链支座 4 和绝缘底板 5 部分组成。绝缘手柄多用塑料压制而成,触刀采用硬纯铜板制造,触刀座和铰链支座的材料为硬纯铜板或黄铜板,而绝缘底板一般用酚醛玻璃布板或环氧玻璃布板等层压板制成,或采用陶瓷材料。扳动手柄,触刀绕铰链支座转动,当触刀插入触刀座内时,电路接通;反方向拉动手柄,触刀与触刀座脱离,从而完成分断电路的操作。

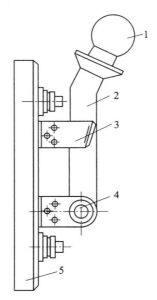

1—手柄;2—触刀;3—触刀座;4—铰链支座;5—绝缘底板

图 3.1　闸刀开关

2) 负荷开关

负荷开关是闸刀开关和熔断器串联组合而成的电器,这类电器能够带载通断电路,并具有一定的短路保护功能。

(1) 开启式负荷开关

开启式负荷开关又称胶盖瓷底刀开关,其结构如图 3.2 所示。其中,胶盖 9 的作用是在操作时防止电弧溅出而灼伤操作人员,并防止极间电弧造成电源短路;开关的全部导电零部件(包括触刀座 7(静触点)、触刀 2(动触点)和熔丝 5)都固定在瓷底座 4 上;瓷质手柄 1 固定在触刀 2 的一端。操作手柄,使触刀插入或脱离触刀座,从而实现电路的接通或分断。

(2) 封闭式负荷开关

早期封闭式负荷开关的外壳由铸铁制成,所以又被称为铁壳开关。虽然现在轻巧的薄钢

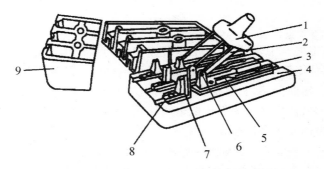

1—手柄；2—触刀；3—出线座；4—瓷底座；5—熔丝；6—触刀铰链；
7—触刀座；8—进线座；9—胶盖

图 3.2　开启式负荷开关

板冲压外壳已经取代了铸铁外壳，但是这个名称却依然沿用。

　　如图 3.3 所示，封闭式负荷开关是将触刀 1、触刀座 2、熔断器 3 都安装在防护外壳中，只有手柄 6 露在壳外。速断弹簧 4 的作用是在分断电路时使触刀与触刀座快速分离，从而迅速拉长电弧使其熄灭。这种开关在配电电路中可用做隔离开关，在设备控制电路中可用做电源开关，此外还兼有过载和短路保护的作用。

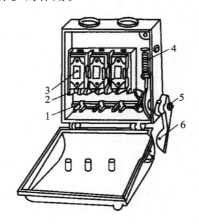

1—触刀；2—触刀座；3—熔断器；4—速断弹簧；5—转轴；6—手柄

图 3.3　封闭式负荷开关

　　闸刀开关、隔离开关和负荷开关的文字符号分别为 Q、QS 和 QL，其图形符号如图 3.4 所示。

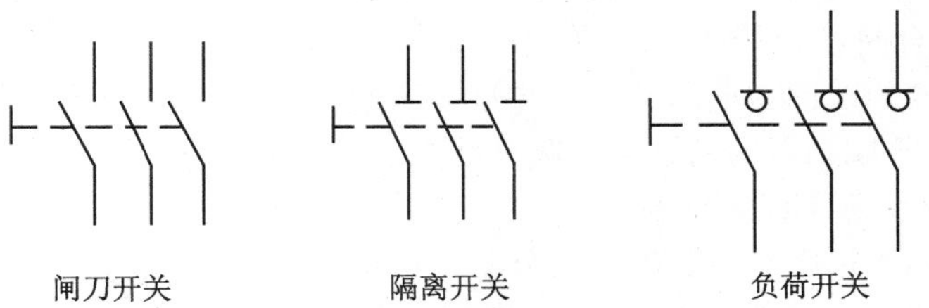

闸刀开关　　　　　　隔离开关　　　　　　负荷开关

图 3.4　三极开关电器图形符号

3. 断路器

(1) 断路器的用途和分类

断路器也称自动空气开关，是低压配电系统中重要的保护电器之一。它主要用来手动或自动地接通和分断负载电路，也可用来不频繁地启动电动机。当电路发生严重过载、短路及欠电压等故障时，能自动切断电路，有效地保护电路中的电气设备。

断路器的种类很多，按用途分为保护配电线路用、保护电动机用、保护照明线路用及漏电保护用断路器；按结构形式分为框架式(又称万能式)和装置式(又称塑壳式)断路器；按极数分为单极、双极、三极、四极断路器；按限流性能分为不限流和快速限流断路器；按操作方式分为直接手柄操作式、杠杆操作式、电磁铁操作式、电动机操作式断路器。

(2) 断路器的结构和工作原理

图 3.5 所示是断路器的工作原理示意图。主触点 1 接在被控负载的主电路中。在正常情况下，依靠操作手柄或电动操作机构，主触点闭合，并由自由脱扣机构 2 将其锁定在合闸位置。当电路发生故障时，自由脱扣机构在有关脱扣器的操纵下动作，使锁钩脱开，主触点在释放弹簧 8 的作用下打开，从而切断主电路，保护电路及电路中的电器设备。

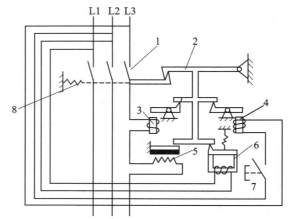

1—主触点；2—自由脱扣机构；3—过电流脱扣器；4—分励脱扣器；
5—热脱扣器；6—欠电压脱扣器；7—启动按钮；8—释放弹簧

图 3.5　断路器

过电流脱扣器 3(也称电磁脱扣器)的线圈与主电路串联。当电路发生短路时，过电流脱扣器的线圈(图中只画出一相)将产生较强的电磁吸力，将衔铁向下吸合，带动自由脱扣机构动作。

热脱扣器 5 实际上是一个没有触点的热继电器，热元件串接在主电路中。当电路过载时，热元件发热使双金属片向上弯曲，推动自由脱扣器动作，使主触点断开。此时，一般需要等待 2~3 min 才能重新合闸，以便热脱扣器恢复原位。因此，断路器不能频繁地进行通断操作。

欠电压脱扣器 6 的线圈和电源并联。与过电流脱扣器在正常情况下衔铁释放不同，在电路电压正常时，欠电压脱扣器的衔铁处于吸合状态。当电路欠压时，衔铁释放，使自由脱扣机构动作，从而带动主触点分断主电路。

分励脱扣器 4 用于远距离控制断路器分断。在正常工作时，分励脱扣器的线圈断电，衔铁处于打开位置。当需要远程控制时，操作人员按下启动按钮 7，分励脱扣器的线圈通电，向下吸合衔铁，顶开锁钩。

需要指出的是，并不是每一个断路器都一定要具备上述四种脱扣器，而是根据具体的使用条件和实际需要进行选择和配备。断路器还可以配置辅助触点,用于信号传递或联锁之用。辅助触点也有动合触点和动断触点之分。

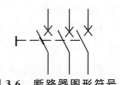

图 3.6　断路器图形符号

断路器具有多种保护功能(短路、过载、欠电压保护等),动作值可调,分断能力高,操作安全方便,所以应用十分广泛。断路器的文字符号为 QF,图形符号如图 3.6 所示。

3.1.2　主令电器

主令电器是一种专门用来"发布"电气控制命令的电器,主要用于切换控制电路,以达到控制其他电器动作或实现控制电路顺序控制的目的。主令电器主要有按钮、行程开关、接近开关、万能转换开关、主令控制器等。

1. 按　钮

按钮又称按钮开关或控制按钮,是一种结构简单、应用十分广泛的主令电器。在控制电路中,按钮主要用于手动发出控制信号以远距离控制接触器、继电器、电磁启动器等。

按钮一般由按钮帽、复位弹簧、桥式触点和外壳等部分组成,其结构示意图如图 3.7(a)所示。手动按下按钮帽 1,动触点 3 向下运动,先与动断静触点 4 断开,再与动合静触点 5 闭合。松开按钮后,在复位弹簧 2 的作用下,动触点向上运动,恢复到原来位置,使动合触点和动断触点先后复位。

按钮的种类很多,按组合形式可分为单钮和复合按钮。单钮即按钮盒内只有一个按钮元件,如动合按钮(启动按钮)和动断按钮(停止按钮);复合按钮由两个按钮元件组成,带有一对动合触点和动断触点,有时可通过多个元件的串联增加触点对数,最多可达 8 对。按防护方式,按钮可分为保护式、防水式、防爆式及防腐式等。按操作方式,按钮可分为直动式、旋钮式、钥匙式等。直动式按钮的头部操动部分为直上、直下的操动形式,如一般钮、蘑菇头钮等。蘑菇头钮有红色大蘑菇钮头突出于外壳,用于紧急情况时切除电源;旋钮通过旋转把手进行操作,一般有两位、三位及自复位式三种。前两种在把手旋转到某一位置后即锁住定位,后一种在旋到某一位置后撤除外力时,自动恢复到原始位置;钥匙式按钮只能用出厂时随附的钥匙插入旋钮进行两位操作,在到达终点位置后可将钥匙拔出,以防止误操作或仅供专人操作。另外,还有自锁式按钮和带灯按钮。自锁式按钮在撤下按钮时由机械结构加以锁定,再次按下时予以复位;带灯按钮在按钮内装有信号灯,除用于发布操作命令外,还兼作信号指示。

按钮的文字符号为 SB,图形符号如图 3.7(b)所示。

　　　　　　　动合按钮　　　动断按钮　　　复合按钮

(a) 结构原理图　　　　　　　　　　　　　(b) 图形符号

1—按钮帽;2—复位弹簧;3—动触点;4—动断静触点;5—动合静触点

图 3.7　按钮开关

2. 行程开关

行程开关也称位置开关,是利用生产机械的行程位置实现电路切换,以控制其运动方向、速度及行程大小。

它将机械信号转换为电信号,对生产机械予以必要的保护。安装在生产机械行程终点位置用来限制其极限行程的行程开关也称为限位开关。

按结构形式分为行程开关,可分为直动式、滚轮式和微动式三种。

1) 直动式行程开关

直动式行程开关的结构和动作原理与按钮相似,如图 3.8 所示,它具有结构简单、价格低廉、维修方便等优点。其缺点是触点分合速度取决于生产机械的移动速度,当移动速度低于 0.4 m/min 时,触点分断缓慢,不能瞬时切换电路,而且触点易被电弧烧损。

2) 滚轮式行程开关

滚轮式行程开关分为自动复位式和非自动复位式两种。如图 3.9(a)所示,自动复位式行程开关的动作过程为:当挡块向左碰撞滚轮 1 时,上转臂 2 在盘形弹簧 3 的作用下,带动下转臂 4 以逆时针方向转动。滑轮 6 在自左向右的滚动过程中,不

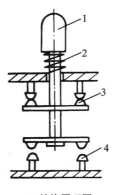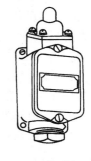

(a) 结构原理图　　　　　(b) 外形图

1—推杆;2—复位弹簧;3—动断触点;4—动合触点

图 3.8　直动式行程开关

断压迫压缩弹簧 11,直至滚过横板 10 的转轴时,在压缩弹簧 11 的作用下,横板迅速转动,使触点瞬间切换。在挡块离开后,复位弹簧 5 带动触点复位。

非自动复位式行程开关没有复位弹簧,但是有两个滚轮,如图 3.9(b)所示。当生产机械

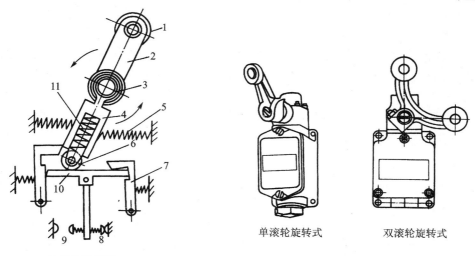

(a) 结构原理图　　　　　　　　　　　(b) 外形图

　　　　　　　　　　　　　单滚轮旋转式　　双滚轮旋转式

1—滚轮;2—上转臂;3—盘形弹簧;4—下转臂;5—复位弹簧;6—滑轮;
7—压板;8—动断触点;9—动合触点;10—横板;11—压缩弹簧

图 3.9　滚轮式行程开关

反向运动时,挡块撞击另一滚轮,使行程开关复位。由于双滚轮行程开关具有位置"记忆"功能,因而在某些情况下可以简化线路。

滚轮式行程开关的优点是触点分合速度不受运动部件速度的影响,而且分断电流大,动作可靠;缺点是体积大,结构复杂,价格较高。

3) 微动开关

如图 3.10 所示,微动开关装有弯形片状弹簧 2,使推杆 1 在很小的范围内移动时,都可使触点因簧片 2 的动作翻转而瞬时改变状态。它具有体积小,质量轻,动作灵敏,能瞬时动作,微小行程等优点,常用于要求行程控制准确度较高的场合。其缺点是寿命较短。

行程开关的文字符号为 SQ,图形符号如图 3.11 所示。

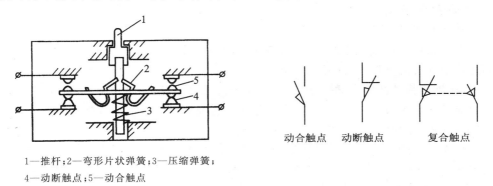

1—推杆;2—弯形片状弹簧;3—压缩弹簧;

4—动断触点;5—动合触点

图 3.10　微动开关　　　　　　　　　　图 3.11　行程开关的图形符号

3. 接近开关

接近开关是一种非接触型行程开关,当生产机械或被检测物体到达它的动作距离范围时,它就发出动作信号。除了完成一般的行程控制和限位保护外,还可用于位置检测、计数控制、物体存在检测、液面控制、零件尺寸检测等。与机械式行程开关相比,接近开关工作可靠,定位精度高,操作频率高,寿命长,能适应恶劣工作环境,因此广泛应用于工业生产中。

接近开关按工作原理可分为霍尔型、差动线圈型、电容型、永磁型、超声波型、高频振荡型及光电型等。

霍尔型接近开关将磁信号转换为电信号,输出具有记忆保持功能。其磁敏器件仅对垂直于传感器端面的磁场敏感,当磁极 S 正对接近开关时,接近开关的输出产生正跳变,输出为高电平;当磁极 N 正对接近开关时,接近开关的输出产生负跳变,输出为低电平。

差动线圈型接近开关利用被检测物体接近时产生的涡流及磁场变化,通过检测线圈和比较线圈之间的比较差值进行动作。

电容型接近开关的主要组成为电容式振荡器及电子电路。电容位于传感界面,当被测物体靠近时,其耦合电容值发生变化,振荡器振荡。振荡器的振荡或停振信号使输出发生跃变。电容型接近开关可检测各种材料,如固体、液体或粉末状物体等。

永磁型接近开关利用永久磁铁的吸力驱动舌簧开关而输出信号。

超声波型接近开关主要由压电陶瓷传感器、超声波发射和接收装置及调节检测范围用的程控桥式开关等几部分组成,适用于不可触及物体的检测,控制功能不受声、光、电的干扰,被检测物体可以是能够反射超声波的任何物体。

高频振荡型接近开关用于检测金属,其工作原理是:当金属检测体进入高频振荡器线圈的交变磁场时,金属体内产生涡流,将吸收振荡器能量,致使振荡器停止振荡。振荡器的振荡和停振信号经整形放大后,转换为开关信号,并通过输出器输出,从而起到控制作用;当金属体离开振荡器线圈后,振荡器恢复振荡,开关亦恢复为原始状态。

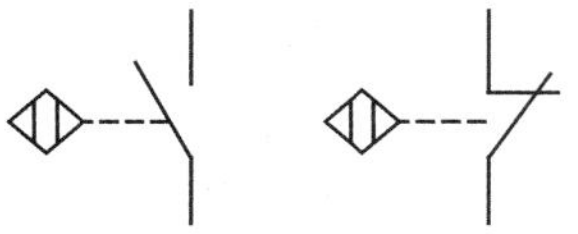

接近开关的工作电源种类有交流和直流两种;输出形式有两线制、三线制和四线制三种;触点形式为一对动合、动断触点;晶体管输出类型有 NPN 和 PNP 两种。

接近开关的文字符号为 SQ,图形符号如图 3.12 所示。

动合触点　　　动断触点

图 3.12　接近开关的图形符号

4. 万能转换开关

万能转换开关是一种具有多个挡位、多对触点,可以控制多个回路的控制电器,主要作电路转换之用。在操作不太频繁的情况下,亦可用于小容量电动机的启动、换向及调速等。

万能转换开关的结构原理如图 3.13(a)所示,双断点桥式触点 3 的分合由凸轮 1 控制。操作手柄时,转轴 4 带动凸轮转动;当触杆与凸轮上的凹口相对时,触点闭合,否则断开。图中所示仅为万能转换开关中的一层,实际的开关是由这种相同结构的多层部件叠装而成的,而且每一层的触点也不一定是 3 对,凸轮上也不一定只有一个凹口。

万能转换开关的手柄有普通手柄型、旋钮型、带灯型和钥匙型等多种形式。手柄操作方式有自复式和定位式两种:操作手柄至某一位置,当手松开后,自复式转换开关的手柄自动返回原位;定位式转换开关的手柄则保持在该位置上。手柄的操作位置以角度表示,一般有 30°、45°、60°、90°等,依型号的不同而不同。

万能转换开关的文字符号为 SA,图形符号如图 3.14(a)所示。"—○　○—"表示一对触点。触点下方虚线上的黑点表示当操作手柄处于该位置时,该对触点闭合;如果虚线上没有黑点,则表示在该位置上触点处于打开状态。为了更清楚地表示万能转换开关的触点分合状态和操作手柄位置之间的关系,在电气图中通常还使用如图 3.14(b)所示的触点分合表。在触点分合表中,用"×"或"—"来表示操作手柄处于某一位置时触点的闭合或断开状态。

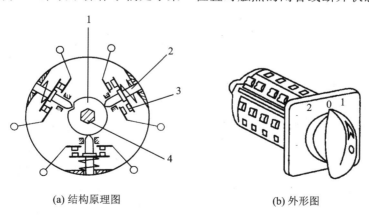

(a) 结构原理图　　　　　　　　　(b) 外形图

1—凸轮;2—触点弹簧;3—触点;4—转轴

图 3.13　万能转换开关

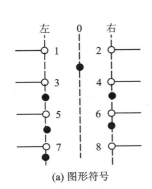

线路编号	触　点	-45°	0°	+45°
1	1-2	—	×	—
2	3-4	×	—	×
3	5-6	×	—	×
4	7-8	×	—	—

(a) 图形符号　　　　　　　　　　　(b) 触点分合表

图 3.14　万能转换开关的表示方法

3.1.3　保护电器

保护电器是指用来保护电动机,使其安全运行的电器,包括电流继电器、电压继电器、热继电器、熔断器等。

1. 电流继电器

电流继电器根据电流信号动作,其线圈匝数少,线径粗,能通过较大的电流。常用的电流继电器有过电流继电器和欠电流继电器两种,在电路中分别起过电流和欠电流保护作用。

1）过电流继电器

在电动机正常工作时,过电流继电器不动作;当电动机短路或由于严重过载而产生过大的电流时,过电流继电器产生吸合动作,带动动断触点打开,使接触器线圈断电,从而切断电动机的电源,起到过流保护作用。

2）欠电流继电器

欠电流继电器串接在直流并励电动机的励磁线圈里。在电动机正常工作时,欠电流继电器处于吸合状态;当励磁电流过小时,欠电流继电器释放,其动合触点打开,控制接触器切除电动机的电源,起弱磁超速保护作用。在产品上,只有直流欠电流继电器。

电流继电器的文字符号为 FA,图形符号如图 3.15 所示。

2. 电压继电器

电压继电器是根据电压信号动作的,使用时线圈与电源并联。其特点是线圈匝数多而线径细。按用途不同,电压继电器可分为过电压继电器和欠电压继电器,分别用于实现过电压和欠电压保护。

1）过电压继电器

当线圈两端的电压超过整定值,如 $(1.05 \sim 1.2)U_N$ 时,过电压继电器立即吸合,动断触点断开,从而控制接触器及时分断电动机电源,以保护电动机不致因过高的电压而损坏。由于直流电路中一般不会出现波动较大的过电压现象,所以产品中没有直流过电压继电器。

2）欠电压继电器

对于异步电动机,其电磁转矩正比于电源电压的平方,因此当控制线路电压过低时,运行中的电动机将无法正常工作。此时应利用欠电压继电器进行欠电压保护。当线圈两端的电压

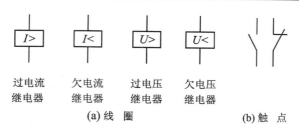

（a）线　圈　　　　　　　　　　（b）触　点

图 3.15　电流继电器和电压继电器的图形符号

低于整定值，如$(0.2\sim0.3)U_N$ 时，欠电压继电器立即释放，使其动合触点动作，并控制接触器使电动机脱离电源。与过电压继电器不同，在电路未出现故障时，欠电压继电器处于吸合状态。

电压继电器的文字符号为 FV，图形符号如图 3.15 所示。

3. 热继电器

1）热继电器的作用与分类

在实际运行过程中，三相异步电动机经常会出现过载现象，此时在电动机绕组中有较大的电流通过，而过大的电流会产生较多的热量。如果过载时间不是很长，电动机不超过允许温升，则这种过载是允许的，也就是说，此时电动机不应立即停机。但是如果电动机过载持续时间较长，超过了允许温升，则会加速电动机的绝缘老化，缩短电动机的使用寿命，甚至导致绕组严重过热而烧毁，因此必须对电动机进行过载保护。然而，仅采用过电流继电器是无法实现这一功能的，因为它只能保护电动机不超过整定电流，却不能反映电动机的发热状况，因此通常需要使用热继电器。

热继电器是利用电流的热效应原理进行工作的，主要与接触器配合使用，用于三相异步电动机的长期过载保护及断相保护。但是热继电器不能用作短时过载保护及短路保护，这是由于热继电器具有很大的热惯性，在电动机正常启动或短时过载时，热惯性使热继电器不会马上动作，从而避免了电动机不必要的停车；而在电路发生短路时，热继电器无法立即动作以使电路瞬时断开，这一点在使用时应特别注意。

热继电器按相数分为两相结构和三相结构的热继电器。三相结构热继电器按功能又可分为不带断相保护和带断相保护两种类型。在使用热继电器保护三相异步电动机时，如果所保护的电动机是 Y 接法，则可以使用两相或三相热继电器；如果电动机是△接法，则必须采用带断相保护的三相热继电器。

2）热继电器的结构和工作原理

图 3.16 是热继电器的结构原理示意图。从图中可以看出，热继电器主要由热元件、双金属片和触点等组成。热元件用于产生热效应，由镍铬合金等电阻材料制成。双金属片由两种热膨胀系数不同的金属辗压而成。由于两种金属紧密地贴合在一起，因此当产生热效应时，双金属片向膨胀系数小的一侧弯曲，并带动触点动作。

使用时，双金属片 14（左侧为热膨胀系数小的材料）和热元件 15 直接串接在欲保护的电动机主电路中，电动机的工作电流流过热元件，使之产生热量，加热双金属片。当电动机正常运行时，热元件产生的热量使双金属片略有弯曲，但并不足以使触点动作。当电动机过载时，热元件中流过超过整定值的电流，其发热量增加，使双金属片的弯曲位移进一步加大，带动导板 16 向左移动，并通过补偿双金属片 1 和推杆 8 将串接在电动机控制电路中的动断触点 10 打开，于是断开接触器线圈的电源，从而切断电动机主电路。同时，热元件因失电而逐渐降温，

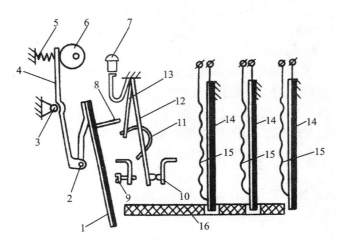

1—补偿双金属片；2、3—轴；4—连杆；5—压簧；6—电流调节凸轮；7—手动复位按钮；8—推杆；
9—复位调节螺钉；10—动断触点；11—弓形弹簧片；12、13—片簧；14—双金属片；15—热元件；16—导板

图 3.16 热继电器结构原理示意图

热元件　　　动断触点

图 3.17 热继电器的图形符号

热量逐渐减少。经过一段时间的冷却后，双金属片恢复到原来的状态，触点也自动复位。如果使用手动复位方式，则在热继电器动作后，待双金属片冷却下来，才能按下手动复位按钮 7 进行复位。

热继电器的文字符号为 FR，图形符号如图 3.17 所示。

4. 熔断器

熔断器是基于电流的热效应原理和发热元件的热熔断原理设计的，具有一定的瞬动特性，用于配电线路和用电设备的短路保护。它结构简单，使用方便，分断能力较强，限流性能良好，是应用最为普遍的保护器件之一。

1）熔断器的结构和工作原理

熔断器主要由熔断管（盖、座）和熔体两部分组成。熔断管（盖、座）一般由陶瓷、绝缘钢板或玻璃纤维等制成，用于安装熔体，并在熔体熔断时起到灭弧作用。熔体俗称保险丝，是熔断器的主要部分，通常由低熔点的铅、锡、锌、铜、银及其合金制成丝状、片状、带状或笼状。

使用时，熔断器的熔体串接于被保护的电路中。当电路工作正常时，熔体中流过的电流不足以使其熔断。当电路发生短路时，熔体中流过较大的电流，当电流产生的热量达到熔体的熔点时，熔体自行熔断，从而切断电路，起到保护作用。

2）熔断器的分类

从结构形式上分，熔断器有插入式熔断器、无填料封闭管式熔断器、有填料封闭管式熔断器及螺旋式熔断器；从用途上分，熔断器有一般工业用熔断器、半导体器件保护用快速熔断器和特殊熔断器（如自复式熔断器）。

（1）插入式熔断器

如图 3.18 所示，瓷座 6 和瓷盖 3 的两端分别固装着静触点 5 和动触点 2。瓷座中间有一空腔 4，与瓷盖中段的突出部分共同形成灭弧室。由软铝丝或铜丝制成的熔体 1 沿着瓷盖的突出部分跨接在两个动触点上。使用时，将瓷盖插入瓷座内，依靠熔丝将线路接通。

这种熔断器结构简单,尺寸小,更换方便,价格低廉,但分断能力较小,一般多用于照明线路和小容量电动机的短路保护。

(2)无填料封闭管式熔断器

如图 3.19 所示,熔管 2 的两端由铜帽 5 封闭,管内无填料。熔体 3 为变截面锌片,由螺钉固定在熔断器两端的触刀 1 上,并装于绝缘管内。当发生短路时,熔体在最细处熔断,并且多处同时熔断,有助于提高分断能力。熔体熔断时,电弧被限制在熔管内,不会向外喷出,故使用起来较为安全。另外,在熔断过程中,熔管内产生大量气体,气体压力达到 30～80 个大气压。在此大气压的作用下,电弧受到剧烈的压缩,加强了复合作用,促使电弧很快熄灭,从而提高了熔断器的分断能力。

这种熔断器常用于低压电力线路或成套配电设备的短路保护,其特点是可拆卸,即当熔体熔断后,用户可自行拆开并更换熔体。

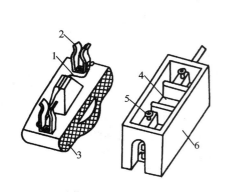

1—熔体;2—动触点;3—瓷盖;
4—空腔;5—静触点;6—瓷座

图 3.18　RC1A 系列插入式熔断器

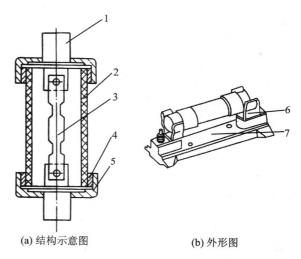

(a) 结构示意图　　　　(b) 外形图

1—触刀;2—熔管;3—熔体;4—垫片;
5—铜帽;6—夹座;7—底座

图 3.19　无填料封闭管式熔断器

(3)有填料封闭管式熔断器

如图 3.20 所示,这种熔断器的熔管包括管体、熔体、触刀、熔断指示器、熔断体盖板和石英砂等。瓷质管体内装有工作熔体和指示器熔体。熔体采用紫铜箔冲制的网状熔片并联而成,中间部分用锡桥连接,装配时将其围成笼形,使之与填料充分接触,这样既能均匀分布电弧能量,提高熔断器的分断能力,又可使管体受热均匀而不易断裂。熔断指示器是一个机械信号装置,指示器上焊有一根很细的康铜丝,与工作熔体并联。在正常情况下,由于康铜丝的电阻很大,电流基本上从工作熔体流过。当电路发生短路时,工作熔体熔断,电流全部流过康铜丝,使其迅速熔断。此时,指示器在弹簧的作用下立即向外弹出,显现出醒目的红色信号,指示熔体已经熔断,从而便于迅速发现故障并尽快维修。

熔管体内部充满了石英砂填料,起到冷却和消弧的作用,加上熔体的特殊结构,使有填料封闭管式熔断器可以分断较大的电流,故常用于大容量的配电线路中。

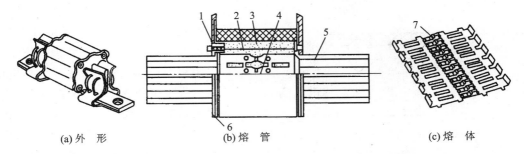

(a) 外　形　　　　　　　(b) 熔　管　　　　　　　(c) 熔　体

1—熔断指示器；2—指示器熔体；3—石英砂；4—工作熔体；5—触刀；6—盖板；7—锡桥

图 3.20　有填料封闭管式熔断器

（4）螺旋式熔断器

如图 3.21 所示，螺旋式熔断器的熔断管内装有熔体以及熔断时灭弧用的石英砂；头部装有一个染成红色的熔断指示器，一旦熔体熔断，指示器自动弹出，透过瓷帽上的玻璃圆孔就可以看到，起到指示的作用。当熔断器熔断后，只需旋开瓷帽，取出已熔断的熔管，更换新熔管即可。

这种熔断器的分断能力较强，限流特性好，安装面积小，使用安全可靠，并带有明显的熔断显示，常用于机床电气控制。

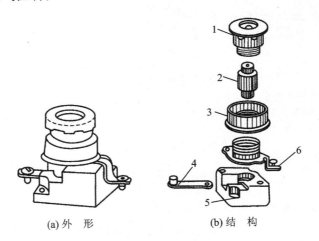

(a) 外　形　　　　　　　(b) 结　构

1—瓷帽；2—熔断管；3—瓷套；4—下接线端；5—瓷底座；6—上接线端

图 3.21　螺旋式熔断器

（5）快速熔断器

快速熔断器主要用于半导体器件保护。半导体器件的过载能力很低，只能在极短的时间（数毫秒至数十毫秒）内承受过载电流。而一般熔断器的熔断时间是以秒计的，所以不能用来保护半导体器件，为此，必须采用在过载时能够迅速动作的快速熔断器。如图 3.22 所示，快速熔断器的结构与有填料封闭管式熔断器基本一致，所不同的是，快速熔断器采用以纯银片冲制成的开有 V 形深槽的变截面熔体，过载时极易熔断，从而使熔断器达到快速动作的要求。

（6）自复式熔断器

这是一种新型熔断器，具有良好的限流性能，但是它并不能真正切断电路，故常与断路器配合使用。其优点是，当故障排除后能迅速复原，再次投入运行，而无须更换熔体，因此可重复

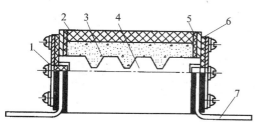

1—熔断指示器;2—熔管;3—石英砂;4—熔体;
5—绝缘垫;6—端盖;7—接线端子

图 3.22　快速熔断器

使用。

如图 3.23 所示,自复式熔断器采用低熔点金属钠作熔体。在常温状态下,钠的电阻很小,允许通过正常的工作电流。当电路发生短路故障时,短路电流产生高温使钠迅速汽化而呈现高阻状态,从而限制了短路电流的进一步增加。此时,熔体汽化后产生的高压推动活塞向右移动,并压缩氩气。当断路器切断电流后,金属钠蒸气温度下降,压力随之下降,原来受压的氩气膨胀,推动活塞向左移动,从而使熔断器迅速复原。而钠蒸气冷却并凝结成固态,重新恢复原来的导电状态,为下一次动作做好准备。

熔断器的文字符号为 FU,图形符号如图 3.24 所示。

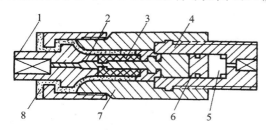

1、4—电流端子;2—熔体;3—绝缘管;5—氩气;
6—活塞;7—不锈钢管;8—填充剂

图 3.23　自复式熔断器

图 3.24　熔断器的图形符号

3.1.4　控制电器

1. 接触器

接触器是在低压电路系统中远距离控制、频繁接通和切断交直流主电路和大容量控制电路的自动控制电器,主要控制对象为交直流电动机,也可用于电焊机、电热设备、照明设备等其他负载的控制。接触器具有大容量的执行机构及迅速熄灭电弧的能力。当系统发生故障时,可以根据故障检测信号,迅速可靠地切断电源,并有零(欠)压保护功能。

接触器的种类很多,按驱动力的不同可分为电磁式、气动式和液压式,其中电磁式应用最为广泛;按主触点所控制电路的电流种类不同又可分为交流接触器和直流接触器。本节涉及的是电磁式接触器,简称接触器。

1) 结构和工作原理

如图 3.25 和图 3.26 所示,接触器的工作原理为:当线圈通电后,铁芯中产生磁通及电磁吸力,此电磁吸力克服弹簧的反作用力将衔铁吸合,并带动触点机构动作,即动断触点打开、动合触点闭合,从而完成接通电路的操作。当线圈断电或电压较低时,电磁吸力消失或减弱,在弹簧的作用下,衔铁释放,触点机构复位,从而切断电路。

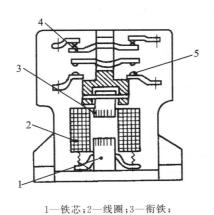

1—铁芯;2—线圈;3—衔铁;
4—动断触点;5—动合触点

图 3.25 交流接触器原理示意图

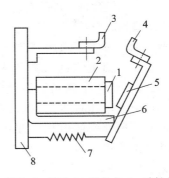

1—铁芯;2—线圈;3—静触点;4—动触点;
5—衔铁;6—磁轭;7—反作用弹簧;8—底板

图 3.26 直流接触器原理示意图

接触器主要由电磁系统、触点系统、灭弧装置等部分组成。下面将分别对各主要部分作简要的介绍。

（1）电磁系统

电磁系统包括线圈、铁芯、衔铁三部分,其作用是将电磁能转变为机械能,产生电磁吸力,带动衔铁和触点动作。

（2）触点系统

触点是接触器的执行元件,用来接通或分断被控制电路。

触点按所控制的电路可分为主触点和辅助触点。主触点接在主电路中,用于通/断主电路,允许通过较大的电流;辅助触点接在控制电路中,用于通断控制电路,只能通过较小的电流。

此外,触点还可分为动合触点(常开触点)和动断触点(常闭触点)。所谓动合触点,是当线圈通电后触点闭合,而线圈断电时触点断开。与之相反,动断触点在线圈断电时闭合,在线圈通电后断开。

（3）灭弧装置

当触点切断电路的瞬间,如果电路的电流(电压)超过某一数值,则在动、静触点间将产生强烈的弧光放电现象,称为电弧。电弧的出现会对电器产生以下影响:触点虽然已经打开,但是由于电弧的存在,使需要断开的电路实际上并未真正断开;电弧的高温可能灼伤触点;电弧向四周喷射,会损坏电器及其周围物质,严重时会造成短路,引起火灾。由于接触器通断的是大电流电路,电弧的影响尤为突出。为此,必须采用灭弧装置使电弧迅速熄灭,以保证接触器可靠、安全地工作。常用的灭弧方法和装置有以下几种:

① 双断点灭弧 图 3.27 所示的桥式触点具有双断点。当触点分断时,在左右断点处产生两个彼此串联的电弧。由于电弧电流方向相反,所以两个电弧在图中以"⊕"表示的磁场中受到电动力 F 的作用,产生向外运动并被拉长,使其迅速穿越冷却介质而加速冷却,故电弧很快熄灭。此外,双断点将长电弧分成两个短电弧,从而削弱了电弧的作用。因此,小容量交流接触器(10 A 以下)和继电器通常采用桥式触点灭弧,无需再加设其他灭弧装置。但是在大容量接触器中则需配合使用其他灭弧方法。

② 灭弧罩灭弧   灭弧罩通常用耐弧陶土、石棉水泥或耐弧塑料制成。安装时,灭弧罩将触点罩住。当电弧发生时,电弧进入灭弧罩内与罩壁接触,弧温迅速下降,使电弧容易熄灭。同时灭弧罩还起到隔弧作用,以防止发生短路。灭弧罩常用于交流接触器中。

③ 栅片灭弧   灭弧栅的灭弧原理如图 3.28 所示。灭弧栅由许多镀铜薄钢片(称为栅片)组成,安装在触点上方的灭弧罩内,彼此之间互相绝缘。当触点分断电路时,在触点间产生电弧,电弧电流产生磁场。导磁性能良好的栅片将电弧吸入,并将电弧分割成许多串联的短弧。当交流电压过零时,电弧自然熄灭。若想重燃电弧,栅片间必须有 150～250 V 的电压。而每个栅片间的电压不足以达到燃弧电压,同时由于栅片吸收电弧热量,使电弧迅速冷却而很快熄灭。因此,电弧自然熄灭后就很难重燃。灭弧栅装置常用于 20 A 以上大容量的交流接触器。

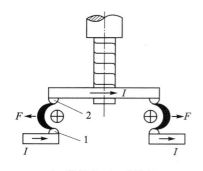

1—静触点;2—动触点

图 3.27   桥式触点灭弧原理

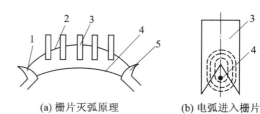

(a) 栅片灭弧原理   (b) 电弧进入栅片

1—静触点;2—短电弧;3—灭弧栅片;4—长电弧;5—动触点

图 3.28   灭弧栅灭弧原理

④ 磁吹灭弧   磁吹灭弧装置的工作原理如图 3.29 所示。在触点回路(主电路)中串接一个磁吹线圈,通入电流后产生磁场。当电流逆时针流经磁吹线圈时,由此产生的磁通经导磁颊片引向触点周围。可将触点断开时所产生的电弧看成是一载流导体,电流由静触点流向动触点。此时,根据左手定则可以确定电弧在磁吹线圈磁场中受到一个方向向上的电磁力 F 的作用。F 向上拉长电弧并将电弧吹入灭弧罩中。与静触点相连的灭弧角对电弧的向上运动起到引导作用,并将热量传递给灭弧罩壁,加速电弧冷却,促使电弧迅速熄灭。可见,磁吹灭弧装置是依靠电弧电流本身进行灭弧的,故电弧电流越大,电弧受力越大,电弧越容易被熄灭。但应注意的是,由于电磁吹力 F 与电弧电流的平方成正比,电弧电流较小时,电弧受力较小,结果使灭弧效果大大削弱。这也是这种灭弧方法的缺点。磁吹灭弧装置广泛应用于直流接触器中。

⑤ 纵缝灭弧   纵缝灭弧的灭弧原理是在产生电弧时,依靠外界磁场或电动力将电弧吹入纵缝,电弧在与纵缝的接触中加速冷却而熄灭。如图 3.30 所示,纵缝的下部较宽,以便放置触点;纵缝的上部较窄,使电弧与纵缝壁良好接触,以利于热量交换,从而加速电弧的熄灭。纵缝灭弧常用于交流和直流接触器中。

除了上面介绍的这几种方法外,还有其他的灭弧方法。在实际应用中,有时只采用上述方法中的一种即可达到灭弧效果,有时则应将多种方法并用,以增强灭弧能力。

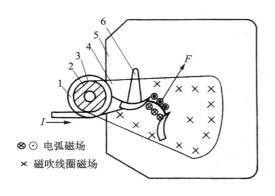

1—磁吹线圈；2—铁芯；3—绝缘套管；
4—导磁颊片；5—灭弧罩；6—灭弧角

图 3.29　磁吹灭弧工作原理

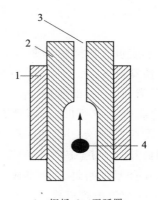

1—钢板；2—灭弧罩；
3—纵缝；4—电弧

图 3.30　纵缝灭弧

2）交流接触器和直流接触器

（1）交流接触器

交流接触器的主触点用于接通和分断交流主电路。当交变磁通穿过铁芯时，将产生涡流和磁滞损耗，使铁芯发热。为了减少因涡流和磁滞损耗造成的能量损失，铁芯用硅钢片冲制后叠铆而成。为了便于散热，线圈在骨架上绕成扁而厚的圆筒形状，并与铁芯隔离。交流接触器的线圈匝数较少，故电阻小，当线圈通电而衔铁尚未吸合的瞬间，电流将达到工作电流的 10～15 倍。如果衔铁被卡住而不能吸合，或频繁动作，线圈将有可能被烧毁。所以，对于要求频繁启停的控制系统不宜于采用交流接触器。

由于交流接触器铁芯中的磁通是交变的，因此所产生的电磁吸力也是随时间变化的。当磁通过零时，电磁吸力也为零，已吸合的衔铁在反力弹簧的作用下被拉开，随后磁通又很快上升，电磁吸力增大，当吸力大到足以克服弹簧反力时，衔铁又被吸合。于是，交流电源频率的变化，使衔铁产生强烈的振动和很大的噪声。当电源频率为 50 Hz 时，衔铁每秒钟将发生 100 次的振动，使触点不能可靠地闭合，甚至使铁芯迅速损坏。短路环就是为了解决这一问题而设计的。具体做法是，在铁芯端面开一个槽，槽内嵌入用铜、锰白铜等材料制成的短路环，其结构如图 3.31 所示。

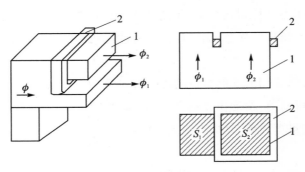

1—铁芯；2—短路环

图 3.31　加短路环的交流接触器铁芯

当交变磁通穿过短路环所包围的铁芯端面 S_2 时，将在环内产生感应电势和感应电流。根据电磁感应定律，此感应电流所产生的磁通将反抗交变磁通 ϕ 的变化，致使穿过 S_2 面的磁通 ϕ_2 在相位上落后于短路环外铁芯端面 S_1 中的磁通 ϕ_1。这两个磁通分别产生各自的电磁吸力 F_1 和 F_2，而且 F_2 将滞后于 F_1 一个角度，如图 3.32 所示。可见，F_1 和 F_2 不会同时达到零值，因而其合力 $F_1 + F_2$ 将始终不经过零点。如果设计合理，此合力将始终大于弹簧反力，使衔铁稳定吸合，从而消除交流电磁机构的振动和噪声。

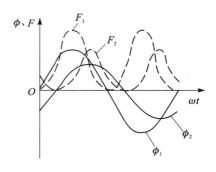

图 3.32　加短路环后的电磁吸力图

（2）直流接触器

直流接触器的主触点用来通断直流主电路。和交流接触器不同，直流接触器的铁芯中不会产生涡流和磁滞损耗，故不会发热。为了便于加工，铁芯用整块电工软钢制成。为使线圈散热良好，通常将线圈绕制成长而薄的圆筒状，且不设线圈骨架，使线圈和铁芯直接接触。

由于直流接触器的线圈中流以直流电，故没有较大的启动电流冲击，铁芯和衔铁也不会因电源频率的变化而产生猛烈的撞击，因此直流接触器的寿命比交流接触器长，适用于可靠性要求高或要求频繁动作的场合。

直流接触器主触点流过的是直流，故触点分断所产生的电弧是直流电弧。与交流电弧相比，直流电弧较难熄灭，因此直流接触器一般采用灭弧能力较强的磁吹灭弧装置进行灭弧。

接触器的文字符号为 KM，图形符号如图 3.33 所示。

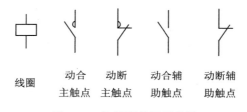

| 线圈 | 动合
主触点 | 动断
主触点 | 动合辅
助触点 | 动断辅
助触点 |

图 3.33　接触器的图形符号

2. 继电器

继电器广泛应用于自动控制系统中，起控制和保护电路或传递和转换信号的作用。继电接触器控制系统中的逻辑控制任务，如工作台自动前进和后退或自动加速和减速，都需要由继电器来完成。

继电器的种类很多，常用的继电器按输入信号可分为电压继电器、电流继电器、时间继电器、速度继电器、热继电器等；按动作原理可分为电磁式继电器、感应式继电器、电动式继电器、电子式继电器、机械式继电器等，其中电磁式继电器应用最为广泛。

1）电磁式继电器

电磁式继电器与接触器的结构和工作原理相似，由电磁系统、触点系统和释放弹簧等组成。所不同的是，电磁式继电器一般用于接通/断开控制电路，触点容量较小（通常在 5 A 或 5 A 以下），故不需要专门的灭弧装置。另外，继电器的触点系统无主、辅触点之分。但是在实际使用中,有些小功率电动机的主电路也可以用继电器来控制。

和接触器相似,电磁式继电器也有交、直流之分。交流继电器的线圈通以交流电,铁芯由硅钢片叠成,磁极端面装有铜制短路环。直流继电器的线圈通以直流电,铁芯用软钢制成,不需要装短路环。

常用的电磁式继电器有电流继电器、电压继电器和中间继电器。其中,电流继电器和电压继电器已在 3.1.3 中进行了详细介绍,故不再赘述。

中间继电器在本质上是一种电压继电器,具有触点数目多(多至六对甚至更多)、电流容量大(额定电流为 5～10 A)、动作灵敏(动作时间小于 0.05 s)等特点。在电路中使用中间继电器的主要目的是:

① 信号放大:有时输入信号比较弱,不足以直接驱动接触器,这时可以利用中间继电器对信号进行放大。

② 扩展触点数目,增加控制回路数:在比较复杂的电路中,接触器的辅助触点可能不够用,这时可用接触器的一对辅助触点去控制中间继电器,则中间继电器的触点相当于接触器的辅助触点,这样就使接触器的触点数目得到扩展。

中间继电器的文字符号为 KA,图形符号如图 3.34 所示。

2) 时间继电器

时间继电器是一种当线圈通电或断电后,触点经过一定的延时后才能闭合或断开的继电器。它在电路中起着控制动作时间的作用。

线　圈　　动合触点　动断触点

图 3.34　中间继电器的图形符号

时间继电器的延时方式有两种,即通电延时和断电延时。通电延时是在线圈通电后延迟一定时间,触点才动作;当线圈断电时触点瞬时复原。断电延时是在线圈通电时触点瞬时动作;当线圈断电后,经过一定时间的延迟,触点才复原。

时间继电器的种类很多,常用的有电磁式、空气阻尼式、电动机式和电子式(也称晶体管或半导体式)和数字式等。其中,数字式时间继电器的定时精度最高,其次是电子式时间继电器,其余三种时间继电器的定时精度稍差。

时间继电器的文字符号为 KT,图形符号如图 3.35 所示。

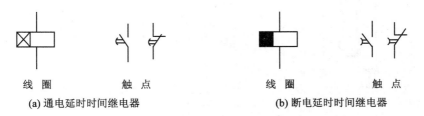

线　圈　　　　触点　　　　　　　　线　圈　　　　触点

(a) 通电延时时间继电器　　　　　　　(b) 断电延时时间继电器

图 3.35　时间继电器的图形符号

3.1.5　信号电器

1. 速度继电器

1) 速度继电器的作用

目前用得最多的是感应式速度继电器,它依靠电磁感应原理实现触点动作,因此,它的电磁系统与一般的电磁式电器(如接触器、电磁式继电器)不同,而与交流电动机的电磁系统相似,即由定子和转子组成。由于速度继电器只能反映电动机的转动方向及电动机是否停转,故主要与接触器配合使用,实现笼型异步电动机的反接制动控制,因此又称反接制动继电器。

2) 速度继电器的结构和工作原理

速度继电器的结构原理如图 3.36(a)所示,主要由定子、转子和触点三部分组成。定子 3 是一个由硅钢片叠制而成的笼形空心圆环,圆环内装有笼形绕组 4。转子 1 是一块圆柱形永久磁铁。速度继电器的触点有两组,即一对动合触点和一对动断触点,分别用于控制电动机正、反转的反接制动。

速度继电器的转轴 2 和需要控制速度的电动机轴相连接。转子 1 固定在轴上,定子与轴同心。当电动机转动时,速度继电器的转子随之转动,因此在转子周围的磁隙中产生旋转磁场。绕组切割磁场产生感应电动势和感应电流。和鼠笼式异步电动机工作原理相同,此电流与旋转磁场相互作用产生转矩,使定子沿转子转动方向偏转。当偏转到一定角度时,定子柄 5 触动弹簧片 6,使继电器的动断触点断开、动合触点闭合。当电动机转速降至接近零速(约 100 r/min)时,转矩下降,定子柄在弹簧力矩的作用下回复到原来位置,并使得相应的触点复位。

速度继电器的文字符号可表示为 SV,图形符号如图 3.36(b)所示。速度继电器的图形符号分为两部分,即测速部分(转子)和触点部分,而速度标志和触点符号组合构成触点图形符号。

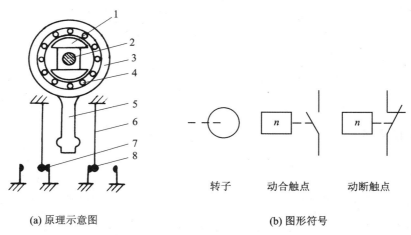

|(a) 原理示意图|(b) 图形符号|

1—转子;2—转轴;3—定子;4—绕组;5—定子柄;6—弹簧片;7—静触点;8—动触点

图 3.36　速度继电器

2. 压力继电器

压力继电器在各种液压和气压控制系统中被广泛使用,它通过感受液压或气压的变化发出信号,控制电动机的启停,从而起到保护作用。

图 3.37(a)是压力继电器结构原理示意图。它由压力检测驱动和压力控制执行部分组成。压力检测驱动部分包括入口、橡皮膜及与液压(或气压)系统相连的小型压力阀;压力控制执行部分为微动开关,其触点与行程开关触点的作用相同。

压力继电器的工作原理为:压力继电器安装在油路(或气路)的分支管路中,液体或空气经入口 1 将压力传递给橡皮膜 2,当压力达到给定值时,橡皮膜 2 受力向上凸起,推动压力阀的阀杆 3 向上移动,压动微动开关 6,使其动断触点 1－2 断开、动合触点 1－3 闭合,因此,继电器将压力参数转换为触点控制信号。当管路中的压力低于整定值时,阀杆脱离微动开关,从而使微动开关的触点复位。

压力继电器的调整十分方便,只需放松或拧紧调节螺母 5,即可改变动作压力的大小,以适应控制系统的需要。

压力继电器的文字符号为 SP,图形符号如图 3.37(b)所示。

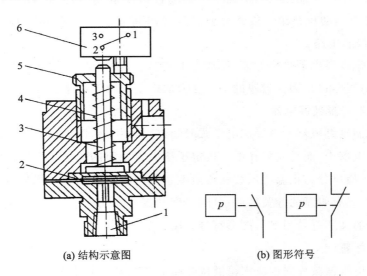

　　　　　(a) 结构示意图　　　　　　　　　　(b) 图形符号

1—流体入口;2—橡皮膜;3—压力阀阀杆;4—弹簧;5—调节螺母;6—微动开关

图 3.37　压力继电器

3. 温度继电器

1) 温度继电器的作用

如果电动机出现过载,将导致绕组温升过高。如前所述,利用热继电器的发热元件可间接地反映出绕组温升的变化,因此可起到电动机过载保护的作用。然而,如果电网电压异常升高,即使电动机不过载,也会造成铁损增加而使铁芯发热;或者电动机环境温度过高以及通风不良等都会使绕组温升过高。当出现这些情况时,热继电器将无法正确反映电动机的故障状态,这就需要采用按温度原则动作的继电器——温度继电器。

　　温度继电器一般埋设在电动机发热部位,如电动机定子槽内、绕组端部等,可直接反映该处发热情况。因此,无论是电动机本身由于出现过载而引起温度升高,还是其他原因引起电动机的温度升高,都可利用温度继电器进行保护。

　　2) 温度继电器的分类

　　温度继电器有双金属片式和热敏电阻式两种类型。

　　(1) 双金属片式温度继电器

　　双金属片式温度继电器的结构原理如图3.38所示,在结构上它是封闭的,双金属片4用环氧树脂1封装于外壳6中,外壳以黄铜薄带拉伸而成,导热性能较好。动断触点3的动触点铆在双金属片上。

　　当双金属片式温度继电器用于电动机保护时,应预先埋入电动机绕组后再将绕组浸漆,以保证良好的热耦合性能;当用于介质温度控制时,则将继电器直接置入被控介质中。当某种原因导致绕组温度或介质温度迅速升高时,温度继电器立即感受到温度的变化,并通过外壳将温度传给双金属片,使之感温并逐渐积蓄能量。当达到额定动作温度时,双金属片立即动作,瞬时断开动断触点,从而控制接触器使电动机断电,以达到过热保护的目的。当故障排除后电动机绕组温度或介质温度冷却到继电器的复位温度时,继电器自动复位,并重新接通控制电路。

　　双金属片式温度继电器价格低廉,但加工工艺复杂,且双金属片极易老化。另外,它不宜用于高压电动机保护,这是因为过厚的绝缘层会加剧动作的滞后现象。

　　(2) 热敏电阻式温度继电器

　　热敏电阻式温度继电器的外形和电子式时间继电器相似,但是作为温度检测元件的热敏电阻不是装在继电器中,而是安装在电动机定子槽内或绕组的端部。热敏电阻是一种半导体器件,根据材料性质可分为正温度系数和负温度系数两种。正温度系数热敏电阻的阻值随温度的升高而增大,具有明显的开关特性;电阻温度系数大,灵敏度高,因而得到广泛的应用。

　　温度继电器的文字符号为ST,图形符号如图3.39所示。

　　4. 液位继电器

　　液位继电器可根据被控锅炉或水箱液位的高低变化来控制水泵电动机的启停,从而实现液位控制。

　　图3.40(a)为液位继电器的结构示意图。浮筒置于被控锅炉或水箱中,浮筒的一端有一根磁钢。锅炉或水箱的外壁装有一对触点,动触点2的一端也有一根磁钢,与浮筒一端的磁钢相对应。当锅炉或水箱内的水位降低到下限位置时,浮筒下落,使磁钢绕支点A翘起。动触点磁钢的S极由于受到同相相斥的作用而绕支点B旋转下落,从而使触点1-2接通、2-3断开。反之,当水位升高到上限位置时,浮筒上浮,使触点1-2断开、2-3接通。很显然,液位继电器的安装位置决定被控液位,因此它主要用于精确度不高的液位控制场合。

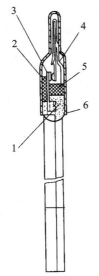

1—环氧树脂；2—绝缘垫；3—动断触点；

4—双金属片；5—绝缘固定器；6—外壳

图 3.38　双金属片式温度继电器　　　　　**图 3.39　温度继电器的图形符号**

液位继电器的文字符号为 SL，图形符号如图 3.38(b)所示。

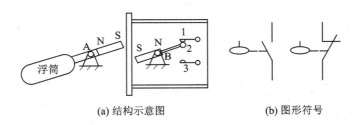

(a) 结构示意图　　　　　　　(b) 图形符号

图 3.40　液位继电器

5. 干簧继电器

近年来，干簧继电器因其结构小巧、动作迅速、工作稳定、灵敏度高等优点而得到广泛应用。干簧继电器的主要部分是干簧管，它由一组或多组导磁簧片封装在充满惰性气体的玻璃管中组成开关元件。在磁场的作用下，干簧管中的两根簧片被磁化而产生相互吸引，从而接通电路。当磁场消失时，簧片依靠自身的弹力而分开，从而断开电路。因此导磁簧片又兼做接触簧片，起到通断电路和磁路的双重作用。

干簧继电器具有以下特点：

● 簧片与空气隔离，可有效防止老化和污染，也不会因簧片产生火花而引燃附近的易燃物；

● 簧片采用金、钯的合金镀层，接触电阻稳定，寿命长（100~1 000 万次）；

● 动作速度快，比一般的继电器快 5~10 倍；

● 与永久磁铁配合使用，方便灵活；

● 承受电压低，通常不超过 250 V。

3.2　电气原理图

3.2.1　电气原理图的绘制原则

电气原理图是根据电路工作原理绘制而成的,它采用规定的图形符号和文字符号,具有结构简单、层次分明、便于研究和分析电路的工作原理等优点,在电气设计和现场维护中都得到了广泛的应用。在绘制电气原理图时应遵循以下基本原则:

- 电气原理图的绘制应布局合理、排列均匀、便于识图和分析。
- 为了便于区别,主电路一般画在原理图的左边或上边,而控制电路画在原理图的右边或下边。控制电路可以与主电路相连,也可以与主电路分开,但要标明相互之间的电气关系。
- 三相交流电源的相线采用 L1、L2、L3 标号,按从左到右或从上到下的顺序排列。中性线排列在相线的右边或下边。
- 各种电器元件的图形符号和文字符号必须符合国家标准的规定。
- 两线交叉连接时的电气连接点须用黑点标出。
- 各个电器元件按功能布置在线路上,也就是说,根据工作原理的要求,同一个电器元件的各部件可以分开画在不同的地方,但是必须采用相同的文字符号。图中若有多个同一种类的电器元件,可在文字符号后加上数字序号。
- 所有电器元件均按没有通电或没有外力作用的原始状态或位置画出。如接触器和电磁式继电器为衔铁未吸合的位置,动合触点为断开状态,动断触点为闭合状态,按钮和行程开关为未压合状态,多挡位元件为零位。
- 控制电路原则上按照动作先后顺序排列,自左向右、自上而下依次绘出,可以垂直布置,也可以水平布置,但同一电路中必须采用相同的格式。

3.2.2　电气原理图中的图形符号和文字符号

为了区别电器的类型和作用,电气控制线路中的各个电器元件及其部件用一定的图形符号表示,并用一定的文字符号标明其名称,而且图形符号和文字符号必须符合国家标准,以便于技术交流和沟通。本书采用的图形、文字符号分别摘自 GB/T 4728—2005～2008《电气简图用图形符号》及 GB 7159—87《电气技术中的文字符号制订通则》。表 3.1 列出了常用电气图形符号和文字符号,以供参考,但未示出图形符号的网格。

需要说明的是,如果按图面布置的需要,电器元件图形符号的方位与表中示出的一致,则直接采用;若方位不一致,则在不改变含义的情况下可将符号旋转或取镜像,但文字和指示方向不得改变。本书为把图形符号顺时针旋转 90°进行绘制。

表 3.1　常用电气图形符号和文字符号

名　称		图形符号 (GB/T 4728—2005～2008)	文字符号 (GB 7159—87)
三极刀开关			Q
三极隔离开关			QS
三极负荷开关			QL
三极断路器			QF
接触器	线　圈		KM
	动合主触点		
	动断主触点		
	动合辅助触点		
	动断辅助触点		
中间继电器	线　圈		KA
	动合触点		
	动断触点		
时间继电器	通电延时线圈		KT
	动合延时闭合触点		
	动断延时打开触点		

名　称		图形符号 (GB/T 4728—2005～2008)	文字符号 (GB 7159—87)
时间继电器	断电延时线圈		KT
	动合延时打开触点		
	动断延时闭合触点		
热继电器	热元件		FR
	动断触点		
	熔断器		FU
压力继电器	动合触点		SP
	动断触点		
温度继电器	动合触点		ST
	动断触点		
液位继电器	动合触点		SL
	动断触点		

续表 3.1

名　称		图形符号 (GB/T 4728—2005～2008)	文字符号 (GB 7159—87)
按钮	启动按钮		SB
	停止按钮		
	复合按钮		
	急停按钮　动合触点		
	急停按钮　动断触点		
行程开关	动合触点		SQ
	动断触点		
	复合触点		
接近开关	动合触点		
	动断触点		

名　称	图形符号 (GB/T 4728—2005～2008)	文字符号 (GB 7159—87)
蜂鸣器		HA
电铃		
报警器		
信号灯		HL
照明灯		EL
电抗器	或	L
双绕组变压器	或	T
自耦变压器	或	
电流互感器	或	TA
电压互感器	或	TV
电压表	V	PV
电度表	Wh	PJ
控制电路用 电源的整流器		VC
电动机　三相鼠笼式异步电动机	M 3~	M
三相绕线式异步电动机	M 3~	

续表 3.1

名　称		图形符号 (GB/T 4728—2005～2008)	文字符号 (GB 7159—87)
电动机	直流串励电动机		M
	直流并励电动机	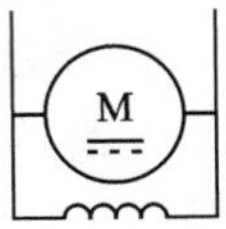	
	步进电动机		

1. 图形符号

电气图用图形符号是按照功能组合图的原则,由一般符号、符号要素或一般符号加限定符号组合成为特定的图形符号及方框符号等,如表 3.2 所列。

表 3.2　图形符号要素

类　型	意义描述
一般符号	用来表示一类产品和此类产品特征的简单图形符号
符号要素	具有确定意义的简单图形,用于与其他图形符号组合,构成一个设备或概念的完整符号。不能单独使用
限定符号	加在其他符号上的图形符号,用来提供附加信息。通常不能单独使用
方框符号	用来表示元件、设备等的组合及其功能,既不给出元件、设备的细节,也不考虑连接的简单图形符号。通常用在使用单线表示法的图中,也可用在示出全部输入和输出接线的图中

2. 文字符号

文字符号分为基本文字符号和辅助文字符号两类。

1) 基本文字符号

基本文字符号又分单字母符号和双字母符号两种。单字母符号是按拉丁字母顺序将各种电气设备、装置和元器件划分为 23 类,每一大类电器用一个专用单字母符号表示,如"K"表示继电器、接触器类,"R"表示电阻器类。当单字母符号不能满足要求而需要将大类进一步划分以便更为详尽地表述某一种电气设备、装置和元器件时,采用双字母符号。双字母符号由一个表示种类的单字母符号与该类设备、装置和元器件的英文名称的首字母或约定俗成的习惯用字母组成,如"M"为电动机单字母符号,"Direct Current Motor"为直流电动机的英文名,因此直流电动机的双字母符号用"MD"表示。

2) 辅助文字符号

辅助文字符号用来表示电气设备、装置、元器件及线路的功能、状态和特征,如"DC"表示直流,"AC"表示交流,"SYN"表示同步,"ASY"表示异步等。辅助文字符号也可放在表示类别的单字母符号后面组成双字母符号,如"S"是表示信号电路开关器件类的单字母符号,"V"是表示速度的辅助文字符号,"SV"则可以用来表示速度继电器。

3.3　基 本 控 制 线 路

3.3.1　异步电动机的启动控制线路

与同容量直流电动机相比,三相异步电动机具有体积小、质量轻、转动惯量小的特点,加之结构简单、价格低廉、维护方便、运行可靠、坚固耐用,因此在工业生产中得到了广泛的应用。异步电动机分为鼠笼式异步电动机和绕线式异步电动机,这两种电动机的转子构造不同,故启动方法不同,启动控制线路存在很大差别。

1. 鼠笼式异步电动机启动控制线路

1)直接启动控制线路

直接启动不经过任何启动设备,利用刀开关或接触器,直接将电动机接入电源,使电动机在额定电压下进行启动。这种启动方法使用电气设备少,控制线路简单,启动转矩大,但是启动电流也较大(一般为额定电流的 5～7 倍),易引起供电系统的电压波动,影响其他用电设备的正常工作,因此常用于小容量电动机的启动。

图 3.41 所示为电动机直接启动控制线路,其工作过程为:合上开关 Q,做好启动准备。按下启动按钮 SB1,接触器 KM 线圈通电,其主触点闭合,接通三相电源,电动机开始转动。同时,与 SB1 并联的接触器 KM 的动合辅助触点也闭合。当松开按钮 SB1 时,接触器 KM 的线圈通过这对触点仍与电源保持接通。像这种利用电器自身的动合辅助触点来保持线圈长期通电的称为自锁;起到自锁作用的触点称为自锁触点。若要使电动机停止运转,只要按下停止按钮 SB2 即可。此时,接触器 KM 的线圈断电释放,主触点打开,电动机脱离三相电源而停止转动。

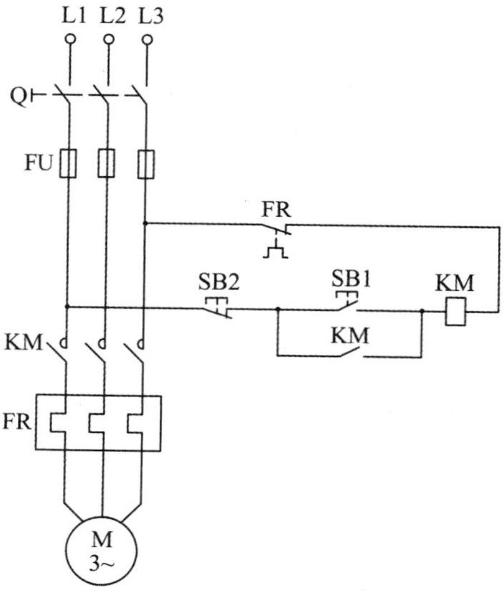

图 3.41　直接启动控制线路

2)降压启动控制线路

对于大容量电动机来说,如果采用直接启动方式,由于启动电流过大,会引起电源电压的大幅度波动,这时应采取降压启动方式,即启动时将电源电压降低一定数值后再加到电动机定子绕组上,以限制其启动电流。待电动机转速接近额定转速后,再使电动机在额定电压下运行。三相鼠笼式异步电动机的降压启动方式有 Y-△降压启动、自耦变压器降压启动、定子绕组串电阻降压启动等。

(1)Y-△降压启动控制线路

三相异步电动机有 Y 形和△形两种连接方法:如果电动机定子三相绕组首尾相连,则称为△形接法;如果三相绕组的尾端连在一起,则称为 Y 形接法。

Y-△降压启动按时间原则实现控制,依靠时间继电器延时动作来控制各电器元件的先后顺序动作。启动时,将电动机定子绕组接成 Y 形,此时加在电动机每相绕组上的电压为额定

电压的 $\frac{1}{\sqrt{3}}$，启动电流等于接成△形时启动电流的 $\frac{1}{3}$，从而降低了启动电流对电网的影响。待电动机启动结束后，按预先设定的时间将定子绕组接成△形，使电动机在额定电压下正常运行。

图 3.42 为 Y–△降压启动控制线路。当启动电动机时，合上开关 Q，按下启动按钮 SB1，主接触器 KM1、Y 形接法接触器 KM2 与时间继电器 KT 的线圈同时得电，接触器 KM2 的主触点闭合，将电动机接成 Y 形并经 KM1 的主触点接至三相电源上，电动机降压启动。当到达 KT 的延时设定值时，KT 的延时动断触点打开，KM2 线圈失电；同时 KT 延时闭合动合触点闭合，△形接法接触器 KM3 线圈得电，将电动机换接成△形。至此，电动机启动过程结束而转入正常运行。同时，KM3 的动断辅助触点打开，KT 线圈断电，以节省电能和延长电器元件的使用寿命。另外，KT 触点瞬时恢复正常状态，为下一次启动做好准备。

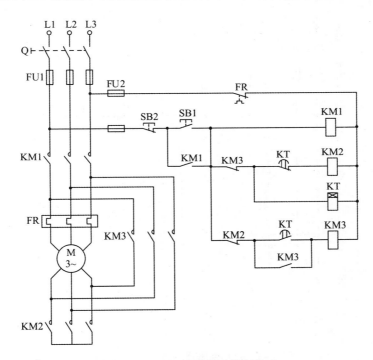

图 3.42　Y–△降压启动控制线路

Y–△降压启动控制线路简单，启动电流仅为△形接法启动电流的 $\frac{1}{3}$，但是启动转矩也相应下降为△形接法启动转矩的 $\frac{1}{3}$，故仅适用于空载或轻载启动的场合，并只能用于正常运行时定子绕组作△形连接的异步电动机。另外，这种方法的启动电压不能按实际需要进行调节。

（2）自耦变压器降压启动控制线路

Y–△降压启动控制线路的主要缺点是启动转矩小，而且对电动机绕组的接法有限制。因此，对于大容量或正常运行时定子绕组为 Y 形接法的电动机，可采用自耦变压器降压启动。

顾名思义，自耦变压器降压启动是通过自耦变压器将电源电压降低后再启动电动机。待启动完毕,自动将自耦变压器切除,使电动机在额定电压下正常运行。利用这种方法启动时,自耦变压器的初级与电源相连,次级与电动机相连,因此启动时加在电动机定子绕组上的电压为自耦变压器的次级电压。通常,自耦变压器有不同的抽头,如 40%、60% 和 80%,即次级电压分别为电源电压的 40%、60% 和 80%。使用时,可以根据实际需要选择不同的抽头,以获得不同的启动电压和启动转矩。

    自耦变压器降压启动控制线路如图 3.43 所示。启动时,合上开关 Q,按下启动按钮 SB1,接触器 KM1、KM3 和时间继电器 KT 的线圈同时通电,KM1 和 KM3 主触点闭合,自耦变压器 T 的三相绕组连成 Y 形接于电源,使接于自耦变压器次级的电动机降压启动。经过一段时间延迟后,时间继电器 KT 的延时断开动断触点打开,KM1、KM3 线圈断电,KM1、KM3 主触点打开,自耦变压器被切除。同时,KT 的延时闭合动合触点闭合,接触器 KM2 线圈通电,其主触点闭合,电源电压直接加于电动机定子绕组,电动机 M 转入全压运行。

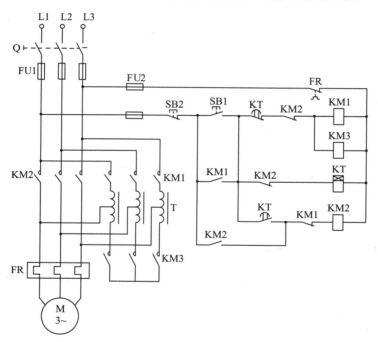

图 3.43   自耦变压器降压启动控制线路

    自耦变压器降压启动控制线路对电网的电流冲击小,而且在启动电流一定的情况下,启动转矩增大。另外,启动电压和启动转矩可以通过改变抽头的连接位置得到改变。其缺点是自耦变压器的价格较高,且不允许频繁启动,因此这种方法适用于启动不太频繁、要求启动转矩较高、容量较大、正常运行时接成 Y 形或 △形的异步电动机。

    (3)定子绕组串电阻降压启动控制线路

    定子绕组串电阻降压启动的方法是在电动机启动时,将启动电阻串入电动机三相定子电路,以降低定子绕组电压;待启动结束后再将启动电阻切除,使电动机在额定电压下正常运行。控制线路如图 3.44 所示,线路原理与自耦变压器降压启动相似,请读者自行分析。

    串电阻降压启动控制线路按时间原则实现控制,动作可靠;降压启动提高了电动机的功率因数,有利于改善电网质量;电阻结构简单,价格低廉。该方法的启动电流随定子电压成正比

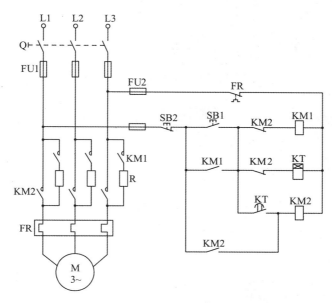

图 3.44 定子绕组串电阻降压启动控制线路

下降,但启动转矩则按电压的平方关系下降,故只适用于空载或轻载启动的场合。另外,在启动过程中,电阻器会消耗大量能量,因此这种方法通常仅在电动机不经常启动的情况下才使用。

2. 绕线式异步电动机启动控制线路

鼠笼式异步电动机的启动转矩小、启动电流大,因此不能满足某些生产机械需要高启动转矩、低启动电流的要求。绕线式异步电动机可以通过在转子电路中串接电阻或频敏变阻器,达到减小启动电流、提高转子电路的功率因数和增大启动转矩的目的。

1) 转子电路串电阻启动控制线路

串在转子电路中的启动电阻通常接成 Y 形。在启动前,启动电阻全部接入电路,在启动过程中再逐级切除。这种启动方法可以按电流原则或按时间原则实现控制。前者是利用电流继电器根据电动机转子电流大小的变化来控制逐级切除启动电阻,后者则通过时间继电器的定时设定进行电阻切除控制。

图 3.45(a)所示转子电路串电阻启动控制线路按照电流原则实现控制。FA1~FA3 为欠电流继电器,线圈串接在转子电路中,其吸合电流值相同,但释放电流值依次减小,因此,FA1~FA3 依次释放,即 FA1 最先释放,FA3 最后释放。在启动刚刚开始时,启动电流较大,FA1~FA3 同时吸合,动断触点断开,接触器 KM1~KM3 不动作,使全部电阻接入转子电路。随着电动机转速升高,电流逐渐下降,首先 FA1 释放,其动断触点闭合,使接触器 KM1 线圈通电,短接第一级电阻 R1。然后 FA2 释放,接触器 KM2 线圈通电,短接第二级电阻 R2,同时利用其辅助动断触点将 KM1 线圈断电。最后 FA3 释放,接触器 KM3 线圈通电,短接最后一级电阻 R3,同时利用其辅助动断触点将 KM2 线圈断电。至此,转子电路串接的电阻全部被短接,电动机启动完毕。整个启动过程的状态通过指示灯 HL1~HL3 显示。

在该控制线路中,中间继电器 KA 的设置是为了保证在转子串入全部电阻后,电动机才能启动。如果不设置中间继电器 KA,当启动电流由零上升但尚未到达电流继电器的吸合电流值时,FA1～FA3不能吸合,其动断触点闭合,将使接触器KM1～KM3同时通电,则转子电阻全部被短接,使电动机直接启动。设置了中间继电器KA后,只有KM通电后KA才能通电,其动合触点闭合,此时启动电流已达到欠电流继电器的吸合值,FA1～FA3全部吸合,其动断触点均断开,使KM1～KM3全部断电,转子电路串入全部启动电阻,从而防止了电动机直接启动。

图3.45(b)所示控制线路按照时间原则实现控制。KT1～KT3为时间继电器,时间设定为$t_1<t_2<t_3$。时间继电器和接触器KM1～KM3配合使用,完成启动电阻的逐级短接。线路工作过程请读者自行分析。

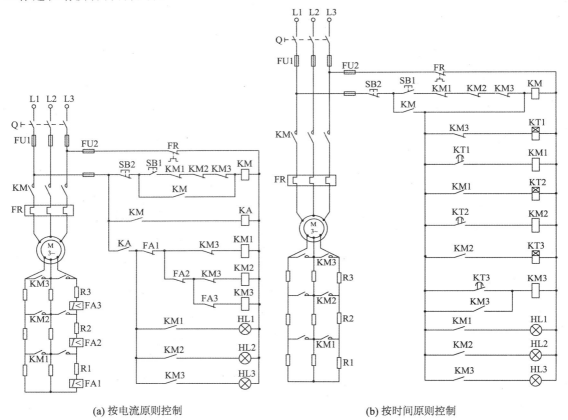

(a) 按电流原则控制　　　　　　　　　　　　　(b) 按时间原则控制

图3.45　转子电路串电阻启动控制线路

2) 转子电路串频敏变阻器启动控制线路

利用转子电路串电阻启动方法启动电动机时,在逐级切除电阻的过程中,启动电流和转矩呈阶跃变化,电流和转矩的突然增大会对机械系统产生不必要的冲击。同时由于串接启动电阻,使控制线路复杂,工作可靠性降低,且能耗较大,因此通常利用频敏变阻器来代替启动电阻。频敏变阻器因其阻抗对频率的"敏感"作用而得名,即频敏变阻器的阻抗能够随着转子电流频率的下降而自动减小,所以它是一种较为理想的启动方法,常用于较大容量的绕线式异步电动机。

图3.46是采用频敏变阻器的启动控制线路。该线路利用转换开关SA进行自动控制和手动控制两种方式的选择。自动控制时将开关SA置于"A"位置,按下启动按钮SB1,接触器

KM1 和时间继电器 KT 同时通电。KM1 主触点闭合,电动机转子电路中串入频敏变阻器启动。经过一定时间延迟后,KT 延时闭合动合触点闭合,中间继电器 KA 通电。KA 动合触点闭合,使接触器 KM2 通电;KA 动断触点断开,使热继电器投入电路起过载保护作用。KM2 动合触点闭合,将频敏变阻器短接;KM2 动断触点断开,使时间继电器 KT 断电。至此,启动过程结束,电动机进入正常运行状态。

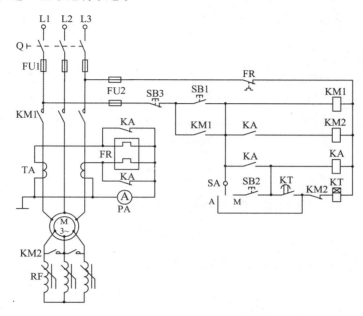

图 3.46　转子电路串频敏变阻器的启动控制线路

　　手动控制时,将转换开关 SA 置于"M"位置,时间继电器 KT 不再起作用。当电流表 PA 的读数降至额定电流附近时,按下按钮 SB2,手动控制中间继电器 KA 和接触器 KM2 的动作。手动工作过程请读者自行分析。

　　在串接频敏变阻器启动控制线路中,电流互感器 TA 的作用是将主电路中的大电流变换成小电流进行测量。另外,在启动过程中,利用中间继电器 KA 的动断触点将热继电器 FR 的热元件短接,启动结束投入正常运行时 FR 的热元件才接入电路,以避免因启动时间过长而使热继电器误动作。

3.3.2　异步电动机的正反转控制线路

1. 正反转控制线路

　　在实际生产中,往往要求生产机械改变运动方向,如机床工作台前进、后退,机床主轴正转、反转,起重机吊钩上升、下降等,这就要求电动机能够实现可逆运转。对于异步电动机来说,可通过改变电动机的三相电源相序来完成。在如图 3.47 所示的电动机正反转控制线路中,接触器 KM1 用于电动机正转,接触器 KM2 用于电动机反转。

　　图 3.47(a)所示控制线路比较简单,但明显存在不足:如果误操作将正反向启动按钮 SB1 和 SB2 同时按下,将使接触器 KM1 和 KM2 同时通电,从而导致主电路电源短路。为此应采取必要的联锁保护。

　　图 3.47(b)控制线路在接触器 KM1 和 KM2 的线圈电路中均串入了另一个接触器的动断辅助触点。这样，当其中一个接触器通电时，其动断辅助触点会自动断开另一个接触器的线圈回路，即使按下相反方向的启动按钮，也无法使另一个接触器接通。这种利用两个接触器（或继电器）的动断辅助触点互相控制的方法称为电气互锁（联锁）。起互锁作用的触点称为互锁触点。

　　显而易见，该线路只能实现"正—停—反"或"反—停—正"控制，也就是说，当需要换向时，必须先按下停止按钮 SB3 使电动机停止后，才能进行反向启动操作，这对需要频繁改变电动机运转方向的设备来说不太方便。

　　图 3.47(c)所示控制线路可以解决上述问题。当按下正转启动按钮 SB1 时，其动断触点先断开，使反转接触器 KM2 释放，然后动合触点闭合，使正转接触器 KM1 通电，反之亦然。这样在需要改变电动机运转方向时，可直接操作正反转按钮，而不必先操作停止按钮，从而实现了"正—反—停"或"反—正—停"控制。线路中复合按钮 SB1 和 SB2 的动断触点同样起到互锁作用，称为机械互锁。该线路具有电气和机械的双重互锁，工作安全可靠，而且换向操作简便，故广泛应用于工业生产中。

　　另外，还可采用转换开关或主令控制器来实现正反转控制，如图 3.47(d)所示。图中的转换开关 SA 有三个位置。当手柄置于"0"位时，两对触点均处于打开状态，故正反转接触器 KM1 和 KM2 均不接通；当手柄置于"2"位时，1-2 触点闭合，接触器 KM1 接通，电动机正转；当手柄置于"1"位时，3-4 触点闭合，接触器 KM2 接通，电动机反转。

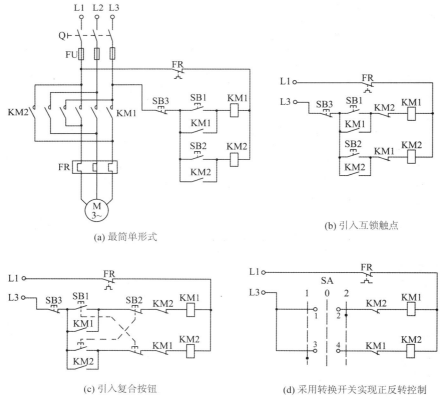

(a) 最简单形式

(b) 引入互锁触点

(c) 引入复合按钮

(d) 采用转换开关实现正反转控制

图 3.47　异步电动机正反转控制线路

2. 自动往复循环控制线路

在生产实践中,有些机械设备需要作自动往复循环运动,如机床工作台的前进—后退。自动循环控制通常采用行程开关,按行程原则实现控制,控制线路如图 3.48(a)所示。行程开关按工艺要求安装在机床床身两端,机械挡块安装在运动部件——工作台上,如图 3.48(b)所示。

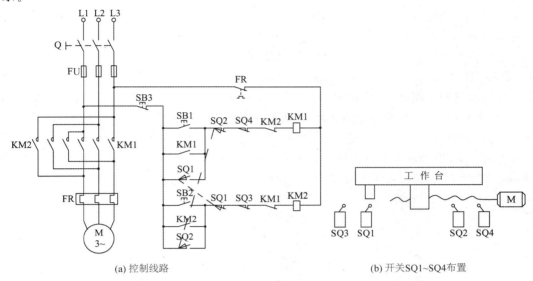

(a) 控制线路　　　　　　　　　　(b) 开关 SQ1~SQ4 布置

图 3.48　自动往复循环控制线路

按下正向启动按钮 SB1,正转接触器 KM1 通电吸合,电动机正转并带动工作台向右运动。当工作台行至 SQ2 位置时,挡块压下 SQ2,其动断触点断开 KM1 线圈电路。同时,SQ2 动合触点闭合,使反转接触器 KM2 通电,电动机改变电源相序而反转,带动工作台向左运动,直到压下 SQ1,电动机由反转转变为正转,复又带动工作台向右运动,如此周而复始地实现自动往复循环控制。当希望工作台停止运动时,按下停止按钮 SB3,使正在吸合的接触器 KM1(或 KM2)断电释放,电动机脱离电源而停转,于是工作台停止运动。

在该控制线路中,不但可以利用行程开关 SQ1 和 SQ2 实现往复循环,而且还可以利用限位开关 SQ3 和 SQ4 实现终端限位保护,以防止 SQ1 和 SQ2 失灵时造成工作台冲出床身的事故。

3.3.3　异步电动机的制动控制线路

在切断电动机的电源时,由于具有惯性,电动机不会立即停止,而总是要经过一段时间后才能完全停止转动。这样不但会延长非生产时间,影响生产效率,而且还有可能引发意外事故。因此,对于要求快速操作、迅速停车、准确定位的生产机械,如机床、卷扬机、电梯等,应对电动机进行制动控制,以迫使其迅速停车。常用的制动方法有电气制动和机械制动两大类。

1. 电气制动控制线路

1) 反接制动控制线路

反接制动利用改变异步电动机电源的相序,使定子绕组产生相反方向的旋转磁场,从而产生制动转矩,使电动机转速迅速下降。反接制动时,转子与旋转磁场的相对速度约为同步转速的两倍,所以定子绕组中流过的反接制动电流为全压直接启动时电流的两倍,因而反接制动制动迅速,制动效果好,但是冲击效应较大,通常只适用于 10 kW 以下的小容量电动机。为了减小冲击电流,通常在电动机主电路中串接电阻以限制制动电流。这个电阻称为反接制动电阻。反接制动的另一个要求是在电动机转速接近于零时,必须及时切断反相序电源,否则电动机将反向启动运行。

  反接制动按速度原则实现控制,为此采用速度继电器来检测电动机的速度变化。速度继电器与电动机同轴相连,在 120～3 000 r/min 范围内速度继电器触点动作;当转速低于 100 r/min 时,触点复位。异步电动机单向反接制动控制线路如图 3.49 所示。启动时,合上开关 Q,按下启动按钮 SB1,接触器 KM1 通电并自锁,电动机 M 启动运行。在电动机正常运转时,速度继电器 SV 的动合触点闭合,为反接制动做好准备。停车时,按下停止按钮 SB2,其动断触点断开,KM1 线圈断电,电动机 M 脱离电源。此时,电动机在惯性的作用下仍以较高的速度旋转,SV 动合触点仍处于闭合状态,因此当 SB2 动合触点闭合时,接触器 KM2 通电自锁,其主触点闭合,串入制动电阻 R,使电动机定子绕组得到反相序三相交流电源,电动机进入反接制动状态,转速迅速下降。当电动机转速接近于零时,SV 动合触点复位,KM2 线圈断电,反接制动过程结束。

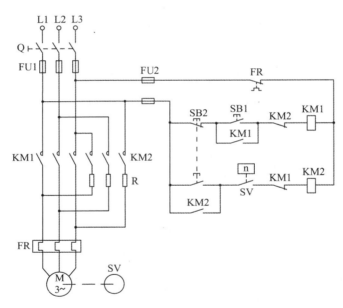

图 3.49　单向运行三相异步电动机反接制动控制线路

  图 3.50 为可逆运行电动机的反接制动控制线路。线路中 SV-F 和 SV-R 是速度继电器 SV 的两个动合触点,分别在电动机正转和反转时闭合。由于该线路没有设置反接制动电阻,所以一般仅用于 10 kW 以下的电动机。工作过程请读者自行分析。

  虽然反接制动效果较好,而且较为经济,但是若想用于准确停车,则有一定困难,因为它容易造成反转,而且需要串接制动电阻,故能耗较大。

  2）能耗制动控制线路

  所谓能耗制动,是指在电动机脱离三相交流电源后,立即在定子绕组的任意两相通入低压直流电流,使其在电动机内部产生一恒定磁场。由于惯性,电动机在这个磁场中仍按原方向继

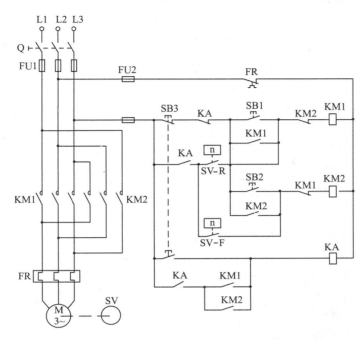

图 3.50　可逆运行三相异步电动机反接制动控制线路

续旋转,转子内产生感应电势和感应电流。该电流与恒定磁场相互作用,产生与转子旋转方向相反的制动转矩,从而使电动机转速迅速下降,达到制动目的。当转速降为零时,转子对磁场无相对运动,转子中的感应电势和感应电流变为零,制动转矩消失,电动机停转,制动过程结束。可见,这种制动方法是将电动机转子的机械能转换为电能,并消耗在电动机转子回路中,故称为能耗制动。在制动结束后,应及时切除直流电源,否则会烧损定子绕组。

图 3.50(a)是利用时间继电器控制的单向能耗制动控制线路。当需要制动时,按下停止按钮 SB2,其动断触点断开,接触器 KM1 线圈断电释放,电动机 M 脱离三相交流电源。同时,SB2 的动合触点闭合,时间继电器 KT 和接触器 KM2 通电并自锁。经降压、整流后的直流电源经过 KM2 的主触点通入电动机的两相定子绕组,电动机进入能耗制动状态。经过一段时间延迟后,KT 延时打开动断触点断开 KM2 的线圈电路,电动机切断直流电源,能耗制动结束。KM2 动合辅助触点复位,KT 线圈断电。

图 3.50(b)是利用速度继电器控制的单向能耗制动控制线路,该线路在电动机轴端上安装了速度继电器 SV(图中未画出)。开始制动时,按下停止按钮 SB2,由于电动机刚刚脱离三相交流电源,转子的惯性很高,故速度继电器 SV 的动合触点仍然处于闭合状态。此时,由于 SB2 动合触点的闭合,接触器 KM2 通电自锁。于是,两相定子绕组获得直流电源,电动机进入能耗制动。当电动机转速接近零时,SV 动合触点复位,KM2 断电释放,能耗制动过程结束。

与反接制动相比,能耗制动利用转子中的储能进行制动,能量消耗少;制动电流比反接制动电流小;制动过程平稳,不会产生过大的机械冲击;制动时不会产生反转,能够实现准确停车。其缺点是当电动机转速较高时,转子中的感应电流较大,制动转矩也较大,但是到了制动后期,随着电动机转速的降低,转子中的感应电流减小,制动转矩也相应减小,所以制动效果不如反接制动显著,而且能耗制动需要整流电源,控制线路相对比较复杂。通常能耗制动适用于

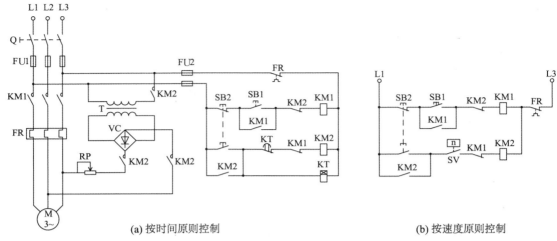

(a) 按时间原则控制　　　　　　　　　　　　(b) 按速度原则控制

图 3.51　能耗制动控制线路

电动机容量较大以及启动、制动较频繁的场合。

2. 机械制动控制线路

机械制动是利用机械装置使电动机在断电后迅速停止转动的方法，一般采用电磁抱闸制动。

电磁抱闸制动分为断电制动和通电制动两种方式。断电制动是线圈断电或未通电时电动机处于制动状态，线圈通电时电动机可自由转动，通电制动则与之相反。在具体使用中，应根据生产机械的工艺要求进行制动方式的选择。一般来说，对于电梯、吊车、卷扬机等升降机械，应采用断电制动方式；对于机床这一类经常需要调整工件位置的生产机械，通常采用通电制动方式。

电磁抱闸制动器的文字符号为 YB，图形符号如图 3.52 所示。

(a) 制动器已制动　　　(b) 制动器尚未制动

图 3.52　电磁抱闸制动器的图形符号

图 3.53 为电磁抱闸制动控制线路，制动器线圈可以接至电动机进线端子（见图 3.53（a）），也可以直接接入控制回路（见图 3.53（b））。

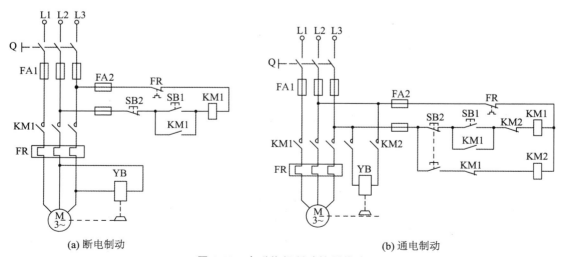

(a) 断电制动　　　　　　　　　　　　　　(b) 通电制动

图 3.53　电磁抱闸制动控制线路

电磁抱闸制动的特点是制动转矩大,制动迅速,停车准确,且操作方便,安全可靠,因此在生产中得到广泛的应用。但是,由于机械制动时间越短,冲击振动就越大,将对机械传动系统产生不利的影响,这一点在使用中应予以注意。

3.3.4   其他基本控制线路

1. 点动控制和连续控制线路

1) 点动控制线路

点动控制线路如图 3.54 所示。其工作过程为:合上开关 Q,作好启动准备;按下启动按钮 SB,接触器线圈 KM 通电,主触点闭合,电动机直接启动;当松开 SB 时,触点自动复位,KM 线圈断电,主触点断开,电动机停止转动。

像这种按下按钮电动机转动、松开按钮电动机停转的控制叫做点动控制,常用于需要经常作调整运动或精确定位的生产设备,如电动葫芦和吊车吊钩位置调整以及机床对刀调整等。点动时间的长短由操作者手动控制。

2) 连续控制线路

在实际生产中往往要求生产机械能够长时间连续运行,这就需要对电动机进行连续控制。电动机连续控制线路如图 3.41 所示,工作过程不再赘述。

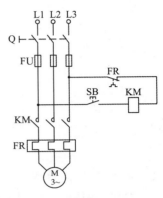

图 3.54   点动控制线路

3) 既能点动控制又能连续控制的控制线路

在生产中,某些生产机械应既能进行点动调整,又能连续运行,如机床在调整完毕后需要进行连续切削加工,这就要求电动机既能够实现点动控制,又能实现连续控制。控制线路如图 3.55 所示。

图 3.55(a)所示线路采用旋转开关实现控制。点动操作时,将旋转开关 SA 转到断开位置,操作按钮 SB1 即可实现电动机点动控制。连续运转时,将 SA 转到闭合位置,自锁触点起作用,即可实现连续控制。此线路适用于不经常点动操作的场合。

图 3.55(b)所示线路采用复合按钮实现控制。点动工作时,按下复合按钮 SB2,其动断触点先断开自锁电路,动合触点后闭合,接通启动控制电路,接触器 KM 线圈通电,主触点闭合,电动机点动。当松开 SB2 时,其动合触点先断开,接触器线圈断电,主触点断开,电动机停止转动。若需要电动机连续运转,则按下启动按钮 SB1,此时自锁触点起作用。

该线路操作方便,适用于点动操作频繁的场合,但是它的工作并不完全可靠。这是因为在点动控制时,如果接触器 KM 的释放时间大于复合按钮的复位时间,则在点动结束、松开按钮 SB2 时,接触器 KM 的自锁触点尚未打开而 SB2 的动断触点已经闭合,致使自锁回路保持通电,电动机连续运转,此时线路将无法实现正常的点动控制。

图 3.55(c)所示线路采用中间继电器实现控制。按下按钮 SB2 可实现电动机点动。当按下启动按钮 SB1 时,中间继电器 KA 的动合触点起自锁作用,电动机实现连续运转。此线路虽然多用了一个中间继电器,但工作可靠性明显提高,适用于电动机功率较大并需要经常点动操作的场合。

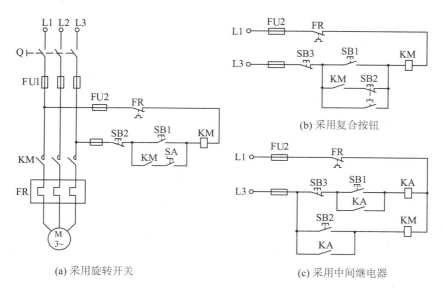

(a) 采用旋转开关　　(b) 采用复合按钮　　(c) 采用中间继电器

图 3.55　既能点动控制又能连续控制的控制线路

2. 多地点控制线路

出于便于操作的考虑，某些生产机械常常要求能够在两个或两个以上的地点进行控制，如大型机床既可以在操作台上操作，又可以在机床周围用悬挂按钮完成操作。在生活中也经常会遇到这样的情况，较为常见的例子是电梯，即人在进入梯厢前后可以分别在楼道上和电梯里进行操作。这就需要对电动机进行多地点控制。

图 3.56 所示的多地点控制线路将一个启动按钮（如 SB1）和一个停止按钮（如 SB4）组成一组，安装在同一个操作地点，并将这样的三组按钮分别放置三地，从而实现了三地点控制。

多地点控制线路的组成原则是：各地点的启动按钮应并联连接，各地点的停止按钮应串

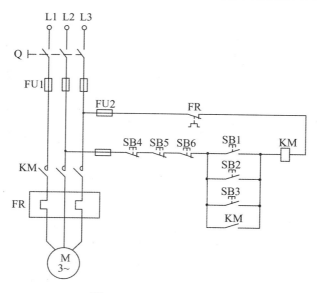

图 3.56　三地点控制线路

联连接。

3. 顺序启停控制线路

对于操作顺序有严格要求的多台生产设备,其电动机应按一定的顺序启停。如机床中要求润滑油泵电动机启动后,主轴电动机才能启动。图 3.57 为两台电动机顺序启停控制线路。

图 3.57(a)为顺序启动、同时停止控制线路。启动时,电动机 M1 启动后,电动机 M2 才能启动。停止时,按下停止按钮 SB3,两台电动机同时停止。图 3.57(b)少用了一个接触器 KM1 动合触点,使线路得到简化。

图 3.57(c)为顺序启动、顺序停止控制线路。启动顺序为电动机 M1 先启动,然后电动机 M2 再启动。此时,KM1 动合辅助触点闭合,将 M2 的停止按钮 SB4 短接,使其失去作用。只有当电动机 M1 先停下来后,电动机 M2 才能停止。

图 3.57(d)为顺序启动、逆序停止控制线路。启动顺序为 M1、M2,停止顺序为 M2、M1。具体的工作过程请读者自行分析。

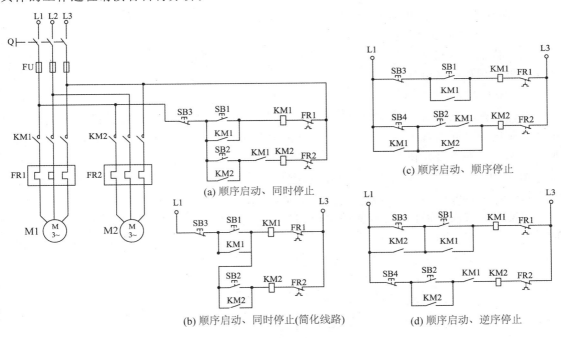

(a) 顺序启动、同时停止

(b) 顺序启动、同时停止(简化线路)

(c) 顺序启动、顺序停止

(d) 顺序启动、逆序停止

图 3.57　顺序启停控制线路

顺序启动控制线路的组成原则是:

● 先动接触器的动合触点应串联在后动接触器的线圈电路中;

● 先停接触器的动合触点应与后停接触器的停止按钮并联;

● 对于同时动作的两个或两个以上接触器,其公共通路中应串接相应的动作按钮。

顺序启停也可按时间原则进行控制,控制线路如图 3.58 所示。该线路可实现在电动机 M1 启

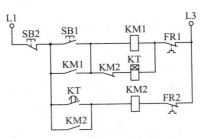

图 3.58　按时间原则顺序启动控制线路

动一段时间后电动机 M2 启动。其工作过程请读者自行分析。

3.4　继电接触器控制系统设计

3.4.1　继电接触器控制系统设计的基本原则

电气控制线路设计是继电接触器控制系统设计的核心,它决定了生产机械的实用性、先进性和自动化程度的高低。在进行电气控制线路设计时,一般应遵循以下基本原则:

1. 最大限度地满足生产机械和工艺对电气控制线路的要求

电气控制线路是为整个生产机械和工艺过程服务的,所以在设计前应深入生产现场,切实掌握生产机械的工艺要求、工作过程、工作方式及生产机械所需要的保护等。只有掌握了这些要求,才有可能设计出能够保证生产机械正确、可靠、安全地工作的电气控制线路。

2. 保证控制线路的工作安全、可靠

1) 电器元件的选择

为了保证电气控制线路工作的安全性和可靠性,首先要选用可靠的电器元件,也就是说,应尽可能选用机械和电气寿命长、结构坚实、动作可靠、抗干扰性能好的电器。

2) 正确连接电器的线圈

在交流控制线路中,不能通过串联两个电器的线圈(见图 3.59(a))达到使其同时动作的目的。这是因为分配到每个线圈上的电压与线圈阻抗成正比。由于制造方面的原因,即使同一型号的两个电器也会存在差异,不可能同时吸合。首先吸合的电器,磁路先闭合,线圈的电感显著增加,因此加在该线圈上的电压也相应增大,使尚未吸合的另一个电器的线圈电压降低,甚至达不到动作电压而无法吸合。这样,两个线圈的等效阻抗减小,电路电流增大,时间长了就有可能烧毁线圈。因此,当需要两个电器同时动作时,其线圈应并联连接,如图 3.59(b)所示。

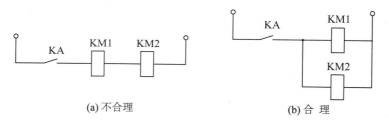

(a) 不合理　　　　　　　　　　　　(b) 合理

图 3.59　交流线圈的连接

但是对于直流电磁线圈,最好不直接并联连接,尤其是二者电感量相差悬殊时。如图 3.60(a)所示,直流电磁铁 YA 线圈与直流继电器 KA 线圈并联。当接触器 KM 动合触点断开时,继电器 KA 很快释放。由于电磁铁 YA 线圈的电感大,储存的磁能经继电器线圈泄放,将使继电器有可能重新吸合,导致控制线路产生误动作。正确的连接如图 3.60(b)所示,将电磁铁线圈和继电器线圈分别由接触器 KM 的动合触点控制。

3) 正确连接电器的触点

在控制线路中,各电器的触点应接在电源的同相上,这是因为同一电器的动合触点和动断

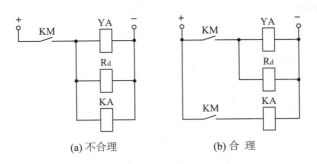

图 3.60　直流线圈的连接

触点相距很近,如果分别接在电源的不同相上,如图 3.61(a)所示,行程开关 SQ 的动合触点和动断触点非等电位,当触点断开产生电弧时,有可能在两个触点之间形成飞弧而造成电源短路。如果按图 3.61(b)接线,则无此危险,线路的可靠性得到提高。

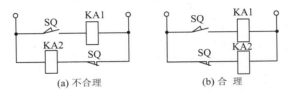

图 3.61　触点的连接

4) 避免多个电器元件依次接通

控制线路中应尽量避免多个电器元件的触点依次接通后才能接通另一个电器的情况。如图 3.62(a)所示,继电器 KA3 线圈的接通要经过 KA、KA1、KA2 三对动合触点,如果其中一对触点接线不牢,都会造成 KA3 无法正常工作。改为图 3.62(b)后,继电器 KA3 线圈的通电只需经过一对触点,线路工作的可靠性明显提高。

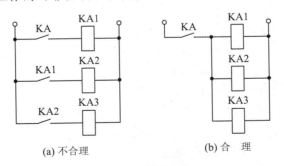

图 3.62　避免多个电器元件依次接通

5) 电器线圈回路不能串接自身的动断触点

如图 3.63(a)所示,如果接触器 KM 的线圈与其自身的动断辅助触点串联连接,则会在线路接通时发生抖动现象,这是不允许的。图 3.63(b)所示情况与此相似。因为 KM1、KM2、KM3 的动作完全一致,KM1 线圈回路中串接 KM3 的动断触点,就相当于串接了自身的动断触点。所不同的是三个接触器将同时抖动,且抖动频率相对较低,这种情况同样也应予以避免。

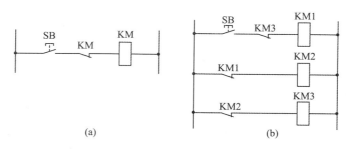

图 3.63　电器线圈回路串接自身动断触点

时间继电器线圈回路串接本身的延时动断触点也会发生抖动现象,抖动周期为时间继电器的延时时间,如图 3.64 所示。这种电路除非特殊需要,否则应尽量避免。

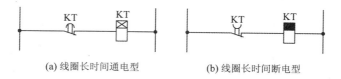

（a）线圈长时间通电型　　　　　　（b）线圈长时间断电型

图 3.64　时间继电器线圈回路串接自身动断触点

6）电气联锁和机械联锁共用

在频繁操作的可逆运行控制线路中,正反向接触器之间至少要有电气联锁,必要时要加机械联锁,以避免误操作可能带来的危害。

3. 在满足生产工艺要求的前提下,控制线路力求经济、简单

① 尽量减少电器元件的品种、规格和数量,同一用途的器件尽可能选用相同品牌、相同型号的产品,以减少备品备件的种类和数量。

② 尽量减少不必要的触点,这样不但可以简化线路,而且可以减少出故障的机会。通过合并同类触点的方法可以达到减少触点数量的目的,如图 3.57（b）所示,但是应注意合并后的触点容量是否够用。

③ 尽量缩减连接导线的数量和长度。在设计控制线路时,各个电器元件之间的接线应合理布局,特别是安装在不同地点的电器元件之间的连线更应予以充分的考虑,否则不但会造成导线的浪费,甚至还会影响线路工作的安全。在如图 3.61 所示的线路中,行程开关 SQ 安装在生产机械上,而继电器 KA1 和 KA2 安装在电气柜内,若按图 3.61（b）接线,则可以减少一根长连接线。由此可见,在控制线路中,同一电器的不同触点应尽可能具有更多的公共连接线。

④ 控制线路在工作时,除必要的电器元件外,其余的电器应尽量不长期通电,以延长电器元件的使用寿命和节约电能。图 3.65 为三相异步电动机定子绕组串电阻降压启动的控制电路。如图 3.65（a）所示,在电动机启动后,虽然接触器 KM1 和时间继电器 KT 已经失去作用,但是仍保持通电,这显然不合理。若改接成图 3.65（b）,则在电动机启动后将及时切除 KM1 和 KT 线圈电源。

4. 应设置必要的保护环节

电气控制线路应具有完善的保护环节,以确保系统安全运行。常用的保护环节包括过载、短路、过流、过压、零（欠）压保护等,必要时还应设有工作状态指示和事故报警。保护环节应工作可靠,满足负载需要,做到正常运行时不发生误动作;事故发生时能够准确动作,及时切断故

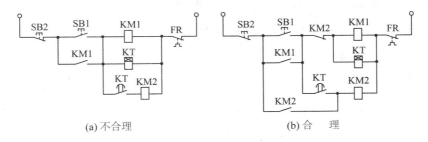

图 3.65 减少通电电器数量

障电路。

1) 短路保护

电路发生短路时会引起电气设备绝缘损坏和产生强大的电动力,使电路中的各种电气设备发生机械性损坏。因此当电路出现短路电流时,必须迅速、可靠地切断电源,以防止短路电流流过电动机,使电动机发生严重损坏。常用的短路保护方法是采用熔断器和断路器。

2) 过电流保护

所谓过电流,是指电动机的运行电流超过其额定电流的运行状态。不正确的启动方法和过大的负载转矩常常会引起电动机的过电流故障,使电动机遭受损害。由此引起的过电流一般比短路电流要小。

过电流会使电动机流过过大的冲击电流而损坏电动机的换向器,同时过大的电动机转矩也会使机械传动部件受到损坏,因此要及时切断电源。在电动机运行过程中,过电流出现的可能性比短路要大,特别是在频繁启动和正反转运行、重复短时工作制的电动机中更是如此。

过电流保护常用于限流启动的直流电动机和绕线式异步电动机中,采用过电流继电器作保护器件,但是必须与接触器配合使用,也就是将过电流继电器线圈串接在被保护电动机的主电路中,其动断触点串接于接触器控制电路中,当电流达到整定值时,过电流继电器动作,其动断触点断开,切断控制电路电源,接触器主触点打开,使电动机脱离电源而起到保护作用。

3) 过载保护

与短路保护和过电流保护相同,过载保护也属于电流型保护。引起电动机过载的原因有很多,如负载的突然增加、断相运行等都会引起电动机的过载。通常采用热继电器作长期过载保护元件。

需要特别指出的是,由于过载保护特性与过电流保护不同,故不能用过电流保护方法来代替过载保护,因为引起过载的原因往往是一种暂时因素,如负载的突然增加,但过一段时间后可能又恢复正常。对于电动机来说,只要在过载期间绕组不超过允许温升,则这种短时过载是允许的。如果采用过电流保护,就会立即切断电源,这样势必会影响正常生产。

4) 断相保护

电源缺相、一相熔断器熔断、开关或接触器的一对触点接触不良或者电动机内部断线等都会引起电动机缺相运行。缺相运行时,电动机转速降低甚至堵转,使电动机严重发热,甚至烧损电动机的绝缘和绕组。

热继电器可以用作三相异步电动机的断相保护。当电动机绕组为 Y 形接法时,用一般的三相热继电器就可以对电动机进行断相保护。当电动机绕组为△形接法时,则必须使用带有专门的断相保护机构的三相热继电器才能达到保护的目的。如果使用两相热继电器,可以在三相线路上跨接两个电压继电器 FV1 和 FV2,如图 3.66 所示。当电动机的电源断了一相时,FV1 和 FV2 至少有一个断电释放,其动合触点断开自锁电路,使接触器 KM 断电,从而实现电动机的断相保护。

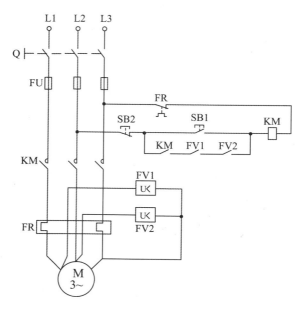

图 3.66　长期过载和断相双重保护电路

5) 零(欠)压保护

在电动机正常运行期间,如果电源电压突然消失或严重下降,则接触器电磁吸力消失或急剧下降,导致衔铁释放,主触点打开,电动机停止转动。零(欠)压保护的作用就在于,当电源电压恢复正常时电动机不会自行启动,只有在操作人员重新按下启动按钮后电动机才能重新启动,从而避免事故发生。

通常直接利用线路中并联在启动按钮两端的接触器自锁触点来实现零(欠)压保护。如图 3.41 所示的自动控制线路中,若电源暂停供电或电压降低时,接触器 KM 的线圈失电,主触点断开,电动机脱离电源而停转。同时,KM 的动合辅助触点(自锁触点)打开。因此当电源电压恢复时,电动机及其拖动的生产机械不会自行启动,必须重新按下启动按钮 SB1,电动机才能重新启动,从而实现了零(欠)压保护。

3.4.2　电器元件的选择

1. 接触器的选择

1) 接触器的基本参数

(1) 额定工作电压

额定工作电压指主触点所在电路的电源电压。常用额压工作电压等级为：交流接触器 220 V、380 V、660 V、1 140 V；直流接触器 110 V、220 V、440 V、660 V。

(2) 额定工作电流

额定工作电流指主触点的额定电流。常用额定工作电流等级为 5 A、10 A、20 A、40 A、

60 A、100 A、150 A、250 A、400 A、600 A。

（3）约定发热电流

约定发热电流指在规定条件下试验时，接触器在 8 小时工作制下、各部件温升不超过规定极限值时所承受的最大电流值。

（4）线圈额定电压

在正常工作时，接触器线圈上所加的电压值。一般该电压不标注在接触器外壳的铭牌上，而是连同线圈的匝数、线径等数据标注于线包上。常用线圈额定电压等级为：交流线圈 36 V、127 V、220 V、380 V；直流线圈 24 V、48 V、110 V、220 V。

（5）额定通断能力

额定通断能力指主触点在工作情况下能可靠地接通和分断的电流值。在此电流下，接通时主触点应不发生熔焊，分断时主触点应能可靠灭弧。

（6）额定操作频率

额定操作频率指接触器每小时允许操作的最多次数（次/h）。直流接触器的操作频率比交流接触器要高，交流接触器的操作频率最高为 600 次/h，而直流接触器最高为 1 200 次/h。

（7）寿　命

接触器寿命包括电气寿命和机械寿命。电气寿命是指在正常工作条件下，无须修理或更换零件的操作次数，为机械寿命的 5%～20%。

2）接触器的工作制及使用类别

（1）额定工作制

接触器有四种标准工作制，即 8 h 工作制、不间断工作制、断续周期工作制和短时工作制。8 h 工作制是接触器的基本工作制，即每次通以稳定电流的时间不超过 8 h。约定发热电流就是按 8 h 工作制确定的。不间断工作制较 8 h 工作制严酷，因为长期通电会使触点氧化，加之尘埃积累，会导致触点发热，形成恶性循环。当用于此工作制时，接触器应降容使用或进行特殊设计。断续周期工作制的通电持续率为 15%、25%、40% 和 60%。短时工作制的触点通电时间分为 10 min、30 min、60 min 和 90 min 四种。

（2）使用类别

在机电传动控制系统中，接触器的使用类别为：交流 AC - 1～AC - 4，直流 DC - 1、DC - 3、DC - 5。AC - 1 用于无感或微感负载，如照明灯、电阻炉等；AC - 2 用于绕线式异步电动机的启动和停止；AC - 3 用于鼠笼式异步电动机的启动和运行中分断；AC - 4 用于鼠笼式异步电动机的启动、反接制动、反转和点动。

3）接触器的选用原则

接触器的选用主要是指选择接触器形式、主电路参数、控制电路参数和辅助触点参数，以及电气寿命、使用类别和工作制，此外还需考虑负载条件的影响。

（1）使用类别的确定

在选择接触器时，首先应根据接触器所控制负载的工作任务（轻任务、一般任务或重任务）

来选择接触器的使用类别。对于生产中广泛使用的中、小容量鼠笼式异步电动机来说，大多数负载是一般型任务，故应选择 AC-3 类接触器。对于控制机床电动机用接触器，其负载情况较为复杂，如果负载明显属于重型任务，应选择 AC-4 类别；如果负载为一般型任务与重型任务混合的情况，则可根据实际情况选用 AC-3 或 AC-4 类别。AC-2 类接触器一般不宜用于控制 AC-3 及 AC-4 类的负载，因为这一类接触器的接通能力较低，在频繁接通重任务类负载时容易发生触点熔焊现象。

（2）形式的确定

接触器形式的确定主要是确定电流种类和极数。电流种类由系统主电路电流种类确定。极数的确定为三相交流系统中一般选用三极接触器；当需要同时控制中性线时，则选用四极交流接触器；单相交流和直流系统中则常有两极或三极并联的情况。

（3）主电路参数的确定

接触器的主电路参数主要指额定工作电压、额定工作电流和额定通断能力等。

接触器的额定工作电压（电流）应大于或等于负载回路的额定电压（电流）。

由于接触器的额定电流是指在连续通电时间不超过 8 h 且安装于敞开式控制屏的工作条件下运行时的最大允许电流，因此当实际工作条件发生变化时，电流值应进行相应的修正。接触器的额定通断能力应高于通断时电路中实际可能出现的电流值。

（4）接触器线圈的电流种类和电压等级的确定

接触器线圈的电流种类和电压等级应与控制电路相同。

交流接触器的控制电路电流种类有交流和直流两种，一般情况下多用交流，当操作频繁时通常选用直流。

（5）辅助触点参数的确定

一般应根据系统控制要求确定所需的辅助触点种类（动合或动断）、数量和组合形式，同时应注意辅助触点的通断能力和其他额定参数。当接触器的辅助触点数量和其他额定参数不能满足系统要求时，可增加电磁式继电器以扩展功能。

（6）电气寿命的选用

接触器的电气寿命参数由制造厂家以表格或曲线的形式给出，可以根据实际需要进行选择。对于频繁操作的接触器，当电气寿命不能满足要求时，应降低容量使用，以获得较高的电气寿命。另外，接触器的电气寿命因使用类别不同会造成显著差异，如用于 AC-3 类别时电气寿命为 300 万次的接触器，用于 AC-4 类别时将不到 10 万次，这一点在选用时应予以考虑。

4）常用接触器及其型号说明

目前常用的交流接触器有 CJ10、CJ12、CJ10X、CJ20、CJ28、CJ38、CJ40 等系列。其中，CJ10 和 CJ12 系列为早期全国统一设计的系列产品；CJ10X 系列为消弧接触器，是近年来发展起来的新型产品；CJ20 系列为全国统一设计的新型产品，正在逐步取代 CJ10 系列及其改型产品。引进国外技术生产的产品有：德国 BBC 公司的 B 系列，德国西门子公司的 3TB、3TF（3TF 为 3TB 系列的改进产品）和 CJX1 系列，法国 TE 公司的 LC1-D、CJX2 系列等。直流接触器有 CZ18、CZ20、CZ21、CZ22、CZ28 等系列。接触器型号意义如图 3.67 所示。

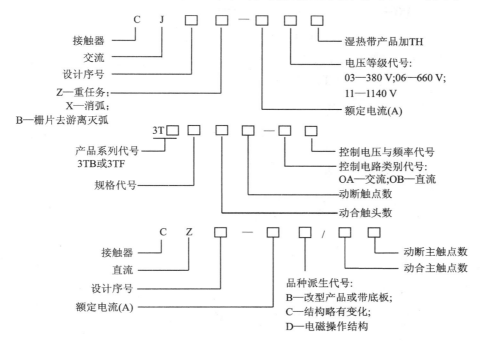

图 3.67　接触器型号的意义

2.电磁式继电器的选择

1) 中间继电器的选用原则

在选用中间继电器时,线圈的电流种类和电压等级应与控制电路一致,并根据控制电路的需要确定触点的类型(动合或动断)及其数量。当中间继电器的触点数量不能满足要求时,可以将两个中间继电器并联使用,以增加触点数量。

2) 电压/电流继电器的选用原则

● 线圈的电流种类和电压(电流)等级应与负载电路一致。

● 根据控制要求确定继电器的类型(过电压或欠电压,过电流或欠电流)、触点形式(动合或动断)及其数量。

3) 额定电压(电流)和动作电压(电流)的选择

(1) 过电流继电器额定电流和动作电流的选择

过电流继电器的额定电流应大于或等于被保护电动机的额定电流,动作电流可根据电动机的工作情况按其启动电流的 $1.1\sim1.3$ 倍整定。

(2) 欠电流继电器额定电流和动作电流的选择

欠电流继电器的额定电流应大于或等于电动机的额定励磁电流,释放电流应低于励磁电路正常工作范围内可能出现的最小励磁电流,可取为最小励磁电流的 0.85 倍。选用欠电流继电器时,其释放电流的整定值应留有一定的调节余地。

(3) 过电压继电器动作电压的选择

过电压继电器的动作电压一般按系统额定电压的 1.1～1.2 倍整定。

（4）欠电压继电器动作电压的选择

欠电压继电器的动作电压一般按系统额定电压的 0.4～0.7 倍整定。

4）常用电磁式继电器及其型号说明

常用的电压继电器有 JT3、JT4 等系列；用作中间继电器的除 JT3 系列外，还有 JZ7、JZ8、JZ14、JZ15、JZ17、JZ18 等系列；电流继电器有 JT3、JL12、JL14、JL15、JL18、JT3、JT9、JT10 等系列。通用继电器 JT3 系列还可用作时间继电器。此外，还有引进德国西门子公司技术生产的 3TH 系列。继电器型号意义如图 3.68 所示。

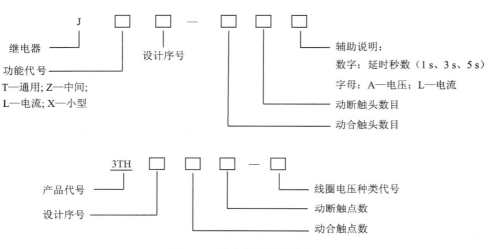

图 3.68 继电器型号的意义

3. 热继电器的选择

1）热继电器的选用原则

热继电器选用是否得当将直接影响对电动机进行过载保护的可靠性。选用时，通常应当根据被保护电动机的工作环境、启动情况、负载情况、工作制及电动机允许的过载能力等几方面综合加以考虑。

（1）热继电器类型的确定

一般情况下可选用两相结构的热继电器。对于电网电压均衡性较差、无人看管的电动机或与大容量电动机共用一组熔断器的电动机，宜选用三相结构的热继电器。对于△形接法的三相异步电动机，应选用带断相保护的三相热继电器。

（2）热继电器（热元件）额定电流和整定电流的选择

原则上，热继电器（热元件）的额定电流等级一般略大于电动机的额定电流；整定电流范围的中间值应等于或稍大于电动机的额定电流。对于过载能力较差的电动机，所选热继电器的额定电流应适当小一些，并且将整定电流调整为电动机额定电流的 0.6～0.8 倍；对于启动时间较长、拖动冲击性负载（如冲床、剪床等）或不允许停车的电动机，则热继电器的整定电流应稍大于电动机额定电流 1.1～1.15 倍。

（3）关于散热条件的考虑

热继电器应与电动机具有相同的散热条件，否则会影响保护的可靠性。一般地说，热继电器的工作环境温度与被保护电动机的环境温度相差不应超出 15～20 ℃。因此，当热继电器与被控电动机的环境温度相同时，可按该电动机的额定电流值选择热继电器的额定电流；当被控电动机的环境温度比热继电器高 15～20 ℃时，按比电动机的额定电流小一个等级来选择热继电器；当被控电动机的环境温度比热继电器低 15～20 ℃时，则按电动机的额定电流选用大一个等级的热继电器。

2）常用热继电器及其型号说明

目前，国内常用的热继电器有 JR15、JR16、JR20、JRS1、JRS2、JRS5、T、3UA 和 LR1 - D 等系列，其中 JR20 和 JRS1 系列是我国自行设计的新产品，JRS5 系列是引进日本三菱公司技术生产，T 系列是引进德国 ABB 公司技术生产，3UA 系列是引进德国西门子公司技术生产，LR1 - D 系列是引进法国 TE 公司技术生产。每一系列的热继电器一般只能和相应系列的接触器配套使用，如 T 系列热继电器与 B 系列接触器配套使用，3UA 系列热继电器与 3TB、3TF 系列接触器配套使用，JR20 系列热继电器与 CJ20 系列接触器配套使用，LR1 - D 系列热继电器与 LC1 - D 系列接触器配套使用等。热继电器型号意义如图 3.69 所示。

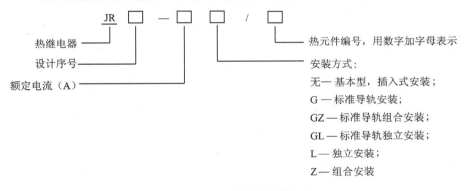

图 3.69 热继电器型号的意义

4. 时间继电器的选择

1）时间继电器的选用原则

● 在进行时间继电器选择时，对于电磁式和空气阻尼式时间继电器，其线圈的电流种类和电压等级应与控制电路相同；对于电动机式和电子式时间继电器，其电源的电流种类和电压等级应与控制电路相同。

● 按控制电路的要求选择延时方式（通电延时型或断电延时型）、触点形式（延时闭合或延时断开，动合或动断）及其数量。

● 对于延时要求不高的场合，一般可选用电磁式或空气阻尼式时间继电器；对于延时要求较高的场合，可选用数字式或电子式时间继电器。

● 选用时应注意电源参数变化的影响。如在电源电压波动较大的场合，选用空气阻尼式或电动机式时间继电器好于选用电子式时间继电器；在电源频率波动较大的场合，则不宜选用电动机式时间继电器。

- 选用时应注意环境温度变化的影响。通常在环境温度变化较大的场合,不宜选用空气阻尼式和电子式时间继电器。
- 选用时还应考虑操作频率的影响。如果操作频率过高,不仅会影响电寿命,而且还会导致延时动作失调。

2) 常用时间继电器及其型号说明

常用直流电磁式时间继电器有 JS3 和 JT3 等系列;空气阻尼式时间继电器有 JS7、JS7 - A(JS7 - A 为 JS7 的改型产品)、JS23 等系列;电动机式时间继电器有 JS10 和 JS11 等系列;电子式时间继电器有 JSJ、JS14A、JS20、JSS、JS14S(数显式)、JS14P、DHC6(单片机控制)系列以及引进日本富士电机株式会社的 ST 系列、德国西门子公司的 JSZ7 系列等。时间继电器型号意义如图 3.70 所示。

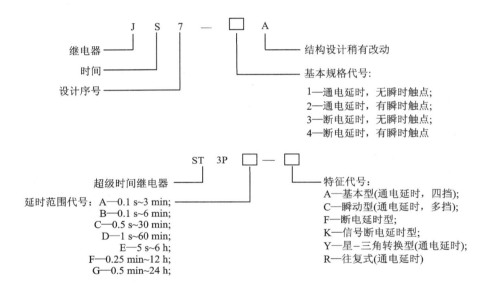

图 3.70　时间继电器型号的意义

5. 主令电器的选择

1) 主令电器的选用原则

(1) 选用基本原则

主令电器首先应满足控制电路的电气要求,如额定工作电压、额定工作电流及电流种类、额定通断能力等,这些参数的确定遵循与主电路开关电器和控制电器相同的选用原则;其次应满足控制电路的控制功能要求,如触点类型(动合或动断)、触点数目及其组合形式。

(2) 按钮的选择

- 根据使用场合和具体用途选择按钮的类型。如果需要嵌装于控制台或控制柜的面板上,可选用开启式按钮;若需要显示工作状态,则可选用带灯按钮;在重要场合,为了防止无关人员误操作,一般选用钥匙式按钮;在有腐蚀性气体的场合,一般选用防腐式按钮。
- 根据工作状态指示、工作情况的要求以及国家标准的规定选择按钮和指示灯的颜色,例如红色用于停止或分断以及紧急情况出现时的操作（如急停）；绿色用于启动或接通；黄色用于应急或干预。

● 根据控制回路的需要选择按钮的数量。

（3）行程开关的选择

● 根据使用场合和控制对象来确定行程开关的类型。当生产机械运动速度不是很快时，通常选用一般用途的行程开关；当生产机械通过的路径上不宜安装直动式行程开关时，应选用滚轮式行程开关；对于工作效率很高、对可靠性及精度要求很高的场合，应选用接近开关。

● 根据使用环境条件选择行程开关的防护形式（开启式或保护式）。

● 根据控制电路的电压和电流选择行程开关产品系列。

（4）接近开关的选择

接近开关的主要参数有开关形式、动作距离、动作频率、响应时间、重复精度、输出形式、工作电压及触头电流容量等。在选择接近开关时，可从以下方面进行考虑：

● 根据被检测物体的材质以及动作距离要求选择接近开关的类型和规格：当被检测物体为金属材料时，应选用高频振荡型接近开关，如果检测灵敏度要求不高，也可选用价格低廉的磁性接近开关或霍尔型接近开关；当被检测物体为非金属材料（如木材、纸张、塑料、玻璃、水等）时，应选用电容型接近开关；当需要对金属体和非金属体进行远距离检测和控制时，应选用光电型或超声波型接近开关。

● 按输出要求选择合适的输出形式（有触点或无触点输出，NPN 型或 PNP 型输出）。

● 接近开关较行程开关价格高，故仅在工作频率高、可靠性及精度要求较高的场合选用。

● 接近开关的额定动作距离是在标准情况下测定的，选用时应考虑制造误差及环境因素的影响。

（5）万能转换开关的选择

● 根据额定电压和工作电流等参数选择合适的系列。

● 根据操作需要选择手柄形式和定位特征。

● 根据控制电路的要求确定触点数量。

● 由于转换开关本身不带任何保护，因此必须与其他保护电器配合使用。

2）常用主令电器及其型号说明

（1）按　钮

常用按钮有 LA10、LA18、LA19、LA20、LA25 及 LAY3、LAY6 等系列。按钮型号意义如图 3.71 所示。

（2）行程开关

目前常用的行程开关有 LX1 和 JLXK1 系列（直动式）、LX19 和 JLXK1 系列（滚轮式）、LXW-11 和 JLXK1-11 系列（微动式）及 3SE3 系列等。3SE3 系列行程开关为引进西门子公司技术生产，其头部结构有直动、滚轮直动、杠杆、单滚轮、双滚轮、滚轮摆杆可调、杠杆可调和弹簧杆等多种。行程开关型号意义如图 3.72 所示。

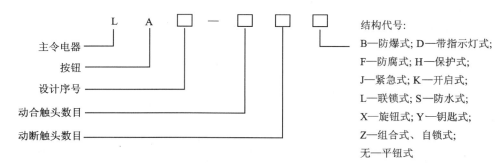

图 3.71　按钮型号的意义

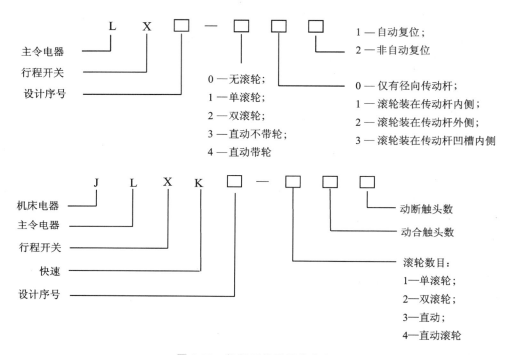

图 3.72　行程开关型号的意义

（3）接近开关

接近开关的产品种类十分丰富，常用的有 3SG、LJ5、LJ6、CJ、SJ、LXJ18 等系列，其中 3SG 系列为德国西门子公司引进产品。接近开关型号意义如图 3.73 所示。

（4）万能转换开关

常用的万能转换开关有 LW5、LW6、LW8、LW9、LW12、LW16、3LB 等系列，其中 3LB 系列是引进西门子公司技术生产的。万能转换开关型号意义如图 3.74 所示。

6. 熔断器的选择

1）熔断器选用原则

熔断器的选择应保证设备正常工作时不熔断，只有当出现过大的电流和短路电流时才

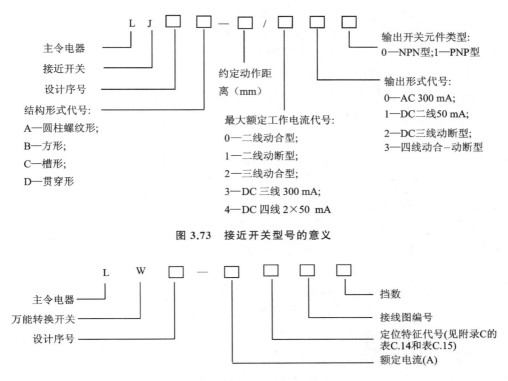

图 3.73　接近开关型号的意义

图 3.74　万能转换开关型号的意义

熔断。

（1）熔断器类型的选择

熔断器类型的选择主要依据的是负载情况和短路电流的大小。例如，用于保护照明和小容量电动机的熔断器，一般是考虑它们的过载保护，这时，希望熔体的熔化系数适当小些，宜采用熔体为铅锡合金的 RC1A 系列熔断器；而对于大容量照明线路和电动机，除考虑过载保护外，还应考虑短路时的分断短路电流的能力。当短路电流较小时，可采用熔体为锌质的 RM10 系列无填料封闭管式熔断器；当短路电流较大时，宜采用具有高分断能力的 RL 系列螺旋式熔断器；当短路电流相当大时，宜采用有限流作用的 RT 系列熔断器；供家庭使用时，一般选用 RC1A 系列熔断器。在选择熔断器类型时还应考虑使用场合，电网配电一般选用封闭管式熔断器；电动机保护一般选用螺旋式熔断器；照明电路一般选用插入式熔断器；保护半导体元件则应选用快速式熔断器。

（2）熔断器额定电压的选择

熔断器的额定电压应等于或大于保护线路的额定电压。

（3）熔体额定电流的选择

熔体额定电流的选择方法依熔断器所保护负载的不同而异：

● 用于保护电流比较平稳的照明或电热设备以及一般控制电路。熔体额定电流应等于或稍大于负载额定电流。

● 用于保护单台长期工作的电动机：电动机启动时熔断器不应熔断，一般选取熔体额定电流为电动机额定电流的 1.5～2.5 倍。对于轻载启动或启动时间较短的情况，取较小系数；当重载启动、启动时间较长或启动较频繁时，则取较大系数。

● 用于保护频繁启动的电动机：考虑频繁启动引起的发热也不应使熔断器熔断，故选取熔体额定电流为电动机额定电流的 3～3.5 倍。

● 用于保护多台电动机：熔断器在出现尖峰电流时也不应熔断。通常，将其中容量最大的电动机启动而其余电动机正常运行时出现的电流作为尖峰电流，此时，熔体额定电流按公式 $I_{rN} \geqslant (1.5～2.5)I_{N,max} + \sum I_N$ 计算。其中：I_{rN} 为熔体额定电流；$I_{N,max}$ 为多台电动机中容量最大的电动机的额定电流；$\sum I_N$ 为其余电动机额定电流之和。

（4）配电系统中的保护配合

在配电系统中，通常采用多级熔断器进行保护，因此上、下级熔断器之间应有良好的保护配合，也就是当发生短路时，下级熔断器应先行动作，而上级熔断器不动作，从而将受故障影响的负载数目限制在最小程度。上、下级熔断器熔体额定电流的比值应等于或大于 1.6。

2）常用熔断器及其型号说明

熔断器常用型号有：插入式 RC1A 系列；无填料封闭管式 RM7、RM10 系列；有填料封闭管式 RT0、RT12、RT14～RT18、RT20、NT 系列，RT18 系列是一种性能比较先进的熔断器，其中 X 型产品带有断相自动显示报警功能，K 型产品带有开关；NT 系列是引进德国 AEG 公司技术生产的产品，具有高分断能力，对应的国内型号为 RT16；RT17 系列是国内为补齐 NT 系列熔断器的规格而自行开发的产品，相当于未引进的 NT4 系列；螺旋式 RL1、RL2、RL5、RL6、RL8、RL16、RL17 系列；快速式 RS0、RS3～RS5、RLS1、RLS2、NGT 系列，RS0 系列可作为大容量硅整流元件的过电流和短路保护，RS3 系列用于晶闸管的过电流和短路保护，NGT 系列为德国 AEG 公司引进产品。熔断器型号意义如图 3.75 所示。

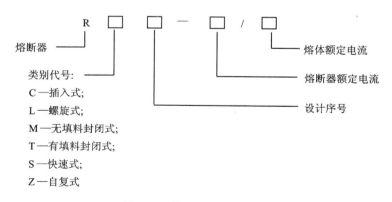

图 3.75　熔断器型号的意义

7. 断路器的选择

1）断路器的选用原则

● 断路器的额定电压应等于或大于线路额定电压。

● 断路器的额定电流应等于或大于线路计算负载电流。

● 断路器的额定短路通断能力应等于或大于线路中可能出现的最大短路电流。如果断

路器的通断能力不够,应采取以下措施:

—采用两级断路器共同运行以提高短路分断能力,这时应将上一级断路器的脱扣器瞬
　动电流整定在下级断路器额定短路通断能力的 80% 左右;

— 采用限流断路器;

— 在电源侧增设后备熔断器。

● 根据主电路系统对保护的要求,选择脱扣器的形式及额定电压(电流)。欠电压脱扣器
的额定电压应等于线路的额定电压;分励脱扣器的额定电压应等于控制电源电压。

2) 常用断路器及其型号说明

目前,国内常用的断路器产品有:塑料外壳式断路器 DZ10、DZ15、DZ20、3WE(引进德国
西门子公司技术制造)、H(引进美国西屋电气公司技术制造)、T(引进日本寺崎株式会社技术
制造)等系列;万能框架式断路器有我国自行开发的 DW10、DW15、DW16、DW45 等系列、中
法合资天津梅兰日兰有限公司的 C45 系列以及引进国外技术生产的产品,如德国 AEG 公司
的 ME(DW17)系列、日本三菱电机公司 AE(DW19)系列、日本寺崎株式会社的 AH(DW914)
系列等。

断路器型号意义如图 3.76 所示。

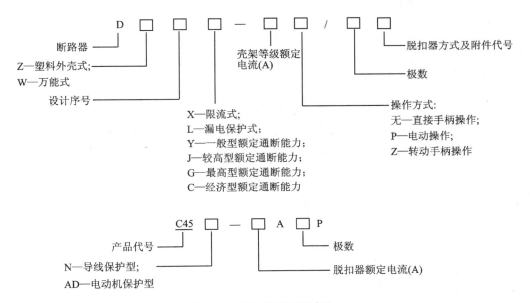

图 3.76 断路器型号的意义

3.4.3 继电接触器控制系统设计举例

在立式车床、龙门刨床、龙门铣床中,要求其横梁能根据加工工件的不同高度,沿立柱上下
移动以进行调整。在进行切削加工时,要求横梁必须夹紧在立柱上不允许松动,以保证加工质
量和工作安全可靠。为了实现这些要求,在中型、重型机床上,常用两个电动机分别拖动横梁
升降机构和横梁夹紧机构,并实现横梁升降与横梁夹紧的互锁控制,即横梁移动时,只需按下

按钮,即可自动完成横梁放松—横梁升降—横梁夹紧的全部过程。

1. 横梁升降—夹紧机构的工艺要求

① 横梁移动为点动操作,即按一下按钮,横梁移动一下;不按则停止。

② 横梁夹紧与横梁升降之间有一定的操作顺序,即:按下按钮,横梁夹紧机构自动放松,当完全放松后夹紧电动机自动停止,紧接着升降电动机自动启动,拖动横梁上下移动;松开按钮,横梁应立即停止移动,并自动夹紧于立柱上。

③ 夹紧机构必须保证一定的夹紧力。当夹紧到一定程度时,夹紧电动机应自动停止。

④ 应限制横梁在上下两个方向的移动距离,即向上不应碰到上梁,向下不应碰到左右侧刀架。

⑤ 应具有必要的连锁保护:横梁升降与夹紧机构之间不能同时动作;横梁移动与主拖动(如工作台)之间也不能同时动作。

2. 龙门刨床横梁升降—夹紧机构控制设计

1) 主电路设计

横梁升降和横梁夹紧分别由异步电动机 M1 和 M2 拖动。为了保证实现横梁上、下移动和夹紧、放松的要求,电动机必须能够实现正、反向运转,故采用 KM1~KM4 四个接触器来改变电源相序,以分别控制升降电动机 M1 和夹紧电动机 M2 的正反转,主电路如图 3.77(a)所示。

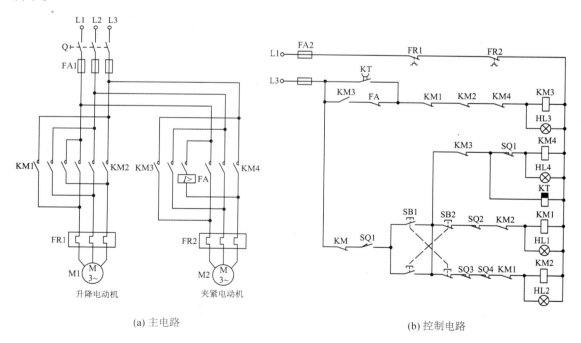

(a) 主电路　　　　　　　　　　　(b) 控制电路

图 3.77　龙门刨床横梁升降—夹紧自动控制线路

2) 控制电路设计

首先确定控制电路的基本部分,即横梁升降电动机 M1 和夹紧电动机 M2 的正反转控制线路。这一部分的设计采用电动机正反转基本控制电路,并设置必要的互锁环节。以电动机

M1 为例,设置由上升按钮 SB1、下降按钮 SB2 以及横梁上升接触器 KM1、下降接触器 KM2 组成的正反转控制环节,并采用电气和机械双重互锁。

其次,根据生产工艺要求,设计控制电路的其他部分。具体设计如下:

① 工艺要求横梁移动为点动操作,故采用点动控制环节来实现这一要求。按下上升(下降)按钮 SB1(SB2),则接触器 KM1(KM2)线圈得电,横梁升降电动机 M1 正转(反转),横梁开始上升(下降)。松开按钮,接触器线圈断电,横梁停止移动。

② 横梁夹紧和升降机构之间按一定的顺序进行动作转换,即横梁在完全松开后才能上下移动。按行程控制原则实现这一转换:将行程开关 SQ1 的动合触点串接于横梁移动接触器 KM1 和 KM2 的线圈回路中,其动断触点串接于放松接触器 KM4 的线圈回路中。以横梁下降动作为例,当需要横梁下降时,按下下降按钮 SB2,放松接触器 KM4 得电,夹紧电动机 M2 反转使横梁放松。当横梁完全放松后,行程开关 SQ1 动断触点断开,KM4 断电,夹紧电动机 M2 停止;SQ1 的动合触点闭合,下降接触器 KM2 得电,横梁升降电动机 M1 反转,横梁开始下降。

③ 工艺要求结束操作后,在升降动作停止的同时,横梁应自动夹紧于立柱上,这一要求按时间原则实现。仍以横梁下降为例,按下横梁下降按钮 SB2,放松接触器 KM4 得电;同时,断电延时时间继电器 KT 亦得电,其延时打开动合触点闭合,为夹紧接触器 KM3 得电做好准备。如前所述,当行程开关 SQ1 动作时,横梁下降。当横梁下降到所需位置时,松开 SB2,KM2 断电,横梁停止移动,与此同时 KM4 和 KT 也断电。由于 KT 的动合触点需要延时一段时间才能打开,故 KM3 得电并自锁,夹紧电动机 M2 正转,横梁开始夹紧。

④ 工艺要求应适当控制横梁夹紧机构的夹紧力。夹紧力的控制可以采取多种方法,通常按电流原则控制,即通过测量电流的大小来反映夹紧力。当横梁夹紧至一定压力时,电流增大,使串接在夹紧电动机主电路中的过流继电器 FA 动作,其动断触点断开夹紧接触器 KM3,于是,夹紧电动机自动停车,横梁夹紧机构停止夹紧。

⑤ 在横梁移动过程中应限制其上下行程,线路中采用行程开关 SQ2~SQ4 分别作为限制横梁运动行程的元件,由它们发出的控制信号通过接触器作用于电动机。SQ2~SQ4 的动断触点分别串接于移动接触器 KM1 和 KM2 的线圈电路中。这样,当横梁向上移动接近上梁时,压动行程开关 SQ2,其动断触点断开,上升接触器 KM1 断电,于是横梁停止上升;当横梁向下运动时,在接近左(右)侧刀架时,行程开关 SQ3(SQ4)动作,断开下降接触器 KM2,使横梁停止下降。

⑥ 工艺要求在横梁移动时,夹紧机构不能夹紧,故将 KM1 和 KM2 的动断触点串接在 KM3 的线圈电路中,从而实现这一要求。此外,横梁升降与主拖动(工作台)之间也有互锁要求,故将工作台接触器 KM 的动断触点串接在 KM1 和 KM2 的线圈电路中。该触点在工作台工作时断开,在工作台不工作时闭合,从而保证了横梁升降机构和工作台之间不能同时动作。

3)设置必要的保护环节

控制线路采用熔断器 FU 作短路保护、热继电器 FR1 和 FR2 作过载保护。当线路发生短路时,熔断器 FU1(FU2)的熔体熔断以切断主电路(控制电路)电源,待事故处理完毕,更换熔断器后即可恢复工作。当线路发生过载故障时,热继电器动作;当故障排除后,热继电器可以自动或手动复位,使线路重新工作。

4) 线路的完善和校验

初步设计完控制线路后,还应仔细校核有无不合理之处,并进行修改,以使其更加合理完善。例如,减少不必要的触点数量,合理布局以节省电器元件间的连接线等。尤其是应该对照工艺要求重新分析和研究所设计的线路,检查是否已经实现了所有的要求,以及在误操作时线路是否会发生事故,等等。为了更好地掌握横梁升降—夹紧机构的运行状况,控制电路中还设置了横梁状态显示环节。

设计的控制电路如图 3.77(b)所示。

由上所述,在进行电气线路设计时,首先应熟悉和掌握生产工艺要求,并以此为根据进行电路设计:一般先设计主电路,然后设计控制电路,并设置必要的联锁和保护环节。初步设计完成后,应仔细检查,反复验证,以确定线路是否符合设计的要求,并作进一步的修改和简化,使之完善。当然,也可用逻辑设计方法进行逻辑分析和线路简化,以优化设计,但当系统比较复杂时,此法难以奏效。在控制线路设计方案确定下来之后,应选择适当的电器元件的规格型号,使设计功能得以充分实现。

习题与思考题

1. 断路器中有哪几种脱扣器? 各起什么作用?

2. 热继电器是否能用作短路保护? 在电动机正常启动时热继电器是否会动作? 为什么?

3. 在自动控制机床上,电动机因过载而自动停车,操作人员立即按下启动按钮却无法将其启动,试分析其原因,并说明解决方法。

4. 常用的熔断器有哪几种? 它们分别应用于何种场合?

5. 交流接触器和直流接触器在结构特征上有何异同?

6. 中间继电器和接触器的主要区别是什么?

7. 电弧是怎么产生的? 灭弧的方法有哪些? 交流接触器和直流接触器中常用的灭弧方法分别有哪些?

8. 图 3.35 所示触点分别是时间继电器的什么触点? 在控制线路中,这些触点如何动作?

9. 行程开关、限位开关、接近开关有何异同?

10. 速度继电器的作用是什么? 它是如何实现相应的控制功能的?

11. 在如图 3.42 所示的 Y -△降压启动控制线路中,接触器 KM1～KM3 及时间继电器 KT 分别起什么作用?

12. 若想实现多地启/停控制,各地点的启动按钮和停止按钮应怎样连接?

13. 电动机的短路保护、过电流保护和过载保护有何区别? 如何实现?

14. 电动机为什么要设置零电压和欠电压保护? 如何实现?

15. 有两台电动机 M1 和 M2,要求它们既能分别启停,又能同时启停,试设计控制线路。

16. 试设计一台异步电动机的控制线路,要求:① 能在两地实现启停控制;② 能进行点动调整;③ 能正反转;④ 能实现单方向的行程保护。

17. 试分析图 3.48 所示的可逆运行三相异步电动机反接制动控制线路的工作过程。

18. 试设计一个可逆运行三相异步电动机的能耗制动控制线路。

19. 试分析图 3.78 所示线路的工作原理,并说明开关 SA 和按钮 SB 的作用。

20. 自动运输线上有三台电动机 M1、M2 和 M3,试设计其控制线路。要求:① M1 先启动,过一段时间后 M2 和 M3 同时启动;② M2 或(和)M3 停止后,过一段时间后 M1 停止,且 M2 和 M3 可单独停止;③ M2 能进行点动调整;④ 有运行状态指示;⑤ 三台电动机均有短路和长期过载保护。

21. 试设计一个工作台前进—退回控制线路。工作台由电动机 M 拖动,行程开关 SQ1、SQ2 分别装在工作台的原位和终点,要求:① 能自动实现前进—后退—停止到原位;② 工作台前进到达终点后停一下再后退;③ 工作台在前进过程中可以人工操作使其立即后退到原位;④ 设有终端保护。

22. 是否可以将两个 110 V 的交流接触器线圈串接于 220 V 的交流电源上?或者将两个 110 V 的直流接触器线圈串接于 220 V 的直流电源上?为什么?

23. 拟设计一控制线路。控制要求是继电器 KA2 吸合时指示灯亮;KA2 吸合而继电器 KA3 未吸合时,电铃发出声响报警。试分析图 3.79 所示线路是否合理?如不合理,应如何改正?

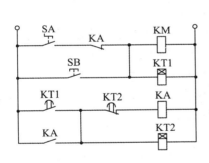

图 3.78　第 19 题图

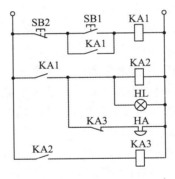

图 3.79　第 23 题图

24. 接触器有几种使用类别?分别用于什么场合?如何根据生产机械工作任务的轻重程度,选择适合类别的接触器?

25. 在电气控制系统中,如何选择热继电器?

26. 在选择熔断器时,应遵守哪些原则?

27. 图 3.80 所示供电回路中,3 号支路中三相交流电动机的额定功率为 40 kW,功率因数为 0.85,额定工作电压为 380 V;2 号支路中的负载电流为 35 A,试选择各主要电器元件。

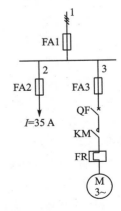

图 3.80　第 27 题图

第 4 章　可编程控制器

4.1　PLC 基础

可编程控制器(PLC)是在继电接触器控制和计算机技术的基础上,逐渐发展成以微处理器为核心的工业自动控制通用设备。随着 40 年来的不断发展,PLC 已经成为工业控制领域的主流控制设备。虽然工业自动控制中使用的可编程控制器种类繁多,不同厂家的产品各有特点,但是作为工业标准控制设备,可编程控制器在结构组成、工作原理、编程指令等方面具有一定的共性。

4.1.1　PLC 的产生和发展

20 世纪 60 年代末期,美国汽车制造业竞争激烈,各生产厂家为了适应市场需求,不断更新汽车型号,这就必然要求加工生产线随之改变,进而整个控制系统需要重新设计和配置,不但造成设备的极大浪费,而且旧系统的拆线和新系统的接线也费时费力。因此,寻找一种比继电接触器控制系统更可靠、功能更齐全、响应速度更快的新型工业控制器势在必行。

1968 年,美国最大的汽车制造商——通用汽车公司提出 10 项招标指标,要求制造商为其装配线提供一种新型的通用控制器。这 10 项指标中较为主要的优点是:编程简单,可在现场修改程序;维护方便,采用插件式模块结构;可靠性高于继电接触器控制系统;体积小于继电器控制柜;数据可以直接送给管理计算机;成本可与继电接触器控制系统相竞争;系统扩展时只需作很小的变动。

这些要求实际上提出了将继电接触器控制的简单易懂、使用方便、价格低廉的优点与计算机的功能完善、灵活性和通用性好的优点相结合,将继电接触器控制的硬连线逻辑转变为计算机的软件逻辑编程的设想。这是从接线逻辑向存储逻辑进步的重要标志,是由接线程序控制向存储程序控制的转变。

1969 年,美国数字设备公司(DEC)研制出第一台符合要求的控制器(PDP - 14),并在通用汽车公司的汽车自动装配线上试用,取得了满意的效果,可编程控制器由此诞生。1971 年,日本凭借本国集成电路技术的优势,进一步提高了可编程控制器的集成度,并开始成批生产可编程控制器。1973 年,欧洲各国也开始研制和生产可编程控制器。我国于 1974 年开始可编程控制器的研制工作,并于 1977 年开始工业应用。

早期的可编程控制器虽然采用了一些计算机技术,但是一般只具有逻辑运算功能,故称为可编程逻辑控制器(Programmable Logic Controller),简称 PLC。

随着微电子技术的发展,在 20 世纪 70 年代中期,可编程控制器中开始更多地引入微机技术,微处理器成为其核心部件,使可编程控制器具备了自诊断功能,可靠性大幅度提高,性能价格比也有了新的突破。现在,PLC 不仅具有逻辑控制功能,而且一般也配有 A/D 转换、D/A 转换及数学运算功能,甚至是 PID 功能,这些功能使 PLC 在模拟量控制、闭环控制、运动控制、速度控制等方面具备了硬件基础；许多 PLC 具有接收和输出高速脉冲的功能，配合相应的传感器及伺服元件，PLC 可实现数字量的智能控制；如果配备可编程终端设备，PLC 可实时显示采集到的现场数据及分析结果，从而实现系统监控。另外，PLC 具有较强的通信能力，可以与计算机或其他智能装置联网和通信，从而方便地实现集散控制。因此，国外工业界于 1980 年将其正式命名为可编程控制器(Programmable Controller)，简称 PC。但是为了避免与个人计算机(Personal Computer)的简称混淆，现在仍把它简称为 PLC。

为了规范这一新型工业控制装置的生产和发展，国际电工委员会(IEC)于 1982 年颁布了 PLC 标准草案第一稿，并于后来的几年中又发布了第二稿和第三稿，对 PLC 作了如下定义："可编程控制器是一种数字运算操作的电子系统，专为在工业环境下应用而设计。它采用可编程序的存储器，用来在其内部存储执行逻辑运算、顺序控制、定时、计数和算术运算等操作的指令，并通过数字式或模拟式的输入和输出，控制各种类型的机械或生产过程。可编程控制器及其有关外围设备，都应按易于与工业控制系统形成一个整体、易于扩充其功能的原则设计。"

目前，比较著名的 PLC 生产厂家有美国的 A - B、GE(通用)、MODICON(莫迪康)，日本的 MITSUBISHI(三菱)、OMRON(欧姆龙)、FUJI(富士)，德国的 SIEMENS(西门子)，法国的 TE、SCHNEIDER(施耐德)，韩国的 SAMSUNG(三星)、LG 等。

4.1.2　PLC 的分类

可编程控制器应用广泛，产品种类繁多，型号、规格和功能也不尽相同，通常只能按其规模、结构、功能和用途进行大致的分类。

1. 按 I/O 点数分类

PLC 用来对外部设备进行控制，外部信号的输入及 PLC 运算结果的输出都要通过 PLC 输入/输出端子来进行接线。输入/输出端子的数目之和称为 I/O 点数，它表明了 PLC 可处理的最大信号数。

根据 I/O 点数的不同，PLC 可分为小型 PLC、中型 PLC 和大型 PLC 三种。

1) 小型 PLC

小型 PLC 可控制的最大 I/O 点数小于 256 点，其中点数小于 64 点的 PLC 又可称为微型 PLC。这种 PLC 以开关量控制为主，通常用于单台设备控制。

小型 PLC 的典型产品有西门子公司的 S7 - 200 系列，三菱公司的 FX0(微型)、F1、F2、FX (FX1S、FX1N、FX2N)系列，欧姆龙公司的 CP1H、C20/40/60H、SP20(微型)系列，A - B 公司的 MicroLogix(微型)、SLC 系列，GE 公司的 Micro PLC(微型)、90 - 30 PLC 等。

2) 中型 PLC

中型 PLC 的 I/O 点数为 256～2 048 之间，兼具开关量和模拟量控制功能，并具有更为强大的数字计算能力和通信能力，适用于较复杂系统的逻辑控制或小型连续生产过程控制。

中型 PLC 的典型产品有西门子公司的 S7 - 300 系列，三菱公司的 FX3U、Q01 系列，欧姆龙公司的 C1000H、C200H、C500 系列等。

3) 大型 PLC

大型 PLC 的 I/O 点数大于 2 048 点，其性能与工业控制计算机相当，具有较强的数据处理、模拟调节、特殊功能函数运算的功能，以及强大的网络结构和通信联网、中断控制、智能控制、远程控制以及冗余控制等功能，一般用于大规模过程控制、分布式控制系统和工厂自动化等场合。

大型 PLC 的典型产品有西门子公司的 S7 - 400 系列,三菱公司的 Q25H 系列,欧姆龙公司的 C2000H 系列,A - B 公司的 PLC - 5、ControlLogix 系列,GE 公司的 90 - 70 PLC 等。

当然,不同厂家对于各自产品的大、中、小型定义并不完全相同,如有的厂家认为小型 PLC 为 128 点以下,中型 PLC 为 128～512 点,大型 PLC 为 512 点以上。

2. 按结构形式分类

1)整体式

整体式 PLC 是将 CPU、存储器、I/O 等 PLC 基本组成部分安装在一块印刷电路板上,并连同电源一起封装在一个金属或塑料的标准机壳中,构成 PLC 的一个基本单元(主机)。I/O 接线端子及电源进线分别在机箱的两侧,并有相应的发光二极管显示其状态。为了便于系统扩展,该类机型配有扩展单元。当控制系统要求的点数多于基本单元的本机 I/O 点数时,可用扩展单元进行扩充。此时,通过电缆将扩展单元与基本单元进行连接。

这种结构的 PLC 具有结构紧凑、体积小、质量轻、价格低廉、安装方便等优点,可直接安装在工业设备的内部,但由于控制点数少,因此常用于单机控制。小型 PLC 一般为整体式结构,如西门子公司的 S7 - 200 系列。

2)模块式

模块式 PLC 是将 PLC 的各个组成部分制成功能独立、外形尺寸统一的插件式模块,如电源模块、CPU 模块、输入模块、输出模块和各种功能模块(如通信模块、温控模块等),然后以搭积木的方式将模块组装在具有标准尺寸并带有若干插槽的机架中。PLC 厂家备有不同槽数的机架供用户选择,用户可以根据需要选用不同档次的模块,将其直接插入机架底板上的相应插槽中。如果选用的模块较多而无法安装在一个机架中,则可以选择多个机架,各机架之间用接口模块和电缆相连。

这种结构的 PLC 配置灵活,装配和维护方便,功能易于扩展,控制容量大。其缺点是结构复杂,价格较高。目前,中、大型 PLC 多采用模块式结构,如西门子公司的 S7 - 300 和 S7 - 400 系列,如图 4.1 所示。

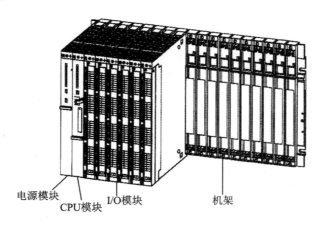

电源模块　CPU模块　I/O模块　　机架

图 4.1 S7 - 400 系列 PLC

3. 按用途分类

PLC 按用途可分为通用型和专用型两类。通用型 PLC 作为标准装置,可用于各类工业控制系统；专用型 PLC 专为某类控制系统而设计，如电梯专用 PLC 等。由于具有专用性，这种 PLC 的结构设计更为合理，控制性能更为完善。

4.1.3　PLC 的编程语言

　　根据控制要求编制用户程序是 PLC 应用于工业控制的一个重要环节。PLC 为用户提供了完善的编程语言，以适应程序编制的需要。IEC 于 1994 年 5 月公布了"可编程控制器语言标准（IEC 61131 - 3）"，详细地说明了 PLC 句法、语义以及梯形图、语句表、顺序功能图、功能块图和结构文本等几种编程语言，其中梯形图和功能块图是图形语言，语句表和结构文本是文字语言，而顺序功能图可以认为是一种结构块控制程序流程图。

1. 梯形图

　　梯形图（Ladder Diagram，LAD）是在继电接触器控制电路图的基础上演变而来的，其设计思想与继电接触器控制系统的控制电路基本一致，只是继电接触器控制系统中的继电器、定时器、计数器等物理元器件的功能由 PLC 软件实现。

　　图 4.2(a)和图 4.2(b)～(d)分别用继电接触器控制系统和 PLC 实现单向运行电动机的启/停控制。由此可见，继电接触器控制电路图表示的是实际物理电路，左/右垂直线为两根电源线，因此在工作时回路中有真实的电流流过。梯形图是用图形形式来表达逻辑关系，它也有左/右垂直线，分别称为左母线和右母线，只是有的 PLC 将右母线省去不画。左/右母线分别为假想的电源火线和零线，因此在梯形图程序运行时，将有假想的"能流"从左到右、从上到下地流动。

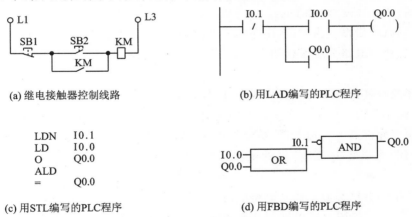

(a) 继电接触器控制线路　　　　　　　(b) 用 LAD 编写的 PLC 程序

(c) 用 STL 编写的 PLC 程序　　　　　　(d) 用 FBD 编写的 PLC 程序

图 4.2　电动机启/停控制

　　梯形图沿用了继电接触器控制中的触点和线圈等术语，但是在符号的使用和表达方式上与继电接触器控制系统有一定的区别。在梯形图中，触点代表逻辑输入条件，如按钮、开关和内部条件等，触点闭合可以使"能流"流过该器件到达下一个器件，触点打开将阻止"能流"通过；线圈代表逻辑输出结果，如接触器、指示灯、中间继电器和内部输出等。当有"能流"输入时，该器件才会有输出。S7 - 200 PLC 还有一种器件——盒，也称方框，用来代表定时器、计数器和功能指令等，当"能流"到达该盒时将执行一定的功能。

　　如图 4.2(b)所示，梯形图中输入信号和输出信号之间的逻辑关系直观、易于理解，与继电接触器控制系统中电路图的表达方式十分相似，因此很容易被电气工程技术人员掌握。梯形图是目前使用最多的一种编程语言，其编程特点主要体现在以下几个方面：

- 梯形图由多个梯级组成,按自上而下、从左到右的顺序排列。每个梯级由左母线出发,然后连接各个触点,最后以线圈或盒结束。
- 在梯形图中,某一个线圈一般只能出现一次,但是其触点可无限次引用,既可以是常开触点,也可以是常闭触点。
- 梯形图中的触点可以作任意串联和并联,而线圈只能并联但不能串联。
- PLC 按循环扫描方式沿梯形图的先后顺序执行程序,在同一个扫描周期中的结果保存在输出映像寄存器中,所以输出点的值在用户程序中可以作为条件来使用。

2. 语句表

语句表(Statements List,STL)也称为指令表,是 PLC 最基础的编程语言,类似于计算机中的汇编语言,但是比汇编语言更直观易懂,编程也更简单。它通过指令助记符创建程序,最适合于经验丰富的程序员使用。

语句表格式是助记符＋操作数,如图 4.2(c)所示。其中,助记符是用几个容易记忆的字符或符号来表示 PLC 的某种操作功能;操作数表示该指令的操作对象,通常以内部元器件(或软元件)地址的形式出现。

语句表的最大特点是便于程序的输入、读出和修改,利用无梯形图编程功能的便携式简易编程器就能方便地完成语句表的输入。语句表可以为每一条语句加上注释,从而便于复杂程序的阅读。另外,用语句表编写的程序简短,但是逻辑关系不如梯形图直观,因此程序的可读性较差。

3. 功能块图

功能块图(Function Block Diagram,FBD)是一种在数字逻辑电路设计基础上开发的图形化编程语言,它以功能模块为单位,用图形化方法描述功能,逻辑功能清晰,输入/输出关系明确,适用于熟悉数字电路系统设计的人员采用智能型编程器(如专用图形编程器或计算机)进行编程。

功能块图没有梯形图中的触点和线圈,但是有与之等价的指令,这些指令以盒(方框)指令的形式出现,程序逻辑由盒指令之间的连接决定。因此,一个指令(见图 4.2(d)中的 OR 指令)的输出可以用来允许另一个指令(见图 4.2(d)中的 AND 指令)的执行,从而建立起所需要的控制逻辑。FBD 可以解决范围广泛的逻辑问题,有利于程序流的跟踪,但是目前在国内很少有人使用。

功能块图中的方框类似于数字电路中的"与"门和"或"门,方框的左侧为逻辑运算的输入变量,右侧为输出变量,输入端的圆圈为反向圈,仅用于能够作为参数或能流的布尔信号,表示操作数或能流的负逻辑或反向输入。在功能块图中,指令输入端加一条垂直线表示布尔操作数的立即输入,即直接从物理输入点上读取数据。

如图 4.2 所示,LAD、STL 和 FBD 之间有严格的对应关系,在 S7 - 200 PLC 的编程软件 STEP7 - Micro/WIN 中,通过"查看"菜单,可以将用户程序在这三种形式之间自动转换。

4. 顺序功能图

顺序功能图(Sequential Function Chart,SFC)是一种较新的编程方法,亦称为流程图或状态转移图,近年来 IEC 大力推广并为之建立新的编程标准。PLC 的主要生产厂家,如西门子、三菱、AB 等公司生产的 PLC 产品都提供了用于顺序功能图编程的指令。

顺序功能图是将一个完整的控制过程分解为若干个用方框表示的"步",或称"状态"、阶段",每一步对应不同的动作或控制内容,各步之间有一定的转换条件,一旦条件满足就自动实现转换,上一步动作结束,下一步动作开始,直至完成整个过程的控制要求。这种编程语言特别适用于具有并发、选择等复杂结构的顺序控制过程。另外,用顺序功能图编写的程序十分简短,原来十几页的梯形图程序,顺序功能图只用一页就可完成。因此,顺序功能图常用于规模较大、程序关系较为复杂的控制系统。

5. 结构文本

结构文本(Structured Text,ST)是专为 IEC 61131 – 3 标准创建的一种高级编程语言,形式上与 PASCAL 语言很相似。与梯形图相比,结构文本可以完成较复杂的控制运算,编写的程序非常简洁和紧凑,但是程序的直观性和易操作性较差,并要求编程人员具有一定的计算机高级程序设计语言的知识和编程技巧,常用于其他编程语言难以实现的控制功能的实施。

4.1.4　PLC 控制与继电接触器控制的区别

PLC 的梯形图与继电接触器控制线路图非常相似,它沿用了继电接触器控制的电路元件符号和术语,而且信号的输入/输出形式及控制功能也基本相同,但是 PLC 控制与继电接触器控制在实现控制的元器件和工作方式上却有着根本的不同,主要表现为以下几个方面:

1. 控制逻辑

继电接触器控制采用硬接线逻辑,它利用各种电器元件及其触点以固定接线方式组成控制逻辑,控制功能固定,如果需要改变控制功能,则必须重新接线,不但周期长,容易出错,而且缺乏灵活性和扩展性。PLC 采用存储器逻辑,其控制逻辑以程序方式存储在内存中,当需要修改控制功能时只需改变程序,因此灵活性和扩展性都很好。

2. 所用元器件

继电接触器控制线路由各种硬件低压电器元件组成,而 PLC 梯形图中输入继电器、输出继电器、辅助继电器、定时器、计数器等都是由软件来实现的,称为软元件或软继电器,而不是真实的物理器件。

3. 工作方式

继电接触器控制采用并行工作方式,因此在工作时,继电接触器控制线路中的各个硬件继电器都处于受控状态,凡是符合闭合条件的硬件继电器都同时处于闭合状态,受各种条件制约不应闭合的硬件继电器都同时处于断开状态。而 PLC 采用的是串行工作方式,这是因为梯形图中的各内部元器件都处于周期性循环扫描工作状态,受同一条件约束的各个器件的动作顺序将取决于程序扫描顺序。

4. 元件触点数量

在继电接触器控制线路中,每个元器件的触点数量有限,一般只有几对动合触点或动断触点,而 PLC 梯形图中的软元件有无数对触点,既可以是动合触点,又可以是动断触点。

5. 可靠性和可维护性

继电接触器控制线路使用了大量的机械触点,在线路工作时,触点在控制线路的要求下频繁闭合或通断,很容易疲劳和磨损,而且触点在开闭时还会受到电弧的损坏。另外,由于继电接触器控制线路将各个电器元件以硬接线形式连接,因此在事故发生时很难及时查找故障,因此可靠性和可维护性都很差。而 PLC 采用微电子技术,开关动作由无触点的半导体电路来完成,不但体积小,寿命长,而且大大提高了可靠性。PLC 还具有完善的自诊断和显示功能,能够动态监控程序的执行情况,为现场调试和维护提供了极大的便利。当 PLC 发生故障时,可以根据 PLC 上的发光二极管或编程器提供的信息迅速地查明故障的原因,并通过更换模块的方法迅速地排除故障。

6. 控制速度

继电接触器控制依靠触点的机械动作实现控制,工作频率低,触点的开闭时间一般为几十毫秒(ms),而且机械触点还会出现抖动现象。PLC 是由程序指令控制半导体电路来实现控制的,属于无触点控制,速度极快,一条指令的执行时间一般为几个微秒(μs),且不会出现抖动。

7. 定时控制

继电接触器控制利用时间继电器进行时间控制,定时精度不高,定时范围窄,时间调整较困难。PLC 利用集成电路做定时器,时基脉冲由晶振器产生,定时精度高,定时范围宽,用户可根据需要在程序中利用定时器指令设置定时值,并实现时间控制。

8. 设计和施工方式

利用继电接触器控制完成一个控制项目时,设计、施工和调试必须依次进行,周期长,调试修改困难。而在使用 PLC 来完成控制项目时,在系统总体设计完成后,现场施工和控制程序设计可以同时进行,调试和修改都十分方便。

4.1.5　PLC 的基本组成

PLC 虽然种类繁多,但是其组成结构和工作原理基本相同。作为一种新型的工业控制计算机,PLC 专为工业现场应用而设计,并采用了典型的计算机结构,主要由 CPU、电源、存储器、I/O 接口电路等组成。下面将分别介绍 PLC 各组成部分及其作用。

1. 中央处理单元(CPU)

作为 PLC 的核心,CPU 按照 PLC 系统程序所赋予的功能指挥 PLC 有条不紊地工作,其主要任务为:

- 接收和存储由编程器键入的用户程序和数据;
- 用扫描方式通过输入部件接收现场设备的状态或数据,并存入输入映像寄存器中;
- 诊断 PLC 内部电路的工作故障和编程中的语法错误;
- 当 PLC 进入程序执行阶段后,从存储器中逐条读取用户指令,解释并按指令规定的任务进行数据传递、逻辑运算或算术运算等;
- 根据程序运行结果来更新有关标志位的状态和输出映像寄存器的内容,并通过输出部件实现输出控制、制表打印或数据通信等。

不同 PLC 生产厂家使用不同的 CPU 芯片,有的采用通用 CPU 芯片,有的则采用自行设计的专用芯片。CPU 芯片的性能直接影响 PLC 处理控制信号的能力和速度,CPU 位数越高,系统处理的信息量越大,运算速度也就越快。

2. 存储器

PLC 使用的存储器有 ROM、RAM、E²PROM 等几种。只读存储器 ROM 用于固化生产厂家预先编写的系统程序(如系统管理程序,命令解释程序等)。随机存储器 RAM 用于存放用户应用程序和各种数据。由于 RAM 具有易失性,所以可以通过 PLC 将调试好后需长期使用的程序写入带有 E²PROM 芯片的存储卡中,以便长期保存。电可擦除可编程只读存储器 E²PROM 兼具 ROM 的非易失性和 RAM 可读可写的优点,用于存放用户程序和需要长期保存的重要数据。

3. I/O 接口

I/O 接口是 PLC 与工业现场设备之间的连接部件。输入接口用来接收来自现场输入设备(如操作按钮、选择开关、行程开关、接近开关、光电开关、接触器触点、继电器触点、电位器、各类数字式或模拟式传感器等)的各种控制信号;输出接口用来驱动被控设备中的各种执行器,如接触器线圈、电磁阀线圈、继电器线圈、指示灯、调节阀、变频器等。

在实际生产设备中,信号电平多种多样,而 PLC 所处理的信号只能是标准电平。另外,与普通计算机不同,PLC 应用于工业现场环境,需要具有较强的抗干扰能力,因此在 PLC 与外部设备之间需要进行信号电平转换以及光电隔离,这些均由 I/O 接口实现。

I/O 接口分为数字量(开关量)I/O 接口和模拟量 I/O 接口。下面对数字量(开关量)I/O 接口进行简要介绍。

1) 数字量(开关量)输入接口

为了防止各种干扰信号进入 PLC 而影响其可靠性或造成损坏,输入接口电路通常由光电耦合电路进行隔离。光电耦合电路的关键器件是光电耦合器,一般由发光二极管和光敏三极管组成。PLC 的数字量(开关量)输入有直流输入和交流输入两种类型,输入接口电路的电源可由外部提供或由 PLC 内部供给。

2) 数字量(开关量)输出接口

数字量(开关量)输出接口通常有继电器输出、晶体管输出和晶闸管输出三种类型,其主要区别为:

● 输出器件不同——这三种接口电路中的输出器件分别为继电器、晶体管和晶闸管;
● 负载类型不同——继电器输出可以接交流负载或直流负载,晶体管输出只能接直流负载,晶闸管输出只能接交流负载。

其相同之处在于:

● 每种输出接口电路都采用电气隔离技术,并均带有输出指示;
● 电源由外部提供,输出电流的额定值与负载的性质有关。

为了使 PLC 免受瞬间大电流的破坏,输出接口电路应采取相应的保护措施,如采用保护电路,对于交流感性负载,一般采用阻容吸收回路;对于直流感性负载,一般采用续流二极管。另外,输入和输出公共端应接熔断器。

4. 电　源

PLC 的电源用于将外部 220 V 交流电源转换成供 CPU、存储器、I/O 接口电路等使用的直流电源,以保证 PLC 得以正常工作。PLC 电源部件对供电电源进行了滤波处理,因此对电网的电压波动具有过压和欠压保护作用,并通过屏蔽措施来防止和消除工业环境中的辐射电磁干扰。

电源部件有多种形式,对于整体式 PLC,电源一般封装在机壳内部;对于模块式 PLC,较多的是采用独立的电源模块,但也有的 PLC 将电源和 CPU 集成在一个模块中。

此外,还可以采用锂电池作为备用电源,这样可以在外部供电中断时保证 PLC 内部信息不致丢失。

5. 扩展接口

扩展接口用于将扩展单元和功能模块与基本单元相连,从而使 PLC 能够满足不同控制系统的需要。

6. 通信接口

通信接口用于将 PLC 与监视器、打印机、计算机或其他的 PLC 相连,实现人—机对话或机—机对话。通过与监视器相连,可以将生产流程和重要数据显示出来;通过与打印机相连,可以将过程信息和系统参数进行输出打印;通过与其他的 PLC 相连,可以组成更大规模的控制系统;通过与计算机相连,可以实现控制与管理的结合,组成多级控制系统。

7. 编程器

PLC 对工业现场设备或生产过程实施控制,必须依赖于根据控制要求而编制的程序。控制程序的编制、输入、调试和监控都是通过 PLC 编程器来完成的。因此,编程器是 PLC 控制系统的人机接口,它通过编程电缆与 PLC 相连接。常用的编程器有指令编程器、图形编程器和 PC 编程器三类,各类编程器的作用尽管相同,但是其结构、使用方法和特点不尽相同。

指令编程器只能联机编程,并且需要将梯形图转换成语句表后才能输入。它一般由简易键盘和发光二极管或其他显示器件组成。指令编程器又分为手持式和安装式两种,这两种编程器的键盘、显示、开关设置及用户操作几乎相同。手持式编程器通过带有专用插头的连接电缆与 PLC 上的 CPU 模块相连,用户可以在距 PLC 一定距离内进行操作。它体积小,质量轻,可随身携带,便于在生产现场使用。安装式编程器是直接将编程器插入 CPU 模块的插槽上使用,使用时编程器固定在 PLC 上,两者形成一个整体。

图形编程器也称为智能型编程器,它既可以联机编程,也可以脱机编程,可以直接输入梯形图,并具有 LCD 或 CRT 图形显示功能。

此外,还可以利用计算机作为编程器,但是需要在计算机上配置适当的硬件接口和相应的编程软件,如西门子公司的 STEP 7 - Micro/WIN。使用编程软件可以直接输入和编辑梯形图、语句表和功能块图,并实现相互转换。用户程序经编译后可被下载到 PLC 中,也可以将 PLC 中的程序上传到计算机。现在有的 PLC 厂家已不再提供指令编程器和图形编程器,而只提供编程软件和配套的通信电缆,利用计算机和网络实现远程编程和程序传送。

4.1.6　PLC 的工作过程

PLC 是在系统程序的管理下,按固定顺序执行用户程序,从而实现控制要求。概括地讲,PLC 执行程序是按周期性循环扫描的方式进行的。每个扫描过程主要分为三个阶段,即输入采样阶段、程序执行阶段和输出刷新阶段。每一次扫描所用的时间称为一个扫描周期。

1. 输入采样阶段

在输入采样阶段,PLC 对所有输入端子进行扫描,并将各个输入端子的信号状态存入相应的输入映像寄存器中,这个过程称为输入采样或输入刷新。在输入采样结束后,PLC 转入程序执行阶段,无论输入信号状态发生什么变化,输入映像寄存器中的内容都不会发生改变,直到下一个扫描周期的输入采样阶段才能读入输入端子信号状态的变化。因此,如果输入是脉冲信号,则该信号的宽度必须大于一个扫描周期,否则有可能造成信号丢失。

2. 程序执行阶段

在程序执行阶段,PLC 从第一条指令开始,按从上到下、从左到右的顺序逐条地执行用户程序,直到最后一条指令,并从输入/输出映像寄存器和其他内部元件读入相应的状态进行逻辑运算。运算的结果送入相应的输出映像寄存器和内部元件。因此,除了输入映像寄存器,输出映像寄存器和其他内部元件中的内容会随着程序执行的进程而发生相应的变化。

在程序执行过程中,对于输入/输出的存取通常是通过映像寄存器,而不是实际的 I/O 点,这是因为:

- 把输入存在输入映像寄存器中,在程序执行阶段就有了固定的输入值。而在程序执行完毕后,再更新输出映像寄存器,就可以使系统具有稳定的控制效果。
- 程序存取映像寄存器比存取 I/O 点要快得多,因此使程序执行更加迅速。
- 数字量 I/O 点必须按位来存取,而映像寄存器除了按位存取外,还可以按字节、字或双字来存取,更具有灵活性。

3. 输出刷新阶段

当程序扫描结束后,PLC 进入输出刷新阶段,输出映像寄存器中各输出点的状态送往输出锁存电路,并通过输出电路驱动相应的外部负载设备,从而完成 PLC 的实际输出。

由此可以看出,PLC 工作过程的最大特点是集中输入、集中输出,即当 PLC 工作在程序执行阶段或输出刷新阶段时,输入映像寄存器与外界隔离,即使外部输入发生变化,输入映像寄存器的内容也不会变化,直到下一个扫描周期的输入采样阶段,也就是经过一个扫描周期才集中采样写入输入端的新内容。同样,暂存在输出映像寄存器的输出信号,需要等到一个扫描周期结束后才集中送至输出锁存电路,实现对外部设备的控制。因此,输入/输出信号状态的保持周期为一个扫描周期。

PLC 的扫描周期是一个重要参数。一般来说,扫描周期包括输入采样、程序执行和输出刷新三个阶段,但是严格来说,它还应该包括自诊断和通信阶段,因此扫描周期等于自诊断、通信、输入采样、程序执行、输出刷新等阶段所用时间之和。

自诊断时间因 PLC 型号而异,对于相同型号的 PLC,其自诊断时间相同。通信时间的长短与所连接通信设备的多少有关。输入采样和输出刷新所需时间取决于 PLC 的 I/O 点数,一般只需 1～2 ms。PLC 扫描周期主要取决于程序执行时间,它与 PLC 的扫描速度以及用户程序的长度密切相关。PLC 型号不同,其扫描速度也各不相同。用户程序的长度则取决于控制对象的复杂程度以及程序中是否包含特殊功能指令,因为扫描特殊功能指令的时间远远超过扫描基本逻辑运算指令所需的时间,而且不同的特殊功能指令以及特殊功能指令相同但逻辑控制条件不同,其扫描时间也不相同。PLC 扫描周期通常为 10～40 ms,这对于一般的工业控制应用都不会造成什么影响。

PLC 工作过程如图 4.3 所示。

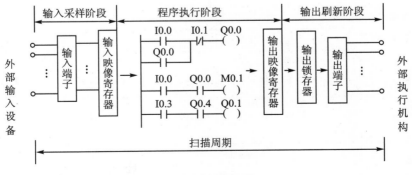

图 4.3 PLC 工作过程

4.2　S7 - 200 系列 PLC

　　S7 - 200 系列 PLC 是德国西门子公司于 20 世纪 90 年代推出的整体式小型 PLC,其功能强大,结构紧凑,具有很高的性能价格比,在中小规模控制系统中得到广泛应用。

　　S7 - 200 PLC 的主要特点为:

- 有多种功能模块、扩展模块和人机界面可供选择,因此系统的集成和扩展非常方便;
- 运算速度快,基本逻辑控制指令的执行时间为 $0.22\ \mu s$;
- 具有功能齐全的编程软件和工业控制组态软件,使得控制系统的设计更加简单,而且几乎可以完成任何功能的控制任务;
- 集成了高速计数输入和高速脉冲输出,最高计数频率达 200 kHz,最高输出频率达 100 kHz;
- 具有强大的通信和网络功能,带有一个或两个 RS - 485 串行通信接口,用于编程或通信,无需增加硬件就可以和其他的 S7 - 200 PLC、S7 - 300 /400 PLC、变频器或计算机进行通信;
- 支持 PPI(点到点)、MPI(多点)、PROFIBUS - DP、自由口等多种协议。

4.2.1　S7 - 200 PLC 的模块

1. CPU 模块

　　CPU 模块即基本单元,S7 - 200 PLC 有 4 种基本型号的多种 CPU 可供选择,其主要技术指标见表 4.1。

表 4.1　CPU 22x 主要技术指标

指　标	CPU221	CPU222	CPU224	CPU224 XP	CPU226	CPU226 XM
I/O						
本机数字量 I/O 点数	6 入/4 出	8 入/6 出	14 入/10 出		24 入/16 出	
本机模拟量 I/O 点数	无	无	无	2 入/1 出	无	无
数字量 I/O 映像区大小	256(128 入/128 出)					
模拟量 I/O 映像区大小	无	32(16 入/16 出)	64(32 入/32 出)			
最大扩展模块数量	无	2	7			
最大智能模块数量	无	2	7			
高速计数器	共 4 个		共 6 个	共 6 个	共 6 个	
单相高速计数器	4 个,30 kHz		6 个,30 kHz	4 个,30 kHz 2 个,200 kHz	6 个,30 kHz	
双相高速计数器	2 个,20 kHz		4 个,20 kHz	3 个,20 kHz 1 个,100 kHz	4 个,20 kHz	
高速脉冲输出	2 个,20 kHz			2 个,100 kHz	2 个,20 kHz	
存储器						
程序存储区大小						

指　标	CPU221	CPU222	CPU224	CPU224 XP	CPU226	CPU226 XM
在运行模式下	4 096 字节		8 192 字节	12 288 字节	16 384 字节	
不在运行模式下	4 096 字节		12 288 字节	16 384 字节	24 576 字节	
数据存储区大小	2 048 字节		8 192 字节	10 240 字节		
掉电保持时间						
超级电容	50 h			100 h		
可选电池	200 天			200 天		
常　规						
定时器	共 256 个,其中 4 个 1 ms、16 个 10 ms、236 个 100 ms					
计数器	256 个					
布尔指令执行速度	0.22 μs/指令					
实时时钟	实时时钟卡		内置			
可选卡件	存储卡、电池卡、实时时钟卡		存储卡,电池卡			
通信功能						
RS-485 通信接口	1 个		2 个			
PPI,MPI(从站)波特率	9.6 kbps、19.2 kbps、187.5 kbps					
自由口波特率	1.2～115.2 kbps					
最大站点数	每段 32 个站,每个网络 126 个站					
最大主站数	32					
MPI 连接	共 4 个,其中 2 个保留(1 个留给 PG,1 个留给 OP)					
其他						
外形尺寸	90 mm×80 mm×62 mm		120.5 mm×80 mm×62 mm	140 mm×80 mm×62 mm	196 mm×80 mm×62 mm	

　　CPU 模块的外形如图 4.4 所示。其中:I/O 指示灯用于显示各 I/O 端子的状态;状态指示灯用于显示 CPU 的工作状态,SF 为系统错误,RUN 为运行,STOP 为停止;可选卡插槽用来插入 E^2PROM 卡、时钟卡和电池卡;通信口用来连接 RS-485 总线的通信电缆;顶部端子盖下面为输出接线端子和 PLC 供电电源端子,输出端子的运行状态由顶部端子盖下方的 I/O指示灯显示,灯亮表示对应输出端子为 ON 状态;底部端子盖下面为输入接线端子和传感器电源端子,输入端子的运行状态由底部端子盖上方的 I/O 指示灯显示,灯亮表示对应输入端子为 ON 状态;前盖下面为模式选择开关和扩展模块插座,将选择开关拨向 STOP 位置时,PLC处于停止状态,此时可以向 PLC 中输入程序;将开关拨向 RUN 位置时,PLC 处于运行状态,此时不能向 PLC 中输入程序。扩展模块插座用于接插总线电缆,由此连接扩展模块,以实现I/O 扩展。

2. 扩展模块

　　当 CPU 的本机 I/O 点数不能满足控制要求或需要完成某种特殊功能时,应选择合适的扩展模块。S7-200 系列 PLC 的扩展模块包括 I/O 扩展模块、温度扩展模块、通信模块和特

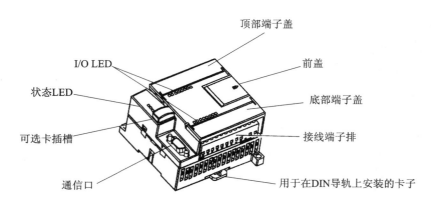

图 4.4　S7－200 PLC 的 CPU 模块外形

殊功能模块等。除了 CPU221，其他 CPU 模块可以连接 2～7 个扩展模块。扩展模块有两种安装方式，即面板安装(用螺钉将模块安装在柜板或墙面上)和标准导轨安装，并通过总线连接电缆与布置在其左侧的 CPU 模块相互连接。

1) 数字量 I/O 扩展模块

数字量 I/O 扩展模块用于解决本机集成的数字量 I/O 点数不够的问题，有以下几种：

(1) EM221 数字量输入扩展模块

有三种规格，即 8 路 DC 输入(输入点分为 2 组，每组 4 个点，即 4,4)、8 路 AC 输入(8 点相互独立)、16 路 DC 输入(4,4,4,4)。外形尺寸分别为 46 mm×80 mm×62 mm、71.2 mm×80 mm×62 mm 和 71.2 mm×80 mm×62 mm。

(2) EM222 数字量输出扩展模块

有五种规格，即 8 路 DC 输出(4,4)、8 路继电器输出(4,4)、8 路 AC 输出(8 点相互独立)、4 路 DC 输出(4 点相互独立)、4 路继电器输出(4 点相互独立)。外形尺寸分别为 46 mm×80 mm×62 mm、46 mm×80 mm×62 mm、71.2 mm×80 mm×62 mm、46 mm×80 mm×62 mm 和 46 mm×80 mm×62 mm。

(3) EM223 数字量混合输入/输出扩展模块

有 8 种规格，即 4 路 DC 输入/4 路 DC 输出(输入点和输出点均分为 1 组，每组 4 点，即 4/4)、4 路 DC 输入/4 路继电器输出(4/4)、8 路 DC 输入/8 路 DC 输出(输入点和输出点均分为 2 组，每组 4 点，即 4,4/4,4)、8 路 DC 输入/8 路继电器输出(4,4/4,4)、16 路 DC 输入/16 路 DC 输出(8,8/4,4,8)、16 路 DC 输入/16 路继电器输出(8,8/4,4,4,4)、32 路 DC 输入/32 路 DC 输出(16,16/16,16)、32 路 DC 输入/32 路继电器输出(16,16/11,11,10)，外形尺寸分别为 46 mm×80 mm×62 mm、46 mm×80 mm×62 mm、71.2 mm×80 mm×62 mm、71.2 mm×80 mm×62 mm、137.3 mm×80 mm×62 mm、137.3 mm×80 mm×62 mm、196 mm×80 mm×62 mm 和 196 mm×80 mm×62 mm。

2) 模拟量 I/O 扩展模块

在生产过程中有许多输入量是随时间连续变化的模拟信号，如温度、压力、流量和转速等，而某些执行机构(如电动调节阀和变频器等)要求 PLC 输出模拟量信号，但是作为微型计算机，PLC 只能处理数字量信号，因此在 S7－200 PLC 中提供了模拟量 I/O 扩展模块来实现

A/D 转换和 D/A 转换。S7 - 200 PLC 的模拟量 I/O 扩展模块具有最佳的适应性,可适用于复杂的控制场合;无须外加放大器就可与传感器和执行器直接相连;具有较大的灵活性,当实际应用发生变化时,PLC 可作相应的扩展,并可非常容易地调整用户程序。

（1）EM231 模拟量输入扩展模块

有两种规格,即 4 路模拟量输入、8 路模拟量输入,外形尺寸均为 71.2 mm×80 mm×62 mm。

（2）EM232 模拟量输出扩展模块

有两种规格,即 2 路模拟量输出、4 路模拟量输出,外形尺寸分别为 46 mm×80 mm×62 mm 和 71.2 mm×80 mm×62 mm。

（3）EM235 模拟量混合输入/输出扩展模块

EM235 为 4 路模拟量输入/1 路模拟量输出(但占用 2 路输出地址),外形尺寸为 71.2 mm×80 mm×62 mm。

3）温度扩展模块

温度扩展模块可以看作是一种特殊的模拟量输入扩展模块,S7 - 200 PLC 通过这种模块与热电偶或热电阻直接相连,以实现温度测量。

（1）EM231 热电偶扩展模块

热电偶扩展模块有两种规格,即 4 路模拟量输入、8 路模拟量输入,均可以与 J、K、E、N、S、T 和 R 型热电偶配套使用,并利用位于模块下部的 DIP 开关来选择热电偶的类型和测量单位、使能/禁止断线检查和冷端补偿。为了使 DIP 开关的设置起作用,应将 PLC 断电后再重新上电。

（2）EM231 热电阻(RTD)扩展模块

RTD 扩展模块有两种规格,分别具有 2 路和 4 路模拟量输入,提供了 S7 - 200 PLC 与多种热电阻的连接接口。用户可通过位于模块下部的 DIP 开关来选择热电阻类型、接线方式、测量单位和开路故障方向。所有连接到同一个模块上的热电阻都必须是相同类型。与热电偶扩展模块相同的是,改变 DIP 开关后必须将 PLC 断电后再通电,才能使新的设置起作用。

热电阻的接线方式有 2 线、3 线和 4 线三种,其中 4 线方式的精度最高,由于受接线误差的影响,2 线方式的精度最低。

温度扩展模块的外形尺寸均为 71.2 mm×80 mm×62 mm。

4）通信模块

S7 - 200 PLC 除了在本机上集成了 RS - 485 通信口外,还可以接入通信模块,以增强其通信和联网能力。

（1）EM277 PROFIBUS - DP 模块

S7 - 200 PLC 可以通过 EM277 模块连接到 PROFIBUS - DP 网络,而且 EM277 也可作为一个 MPI 从站与同一网络上的 SIMATIC 编程器或 S7 - 300/400 PLC 等其他主站进行通信。在如图 4.5 所示的 PROFIBUS - DP 网络,CPU 315 - 2DP 是 DP 主站,并通过装有 STEP 7 - Micro/WIN 编程软件的 SIMATIC 编程器进行组态。CPU 224 和 ET 200 I/O 模块是 CPU 315 - 2DP 所拥有的两个 DP 从站。CPU400 也连接到 PROFIBUS 网络,并且可以借助相应的指令从 CPU 224 中读取数据。

EM277 模块的外形尺寸为 71 mm×80 mm×62 mm。

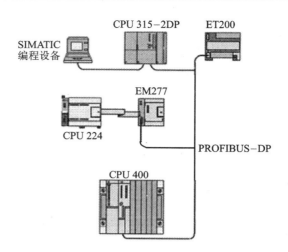

图 4.5 包含 EM277 的 PROFIBUS－DP 网络

（2）EM241 调制解调模块

EM241 模块用于替代连接于 CPU 通信口的外部调制解调器功能,可将 S7－200 PLC 直接连到模拟电话线上。用户只需在远端计算机上连接一个外置调制解调器并安装 STEP7－Micro/WIN 软件,便可以与一个连有 EM 241 模块的 S7－200 PLC 进行通信。

在安装 EM241 模块时应注意的是,必须在 CPU 上电前设置国家代码开关,以便读取正确的国家代码。EM241 模块的外形尺寸为 71.2 mm×80 mm×62 mm。

（3）工业以太网通信模块 CP243－1

通过 CP243－1 模块,S7－200 PLC 可以连接到工业以太网,并通过以太网与其他的 S7－200 PLC 或 S7－300/400 PLC 进行通信。CP243－1 通过 STEP 7－Micro/WIN 进行组态,组态数据存储在 S7－200 的 CPU 中。CP243－1 模块的外形尺寸为 71.2 mm×80 mm×62 mm。

（4）Internet 通信模块 CP243－1 IT

CP243－1 IT 模块除提供工业以太网通信功能外,还提供了 Web/E－mail 等 IT 应用。联网的个人计算机利用 Web 浏览器可以操作自动控制系统;诊断消息可以通过电子邮件从系统中发送出去。通过 IT 功能,可以很容易地与其他计算机或控制系统交换所有文件。CP243－1 IT 模块的外形尺寸为 71.2 mm×80 mm×62 mm。

（5）AS－i 接口模块 CP243－2

CP243－2 是 AS－Interface(AS－i)主站模块,最多可连接 31 个 AS－i 从站。一个 S7－200 PLC 同时可处理最多两个 CP243－2 模块。通过连接 AS－i 接口模块,可显著地增加 S7－200 PLC 的数字量 I/O 点数(每个 AS－i 接口最多可有 124 个数字量输入/124 个数字量输出)。在 S7－200 PLC 的内部映像区域中,CP243－2 占用 8 个数字量输入/8 个数字量输出和 8 个模拟量输入/8 个模拟量输出,因此 CP243－2 占用两个逻辑模块位置。CP243－2 模块的外形尺寸为 71 mm×80 mm×62 mm。

5）EM253 位控模块

EM253 是定位控制模块,它能产生高速脉冲串,用于步进电动机或伺服电动机的速度和位置的开环运动控制,其外形尺寸为 71.2 mm×80 mm×62 mm。

S7－200 PLC 模块接线图请详见附录 C.1。

4.2.2　S7 - 200 PLC 的存储器单元

S7 - 200 PLC 将数据存放于不同的存储器单元(编程软元件),每个单元在功能上是相互独立的,并拥有唯一的地址。通过指出要存取的存储器单元的地址,可以允许用户程序直接存取该地址中的数据。

S7 - 200 PLC 有 13 种存储器单元,即输入过程映像寄存器 I、输出过程映像寄存器 Q、变量存储器 V、位存储器 M、定时器 T、计数器 C、高速计数器 HC、累加器 AC、特殊存储器 SM、局部存储器 L、模拟量输入 AI、模拟量输出 AQ 及顺控继电器 S,其中 I、Q、V、M、SM、L、S 中的数据均可按位、字节、字和双字来存取。各存储器单元的大小如表 4.2 所列。

1. 输入过程映像寄存器 I

每一位输入过程映像寄存器都有一个 PLC 数字量输入端子与之对应。在每个扫描周期开始时,PLC 对各输入端子进行采样,并将采样值写入输入过程映像寄存器中。在本扫描周期以后的各个阶段中,PLC 将不再改变输入过程映像寄存器中的值,直至下一个扫描周期的输入采样阶段才会接受输入端子的状态变化。

2. 输出过程映像寄存器 Q

每一位输出过程映像寄存器都有一个 PLC 数字量输出端子与之对应。在每个扫描周期的末尾,PLC 将输出过程映像寄存器中的数据复制到各输出端子,从而驱动外部负载。

在进行 PLC 扩展时应注意的是,扩展后的实际 I/O 点数不能超过输入/输出过程映像寄存器的大小,而且 I/O 过程映像寄存器未用的部分可用作位存储器 M,但应以字节为单位,即只有在寄存器的整个字节的所有位都未被占用的情况下才能这样使用,否则将出现错误的执行结果。

3. 变量存储器 V

变量存储器用来存储程序执行过程中控制逻辑操作的中间结果,也可以用来保存与工序或任务有关的其他数据。

4. 位存储器 M

位存储器的作用类似于继电接触器控制中的中间继电器,用来存储中间操作状态和控制信息。虽然名为位存储器,但其中的数据也可按字节、字或双字来存取。

在 PLC 中,位存储器没有输入/输出端子与之对应,因此不能用于驱动外部负载。

5. 定时器 T

PLC 中的定时器相当于继电接触器控制中的时间继电器,用于时间累计,实现延时控制。

S7 - 200 PLC 有三种定时器,其分辨率(时基)分别为 1 ms、10 ms 和 100 ms。定时器地址用"T+定时器号"表示,由于 S7 - 200 PLC 有 256 个定时器,因此定时器号为 0～255 的整数。利用定时器地址可以访问定时器的状态位或定时器的当前值,这依赖于所用指令的类型:如果使用的是位操作指令,则存取的是定时器位;如果使用的是字操作指令,则存取的是定时器当前值。

6. 计数器 C

计数器用于累计其输入端脉冲电平由低到高的次数,可用来对产品进行计数或进行特定功能的编程。S7 - 200 PLC 有 256 个计数器,分为三种类型,即增计数器(只能增计数)、减计数器(只能减计数)和增/减计数器(既可以增计数,又可以减计数)。

计数器地址用"C＋计数器号"表示，其中计数器号为 0～255 的整数。计数器的数据存取操作与定时器相似。

7. 高速计数器 HC

S7－200 PLC 提供了 6 个高速计数器，其工作原理与普通计数器基本相同，但是用来累计比 CPU 扫描速率更快的高速事件，计数过程与 CPU 的扫描周期无关。若要存取高速计数器中的值，则应给出高速计数器的地址，即"HC＋高速计数器号"，其中高速计数器号为 0～5 的整数。

与普通计数器不同，高速计数器的当前值是一个 32 位的有符号整数，且为只读数据，可作为双字来寻址。

8. 累加器 AC

累加器是可以像存储器一样使用的读/写设备，可用来向子程序传递参数，也可以从子程序返回参数，以及用来存储计算的中间结果。但应注意的是，累加器不能用来在主程序和中断服务子程序之间传递参数。S7－200 PLC 提供了 4 个 32 位累加器，即 AC0～AC3，可按字节、字或双字的形式来存取累加器中的数据，存取的数据长度取决于所使用的指令：如果使用的是按字节操作的指令，则只能存取累加器 32 位数据中的最低 8 位数据；如果使用的是按字操作的指令，则只能存取累加器的最低 16 位数据；如果使用的是按双字操作的指令，则一次能够存取全部的 32 位数据。

9. 特殊存储器 SM

特殊存储器用于存储系统状态变量和有关控制信息，如首次扫描标志位（SM0.1）或显示数学运算或操作指令状态的标志位（零标志 SM1.0，溢出标志 SM1.1，负数标志 SM1.2）等，为 CPU 与用户程序之间传递信息提供了一种手段，利用这些 SM 位可以选择和控制 S7－200 PLC 的一些特殊功能。有关 SM 位的详细信息请参见附录 C.2。

10. 局部存储器 L

S7－200 PLC 提供 64 字节的局部存储器，其中 60 字节可以用作临时存储器或者给子程序传递参数。局部存储器和变量存储器很相似，其主要区别在于变量存储器是全局有效的，而局部存储器是局部有效的。全局有效是指同一个存储器可以被任何程序（主程序、子程序和中断服务程序）存取；而局部有效是指存储器只和特定的程序相关联。S7－200 PLC 为主程序、各级子程序嵌套和中断服务程序各分配 64 字节的局部存储器，但是不同程序的局部存储器不能互相访问。

11. 模拟量输入 AI

S7－200 PLC 将外部输入的模拟量（如温度、压力等）经 A/D 转换电路转换成 1 个字长（16 位）的数字量，存放在模拟量输入存储区 AI 中。可以利用区域标识符（AI）、数据长度（W）和字节的起始地址来存取这些模拟量输入值。模拟量输入值为只读数据，因此用户程序只能读取 AI 中的数据，而不能给 AI 赋值。

由于模拟量输入为 1 个字长，因此必须采用偶数字节地址，如 AIW0、AIW2、…、AIW62。

12. 模拟量输出 AQ

S7－200 PLC 将模拟量输出存储区中 1 个字长（16 位）的数字量经 D/A 转换电路转换为实际输出用的模拟量（电压或电流）。可以利用区域标识符（AQ）、数据长度（W）和字节的起始地址来改变模拟量输出值。由于模拟量输出为 1 个字长，因此，字节起始地址必须采用偶数字节地址,如 AQW0、AQW2、…、AQW62。

模拟量输出值为只写数据,用户程序只能给 AQ 赋值,而不能读取。

13. 顺控继电器 S

顺控继电器与顺序控制继电器指令配合使用,用于组织机器操作或进入等效程序段的步骤,以实现顺序控制和步进控制。

S7 - 200 PLC 的存储器单元有效范围如表 4.2 所列。

表 4.2　S7 - 200 PLC 的存储器单元有效范围

描　述	CPU221	CPU222	CPU224	CPU224 XP	CPU226	CPU226 XM
输入过程映像寄存器	I0.0～I15.7					
输出过程映像寄存器	Q0.0～Q15.7					
变量存储器	VB0～VB2047		VB0～VB8191		VB0～VB10239	
位存储器	M0.0～M31.7					
定时器	T0～T255					
计数器	C0～C255					
高速计数器	HC0,HC3～HC5		HC0～HC5			
累加器	AC0～AC3					
特殊存储器 只读	SM0.0～SM179.7 SM0.0～SM29.7	SM0.0～SM299.7 SM0.0～SM29.7	SM0.0～SM549.7 SM0.0～SM29.7			
局部存储器	LB0～LB63					
模拟量输入	—	AIW0～AIW30	AIW0～AIW62			
模拟量输出	—	AQW0～AQW30	AQW0～AQW62			
顺控继电器	S0.0～S31.7					

4.2.3　S7 - 200 PLC 的寻址方式

S7 - 200 PLC 指令由操作码和操作数两部分组成,操作码用于指明指令的功能,操作数则是操作码操作的对象。寻找参与操作的数据地址的过程称为寻址。S7 - 200 PLC 提供了三种寻址方式:立即寻址、直接寻址和间接寻址。

1. 立即寻址

立即寻址是指操作数在指令中以常数形式出现。如"MOVW 16♯1000 VW10",该指令的功能是将十六进制数 1000(源操作数)传送到 VW10(目的操作数)中。很显然,指令中的源操作数 16♯1000 为立即数,这个指令的寻址方式就是立即寻址。

在 PLC 编程中经常会用到常数,常数数据的长度可为字节、字和双字,在书写时可以用十进制、十六进制、二进制、ASCII 码或浮点数(实数)等多种形式,可表示为:十进制 10050,十六进制 16♯2742,二进制 2♯10011101000010,ASCII 码"System Fault",浮点数+1.175495E−38(正数)或−1.175495E−38(负数),其中♯为常数的进制格式说明符,如果常数无任何格式说明符,则系统默认为十进制常数。

2. 直接寻址

直接寻址是指操作数在指令中以存储器单元地址的形式出现。如"MOVB VB20 VB30"，该指令的功能是将变量存储器 VB20 中的字节数据传送给 VB30。指令中源操作数的数据并未直接给出，而是明确指出了存储操作数的地址 VB20，允许用户程序到该地址中存取操作数，该指令的寻址方式就是直接寻址。

如前所述，存储器单元中的数据可按位、字节、字和双字方式来存取，现以输入过程映像寄存器为例，说明 S7 - 200 PLC 存储器单元地址的表示方法。

1) 按位寻址

按位寻址时地址格式为

如 I0.0 表示输入过程映像寄存器中字节 0 的第 0 位，如图 4.6 所示。

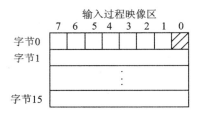

图 4.6　位寻址

2) 按字节寻址

按字节寻址时地址格式为

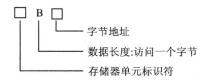

如 IB0 表示输入过程映像寄存器的字节 0，由 I0.0～I0.7 组成，其中 I0.0 为最低位，I0.7 为最高位。

3) 按字寻址

按字寻址时地址格式为

如 IW0 表示输入过程映像寄存器中由相邻的两个字节 IB0 和 IB1 组成的一个字,其中,IB0 为最高有效字节,IB1 为最低有效字节。

4）按双字寻址

按双字寻址时地址格式为

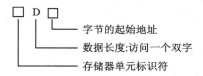

如 ID0 表示输入过程映像寄存器中由相邻的四个字节 IB0～IB3 组成的一个双字,其中,IB0 为最高有效字节,IB3 为最低有效字节。

针对同一地址进行字节、字、双字寻址操作的比较如图 4.7 所示,图中 LSB 为最低有效位,MSB 为最高有效位。

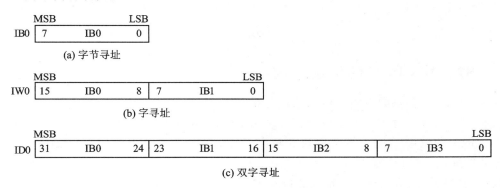

图 4.7　字节、字、双字寻址操作比较

3. 间接寻址

间接寻址是用地址指针(存储器单元地址前加"＊"符号)来存取存储器单元中的数据。这种寻址方式在处理连续地址中的数据时十分方便,而且可以缩短程序代码长度,使编程更加灵活。

在 S7 - 200 PLC 中,可以使用间接寻址方式访问的存储器单元为 I、Q、V、M、S、T(仅限于当前值)和 C(仅限于当前值),间接寻址方式无法访问位地址以及 AI、AQ、HC、SM 和 L 存储区。另外,间接寻址的指针只能使用 V、L 和 AC1～AC3。

间接寻址的应用举例如图 4.8 所示。在指令"MOVD ＆VW100,AC1"中,源操作数 VW100 前面的"＆"符号表明是要把存储区的地址而不是其中存放的数据传送到该指令的目的操作数 AC1 中。该指令执行完毕后,生成了间接寻址的地址指针 AC1,因此在第二条指令"MOVW ＊AC1,AC0"中,源操作数 AC1 的前面加上了"＊"符号。该指令的执行结果是将存储在 VB100 和 VB101 中的数据传送到累加器 AC0 的低 16 位。

由图 4.8 可以看出,间接寻址的过程为:建立指针;用指针存取数据;修改指针。由于指针为 32 位(双字)的数据,因此在建立指针以及修改指针时都必须使用双字操作指令,如双字传送指令 MOVD 以及双字加 1 指令 INCD。另外,在修改指针时要注意存取的数据的长度:当存取字节数据时,指针值加 1;当存取字时,指针值加 2;当存取双字时,指针值加 4。

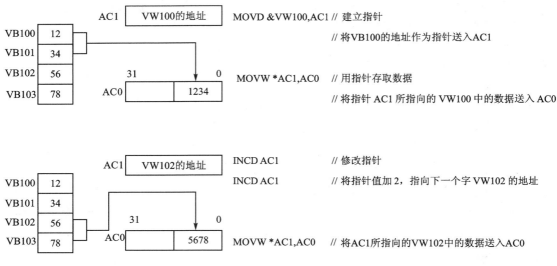

图 4.8　间接寻址举例

4.2.4　S7－200 PLC 的地址分配

　　S7－200 CPU 提供的本地 I/O 具有固定的地址,用户可以将扩展模块连接到 CPU 的右侧以增加 I/O 点数。对于同种类型的 I/O 模块来说,模块的 I/O 地址取决于 I/O 类型以及模块在 I/O 链中的位置。因此,输入模块和输出模块的地址不会相互影响,模拟量模块和数字量模块的地址也不会相互影响。

　　数字量模块和模拟量模块分别以 8 位和 16 位的递增方式来分配映像寄存器空间,即使模块没有给每个点提供相应的物理点,那么未使用的 I/O 点也不能够分配给 I/O 链中的后续模块。

　　在某一个 I/O 链中,硬件配置为 CPU224＋EM223(4 DI/4 DO)＋EM221(8 DI)＋EM235(4AI/1AO)＋EM222(8DO)＋EM235(4AI/1AO),各模块的 I/O 地址分配情况如表 4.3 所列,表中用黑斜体表示的地址为模块中的未用点,将无法在程序中使用。

表 4.3　I/O 地址分配

CPU224 (14DI/10DO)		EM223 (4DI/4DO)		EM221 (8DI)	EM235 (4AI/1AO)		EM222 (8DO)	EM235 (4AI/1AO)	
I0.0	Q0.0	I2.0	Q2.0	I3.0	AIW0	AQW0	Q3.0	AIW8	AQW4
I0.1	Q0.1	I2.1	Q2.1	I3.1	AIW2	*AQW2*	Q3.1	AIW10	*AQW6*
I0.2	Q0.2	I2.2	Q2.2	I3.2	AIW4		Q3.2	AIW12	
I0.3	Q0.3	I2.3	Q2.3	I3.3	AIW6		Q3.3	AIW14	
I0.4	Q0.4	*I2.4*	*Q2.4*	I3.4			Q3.4		
I0.5	Q0.5	*I2.5*	*Q2.5*	I3.5			Q3.5		
I0.6	Q0.6	*I2.6*	*Q2.6*	I3.6			Q3.6		
I0.7	Q0.7	*I2.7*	*Q2.7*	I3.7			Q3.7		

CPU224 (14DI/10DO)		EM223 (4DI/4DO)	EM221 (8DI)	EM235 (4AI/1AO)	EM222 (8DO)	EM235 (4AI/1AO)
I1.0	Q1.0					
I1.1	Q1.1					
I1.2	**Q1.2**					
I1.3	**Q1.3**					
I1.4	**Q1.4**					
I1.5	**Q1.5**					
I1.6	**Q1.6**					
I1.7	**Q1.7**					

4.2.5 S7－200 PLC 的编程软件

STEP 7－Micro/WIN 是西门子公司专为 S7－200 PLC 的开发而设计的编程软件，它在 Windows 操作系统下运行并支持中文界面，可以方便地创建、编辑、修改、编译、调试、运行和实时监控用户程序。图 4.9 为 STEP 7－Micro/WIN 的中文界面。下面对其主要部分的功能进行简要介绍。

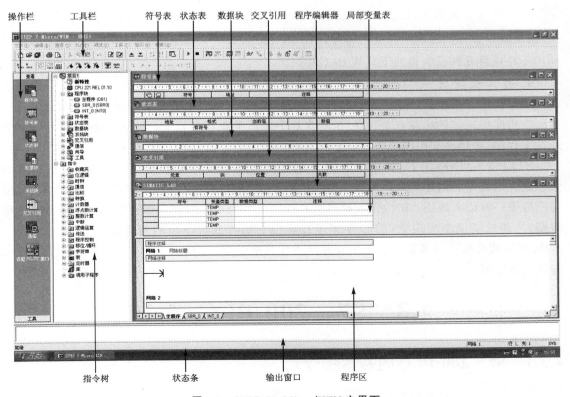

图 4.9 STEP 7－Micro/WIN 主界面

1. 操作栏

操作栏提供了一组不同程序组件的图标。单击操作栏中的"程序块"图标，将出现主程序（OB1）、SBR - 0（SBR0）和 INT - 0（INT0），这是 S7 - 200 PLC 的三种程序组织单位，即主程序、子程序和中断服务程序，利用这些组件可以使用户程序的结构更加简单、清晰。

主程序是应用程序的主体，包含了控制应用的指令，S7 - 200 PLC 在每个扫描周期中顺序执行这些指令。每个项目（project）中只能有一个主程序。

子程序是应用程序的可选组件，存放在单独的程序块中，仅在被主程序、中断服务程序或其他子程序调用时才会执行。当控制程序需要反复执行某项功能时，可以编写子程序，并在主程序中需要的地方加以调用，这样不但可以减小程序的长度，而且可以大大缩短程序的扫描周期。

中断服务程序也是应用程序的可选组件，存放在单独的程序块中，用于处理预先定义好的中断事件。中断服务程序不会被主程序调用，当中断事件发生时，S7 - 200 PLC 才会执行中断服务程序。

2. 指令树

指令树显示了所有的项目对象和创建应用程序所需要的指令。可以从指令树中直接拖曳相应指令到程序中，也可通过双击指令，将该指令插入到程序编辑器中的当前光标位置。

3. 工具栏

工具栏为常用菜单命令的快捷方式提供按钮。如按钮 ⊣⊢、◇ 和 □ 分别表示触点、线圈和盒三类编程元件，单击相关按钮后可以从弹出窗口的下拉菜单中快速选出要输入的指令；按钮 ⌐、⌐、← 和 → 分别为下行线、上行线、左行线和右行线，用于输入连接线，以构成复杂的梯形图；按钮 ☑ 和 ☑ 分别为编译和全部编译，用于编译已经打开的或者所有的项目元件；下载按钮 ☲ 用于将项目元件从编程器下载到 PLC 中。

4. 程序编辑器

程序编辑器中包括程序逻辑和局部变量表。局部变量表用于为临时的局部变量定义符号名。在程序编辑器的底部有主程序、子程序和中断服务程序的标签，单击这些标签，可以方便地在主程序、子程序和中断服务程序之间进行切换。

STEP 7 - Micro/WIN 提供梯形图（LAD）、语句表（STL）和功能块图（FBD）三种编辑器来创建应用程序。用任何一种编辑器编写的程序都可以用其他两种编辑器来浏览和编辑，但是应遵循一些输入规则：如操作数符号"??"或"????"表示需要配置操作数；LAD 中不能出现短路、开路或能流倒流现象；FBD 中不能存在没有输入或者输出的盒等。STEP 7 - Micro/WIN 编程软件默认的编辑器为 LAD，可以通过菜单命令"工具→选项→常规"或"查看"菜单转换为其他编辑器。

4.3　S7 - 200 PLC 指令

4.3.1　S7 - 200 PLC 的基本指令

S7 - 200 PLC 为用户提供了 IEC1131 - 3 指令集和 SIMATIC 指令集（S7 - 200 PLC 专用）。在这两套指令集中，有些指令的操作数不同，如定时器指令、计数器指令等。此外，

SIMATIC指令通常执行时间较短,而有些 IEC 指令的执行时间较长,在 STEP 7 - Micro/WIN 编程软件所提供的三种程序编辑器(LAD、STL 和 FBD)中均可使用 SIMATIC 指令,而只能在 LAD 和 FBD 编辑器中使用 IEC 指令。IEC 指令数比 SIMATIC 指令要少,因此可以用 SIMATIC 指令实现更多的功能。由于篇幅所限,本书将对工程实践中常用的 SIMATIC 指令进行介绍,并同时给出 LAD 和 STL 形式,有些指令的 LAD 和 FBD 有一定差异,对于这些指令还将给出 FBD。

　　语句表指令的操作涉及堆栈,下面将简要介绍堆栈的基本概念。

　　S7 - 200 PLC 有一个 9 位的堆栈,栈顶用来存储逻辑运算的结果,其余 8 位用来存放中间运算结果。堆栈中的数据一般按"先进后出"的原则存取。和堆栈操作有关的指令有栈装载"与"(ALD)、栈装载"或"(OLD)、逻辑入栈(LPS)、逻辑读栈(LRD)、逻辑出栈(LPP)、装载堆栈(LDS)等,这些指令只有 STL 形式。

1. 位逻辑指令

　　1) 触点指令

　　(1) 标准触点指令

　　标准触点指令包括常开触点指令和常闭触点指令,它是从存储器或过程映像寄存器中得到参考值。当相应地址位(Bit)的位值为 1 时,常开触点闭合,常闭触点断开。在 STL 中,常开触点指令将相应地址位(Bit)的位值存入栈顶,常闭触点指令将相应地址位(Bit)的位值取反后存入栈顶。

　　(2) 立即触点指令

　　立即触点指令包括常开立即触点指令和常闭立即触点指令。立即触点是针对快速输入的需要而设立的,它不依赖于 S7 - 200 PLC 扫描周期的影响。在程序执行过程中,如果物理输入点的状态发生变化,它会立即接受新值,但是并不更新相应的输入过程映像寄存器。在 STL 中,常开立即触点指令将相应的物理输入值存入栈顶,常闭立即触点指令将相应的物理输入值取反后存入栈顶。

　　(3) 取反指令

　　取反指令用于改变能流输入的状态:当能流到达该触点时停止;当能流未到达该触点时,该触点将为其右侧的器件提供能流。

　　(4) 正/负跳变指令

　　当正/负跳变指令检测到每一次由 0 到 1 的正跳变或每一次由 1 到 0 的负跳变时,允许能流接通一个扫描周期。在 STL 中,当正跳变指令发现有正跳变发生时,将栈顶值置 1,否则置 0;当负跳变指令发现有负跳变发生时,将栈顶值置 1,否则置 0。

　　表 4.4 所列为触点指令。

　　2) 线圈指令

　　(1) 输出指令

　　输出指令将新值送入输出过程映像寄存器的指定地址位(Bit),在每次扫描周期的最后,CPU 才会以批处理的方式将输出过程映像寄存器中的内容(Bit)传送到物理输出点。在 STL 中,栈顶值被复制到指定位(Bit),堆栈内容保持不变。

　　(2) 立即输出指令

　　当执行立即输出指令时,新值被同时送入相应的输出过程映像寄存器和物理输出点。在

STL 中,该指令将栈顶值立即复制到物理输出点的指定位(Bit)。

表 4.4　触点指令

指　令		LAD	STL	FBD	有效操作数(Bit)
标准触点指令	常开	Bit ─┤ ├─	LD Bit	Bit ─▭	I、Q、V、M、SM、S、T、C、L、能流
	常闭	Bit ─┤ / ├─	LDN Bit	Bit ◦─▭	
立即触点指令	常开	Bit ─┤ I ├─	LDI Bit	Bit ├─▭	I
	常闭	Bit ─┤ /I ├─	LDNI Bit	Bit ◦├─▭	
取反指令		─┤NOT├─	NOT	─◦▭	
跳变指令	正跳变	─┤ P ├─	EU	─▭P▭─	无
	负跳变	─┤ N ├─	ED	─▭N▭	

(3)置位/复位指令

置位指令和复位指令通常配合使用,置位指令将从 Bit 指定地址开始的 N 个点置位,直到复位指令到来才能被复位;复位指令将从 Bit 指定地址开始的 N 个点复位。在指令执行时,一次最多可置位或复位 255 个点。

如果复位指令指定的是定时器或计数器,则不但复位定时器或计数器的状态位,而且清除其当前值。

(4)立即置位/立即复位指令

立即置位指令和立即复位指令将从 Bit 指定地址开始的 N 个点(N=1~128)置位或复位,并将新值同时写入相应的输出过程映像寄存器和物理输出点。

表 4.5 所列为线圈指令。

表 4.5　线圈指令

指　令	LAD	STL	FBD	有效操作数	
				Bit	N
输出指令	Bit ─( )	= Bit	Bit ─▭=	I、Q、V、M、SM、S、T、C、L	—
立即输出指令	Bit ─(I)	=I Bit	Bit ─▭=I	Q	—
置位指令	Bit ─(S) N	S Bit,N	Bit ─▭S N	I、Q、V、M、SM、S、T、C、L	IB、QB、VB、MB、SMB、SB、LB、AC、*VD、*LD、*AC、常数
复位指令	Bit ─(R) N	R Bit,N	Bit ─▭R N		

续表 4.5

指　　令	LAD	STL	FBD	有效操作数	
				Bit	N
立即置位指令	Bit —(SI) N	SI Bit, N	Bit N — SI	Q	IB、QB、VB、MB、SMB、SB、LB、AC、* VD、* LD、* AC、常数
立即复位指令	Bit —(RI) N	RI Bit, N	Bit N — RI		

例 4.1　触点和线圈指令应用举例,程序和时序图分别如图 4.10(a)~(c)所示。

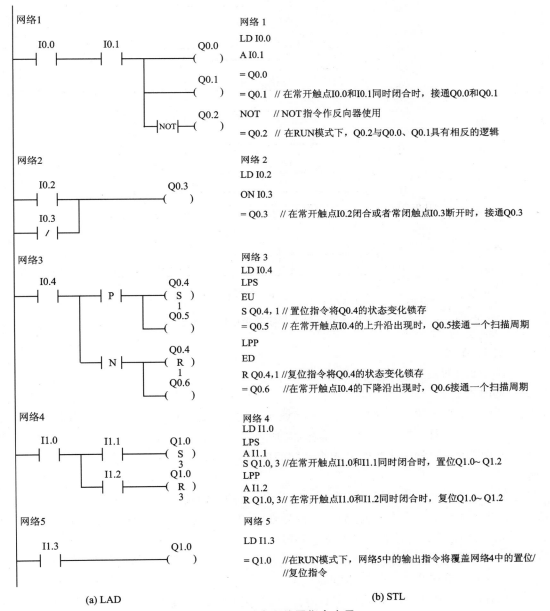

(a) LAD　　　　　　　　　　　　　　　(b) STL

图 4.10　触点和线圈指令应用

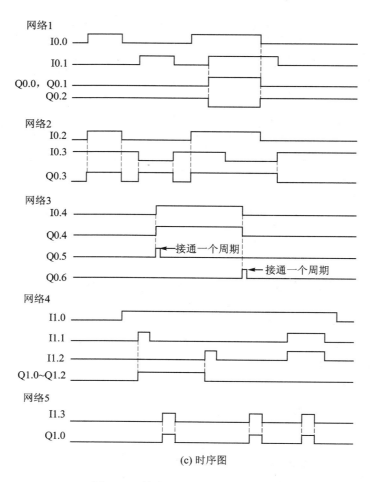

(c) 时序图

图 4.10　触点和线圈指令应用（续）

2. 定时器指令

本书所介绍的是 SIMATIC 定时器指令。

1）定时器分类

S7 - 200 PLC 提供了三种定时器，即接通延时定时器（TON）、有记忆的接通延时定时器（TONR）和断电延时定时器（TOF），如表 4.6 所列。接通延时定时器用于单一间隔的定时；有记忆的接通延时定时器用于累计若干个时间间隔；断电延时定时器用于关断或故障事故后的延时。

定时器用于对时间间隔进行计数，每个时间间隔的时间长短称为定时器的分辨率（时基）。S7 - 200 PLC 共有 256 个定时器，分为三种分辨率，即 1 ms、10 ms 和 100 ms，如表 4.6 所列。可见，定时器号决定了定时器的类型及其分辨率。

2）定时器指令及其功能

定时器指令格式及其有效操作数如表 4.7 所列。

在 LAD 指令中，IN 为使能端，PT 为预设值，定时器的设定时间等于预设值与分辨率的乘积。TXX 为定时器号，范围为 T0～T255。

表 4.6　S7 - 200 PLC 定时器

定时器类型	分辨率/ms	最大定时时间/s	定时器号
TONR	1	32.767	T0,T64
	10	327.67	T1～T4,T65～T68
	100	3 276.7	T5～T31,T69～T95
TON、TOF	1	32.767	T32,T96
	10	327.67	T33～T36,T97～T100
	100	3 276.7	T37～T63,T101～T255

表 4.7　定时器指令

指　令	LAD	STL	有效操作数		
			XX	IN	PT
接通延时定时器指令	TXX IN　TON PT	TON TXX,PT	常数(0～255)	I、Q、V、M、SM、S、T、C、L、能流	IW、QW、VW、MW、SMW、SW、LW、T、C、AC、 AIW、 * VD、* LD、* AC、常数
有记忆的接通延时定时器指令	TXX IN TONR PT	TONR TXX,PT			
断电延时定时器指令	TXX IN　TOF PT	TOF TXX,PT			

（1）接通延时定时器指令（TON）

当使能端（IN）接通时，定时器开始计时。当定时器的当前值（TXX）大于或等于预设值（PT）时，定时器位（TXX）被置 1。但当前值仍继续增大，一直计到当前值的最大值 32 767。当使能端断开时，定时器复位，当前值清零，定时器位（TXX）置 0。

（2）有记忆的接通延时定时器指令（TONR）

有记忆的接通延时定时器指令和接通延时定时器指令的功能几乎相同，区别在于在使能端（IN）断开时，其当前值保持不变，若要复位，则只能通过复位指令进行操作。

（3）断开延时定时器（TOF）

当使能端（IN）接通时，定时器位（TXX）立即置 1，当前值清零。当使能端断开时，定时器开始计时，当达到设定时间时，定时器位复位，并停止计时，当前值保持不变。当使能端断开的时间小于设定时间时，定时器位仍保持置 1。

例 4.2　定时器指令应用举例，程序和时序图分别如图 4.11(a)～(c)所示。

3. 计数器指令

本书所介绍的是 SIMATIC 计数器指令。

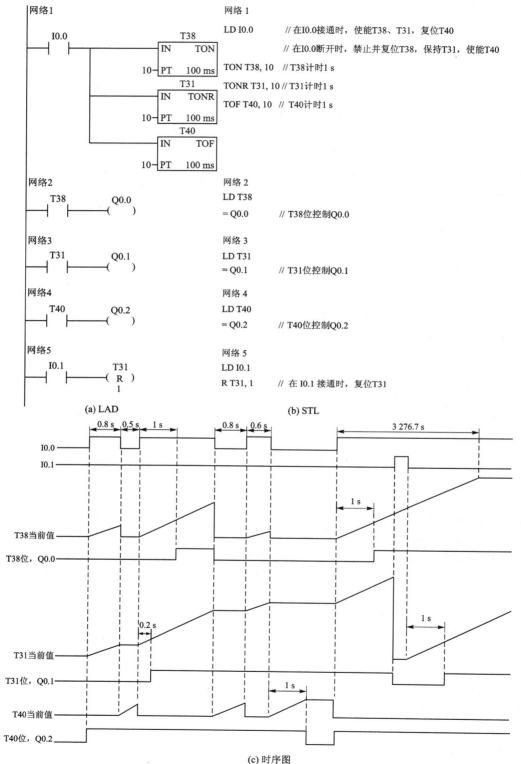

(a) LAD　　　　　　　　(b) STL

(c) 时序图

图 4.11　定时器指令应用

S7 - 200 PLC 有三类计数器指令,即增计数器指令(CTU)、减计数器指令(CTD)和增/减计数器指令(CTUD)。计数器指令格式及其有效操作数如表 4.8 所列。

表 4.8　计数器指令

指　　令	LAD	STL	有效操作数		
			XX	CU,CD,LD,R	PV
增计数器指令	CXX CU　CTU R PV	CTU CXX,PV	常数(0~255)	I、Q、V、M、SM、S、T、C、L、能流	IW、QW、VW、MW、SMW、SW、LW、T、C、AC、AIW、＊VD、＊LD、＊AC、常数
减计数器指令	CXX CD　CTD LD PV	CTD CXX,PV			
增/减计数器指令	CXX CU CTUD CD R PV	CTUD CXX,PV			

在 LAD 指令中,CU 为增计数输入端,CD 为减计数输入端,R 为复位输入端,LD 为装载输入端,PV 为计数预置值,最大值为 32 767。CXX 为计数器号,范围为 C0~C255。

1) 增计数器指令(CTU)

在 CU 端输入脉冲上升沿,每当一个上升沿到来时,计数器的当前值递增计数。当计数器的当前值(CXX)大于或等于预置值(PV)时,计数器位(CXX)置位。如果 CU 端仍有上升沿到来,则计数器仍计数,一直计到最大值 32 767,计数器停止计数。当复位端 R 接通或执行复位指令后,计数器复位,即计数器位复位,当前值清零。

在 STL 中,堆栈的栈顶值是复位输入 R,堆栈第二层的内容是增计数输入 CU。

例 4.3　增计数器指令应用举例,程序和时序图分别如图 4.12(a)~(c)所示。

2) 减计数器指令(CTD)

每当 CD 端输入脉冲的上升沿到来时,计数器的当前值从预置值(PV)开始递减计数。当计数值减至 0 时,计数器停止计数,计数器位(CXX)置 1。如果 CD 端仍有上升沿到来,则当前值仍保持为 0,且不影响计数器位的状态。当 LD 端接通或执行复位指令时,计数器自动复位,即计数器位(CXX)置 0,当前值设为预置值(PV)。

在 STL 中,堆栈的栈顶值是装载输入 LD,堆栈第二层的内容是减计数输入 CD。

例 4.4　减计数器指令应用举例,程序和时序图分别如图 4.13(a)~(c)所示。

3) 增/减计数器指令(CTUD)

在 CU 端的每一个上升沿到来时,计数器递增计数;在 CD 端的每一个上升沿到来时,计数器递减计数。当计数器的当前值大于或等于预置值 PV 时,计数器位(CXX)置 1,否则置 0。当复位输入端 R 接通或执行复位指令时,计数器复位,即当前值清零,计数器位复位。当计数

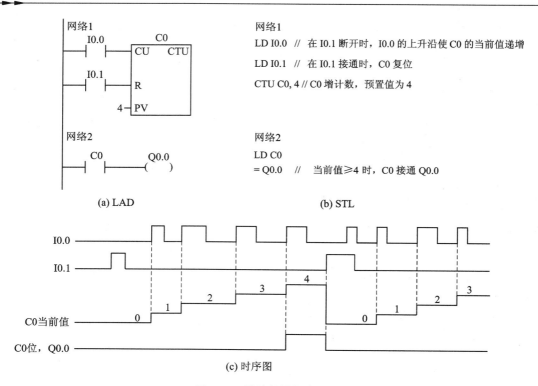

网络1

LD I0.0　// 在 I0.1 断开时，I0.0 的上升沿使 C0 的当前值递增

LD I0.1　// 在 I0.1 接通时，C0 复位

CTU C0,4 // C0 增计数，预置值为 4

网络2

LD C0

= Q0.0　// 当前值≥4 时，C0 接通 Q0.0

(a) LAD　　　　　　　　　　　　　　　　　(b) STL

(c) 时序图

图 4.12　增计数器指令应用

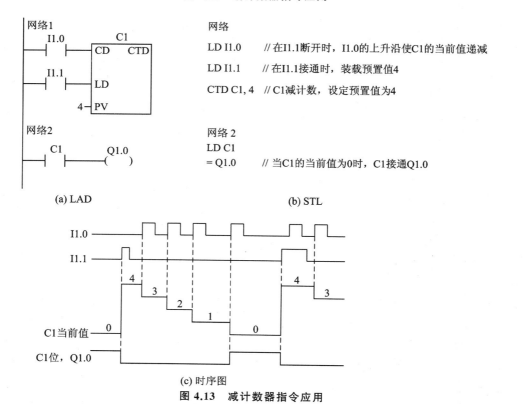

网络

LD I1.0　//在I1.1断开时，I1.0的上升沿使C1的当前值递减

LD I1.1　//在I1.1接通时，装载预置值4

CTD C1,4 //C1减计数，设定预置值为4

网络 2

LD C1

= Q1.0　//当C1的当前值为0时，C1接通Q1.0

(a) LAD　　　　　　　　　　　　　　　　　(b) STL

(c) 时序图

图 4.13　减计数器指令应用

器的当前值达到预置值时,计数器停止计数。

当计数值达到最大值(32 767)时,CU 端的下一个上升沿将使计数值变为最小值
(−32 768);当计数值达到最小值(−32 768)时,CD 端的下一个上升沿将使计数值变为最大
值(32 767)。

在 STL 中,堆栈的栈顶值是复位输入 R,堆栈第二层的内容是减计数输入 CD,第三层的
内容是增计数输入 CU。

例 4.5　增/减计数器指令应用举例,程序和时序图分别如图 4.14(a)～(c)所示。

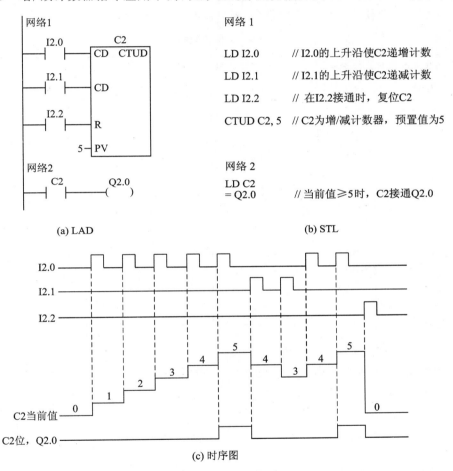

图 4.14　增/减计数器指令应用

4.3.2　S7-200 PLC 的数据处理指令

1. 比较指令

本书所介绍的是 SIMATIC 比较指令。

比较指令主要用于在程序中建立控制节点,包括数值比较指令和字符串比较指令。数值
比较指令用于比较两个数值;字符串比较指令用于比较两个字符串的 ASCII 码字符。当比较
结果为真时,比较指令的使能触点闭合(LAD),或将栈顶值置1(STL)。下面对数值比较指令
进行介绍。

数值比较指令的操作数有四种类型：字节比较(B)，操作数为无符号整数；整数比较 I(LAD 或 W(STL)，操作数为有符号整数；双字比较(D)，操作数为有符号整数；实数比较(R)，操作数为有符号双字浮点数。

数值比较指令的运算符有六种：＝＝(LAD)或＝(STL)(等于)、＜＞(不等于)、＞＝(大于或等于)、＜＝(小于或等于)、＞(大于)、＜(小于)。

不同的操作数类型和不同的比较运算符组合，可以构成各种字节、字、双字和实数比较指令。下面将以等于为例介绍数值比较指令的格式，如表 4.9 所列，其中 IN1 和 IN2 为参与比较的两个操作数。若要使用其他的比较指令，则只需改变指令中的运算符类型符号。

表 4.9　数值比较指令

指令类型	直接取自母线的比较触点		串联比较触点		并联比较触点		有效操作数 (IN1,IN2)
	LAD	STL	LAD	STL	LAD	STL	
字节比较	├ IN1＝IN2 B ┤	LDB=IN1, IN2	├┤├ IN1＝IN2 B ┤	AB=IN1, IN2	IN1＝IN2 B	OB=IN1, IN2	IB、QB、VB、MB、SMB、SB、LB、AC、＊VD、＊LD、＊AC、常数
整数比较	├ IN1＝IN2 I ┤	LDW=IN1, IN2	├┤├ IN1＝IN2 I ┤	AW=IN1, IN2	IN1＝IN2 I	OW=IN1, IN2	IW、QW、VW、MW、SMW、SW、LW、T、C、AC、AIW、＊VD、＊LD、＊AC、常数
双字比较	├ IN1＝IN2 D ┤	LDD=IN1, IN2	├┤├ IN1＝IN2 D ┤	AD=IN1, IN2	IN1＝IN2 D	OD=IN1, IN2	ID、QD、VD、MD、SMD、SD、LD、AC、HC、＊VD、＊LD、＊AC、常数
实数比较	├ IN1＝IN2 R ┤	LDR=IN1, IN2	├┤├ IN1＝IN2 R ┤	AR=IN1, IN2	IN1＝IN2 R	OR=IN1, IN2	ID、QD、VD、MD、SMD、SD、LD、AC、＊VD、＊LD、＊AC、常数

2. 传送指令

传送指令包括单一传送指令和块传送指令。

(1) 单一传送指令：字节、字、双字、实数传送指令

指令格式及其有效操作数如表 4.10 所列。在使能输入(EN)有效时，该指令将 IN 中的一个字节、字、双字或实数数据传送至 OUT 指定的地址，但 IN 中的内容保持不变。

表 4.10　字节、字、双字、实数传送指令

指令类型	LAD	STL	有效操作数	
			IN	OUT
字节传送指令	MOV_B EN　ENO IN　OUT	MOVB IN, OUT	IB、QB、VB、MB、SMB、SB、LB、AC、* VD、* LD、* AC、常数	IB、QB、VB、MB、SMB、SB、LB、AC、* VD、* LD、* AC
字传送指令	MOV_W EN　ENO IN　OUT	MOVW IN, OUT	IW、QW、VW、MW、SMW、SW、T、C、LW、AC、AIW、* VD、* AC、* LD、常数	IW、QW、VW、MW、SMW、SW、T、C、LW、AC、AQW、* VD、* LD、* AC
双字传送指令	MOV_DW EN　ENO IN　OUT	MOVD IN, OUT	ID、QD、VD、MD、SMD、SD、LD、HC、&VB、&IB、&QB、&MB、&SB、&T、&C、&SMB、&AIW、&AQW、AC、* VD、* LD、* AC、常数	ID、QD、VD、MD、SMD、SD、LD、AC、* VD、* LD、* AC
实数传送指令	MOV_R EN　ENO IN　OUT	MOVR IN, OUT	ID、QD、VD、MD、SMD、SD、LD、AC、* VD、* LD、* AC、常数	ID、QD、VD、MD、SMD、SD、LD、AC、* VD、* LD、* AC

（2）字节立即传送指令

字节立即传送指令包括字节立即读指令和字节立即写指令。在使能输入（EN）有效时，字节立即读指令读取 IN 指定的一个字节的物理输入，并将其传送到 OUT 指定的地址，但并不更新输入过程映像寄存器的内容；字节立即写指令从 IN 指定的地址读取一个字节的数据，并将其传送到 OUT 指定的物理输出，同时刷新相应的输出过程映像寄存器的内容。指令格式及其有效操作数如表 4.11 所列。

表 4.11　字节立即传送指令

指令类型	LAD	STL	有效操作数	
			IN	OUT
字节立即读指令	MOV_BIR EN　ENO IN　OUT	BIR IN,OUT	IB、* VD、* LD、* AC	IB、QB、VB、MB、SMB、SB、LB、AC、* VD、* LD、* AC
字节立即写指令	MOV_BIW EN　ENO IN　OUT	BIW IN,OUT	IB、QB、VB、MB、SMB、SB、LB、AC、* VD、* LD、* AC、常数	QB、* VD、* LD、* AC

（3）块传送指令

块传送指令是在使能输入（EN）有效时，将 IN 指定的地址开始的 N 个字节、字或双字传送到从 OUT 指定的地址开始的 N 个单元，N 的范围为 1～255。指令格式及其有效操作数如表 4.12 所列。

表 4.12 块传送指令

指令类型	LAD	STL	有效操作数		
			IN	OUT	N
字节块传送指令	BLKMOV_B EN ENO IN OUT N	BMB IN, OUT,N	IB、QB、VB、MB、SMB、SB、LB、＊VD、＊LD、＊AC	IB、QB、VB、MB、SMB、SB、LB、＊VD、＊LD、＊AC	IB、QB、VB、MB、SMB、SB、LB、AC、常数、＊VD、＊LD、＊AC
字块传送指令	BLKMOV_W EN ENO IN OUT N	BMW IN, OUT,N	IW、QW、VW、SMW、SW、T、C、LW、AIW、＊VD、＊LD、＊AC	IW、QW、VW、MW、SMW、SW、T、C、LW、AQW、＊VD、＊LD、＊AC	
双字块传送指令	BLKMOV_D EN ENO IN OUT N	BMD IN, OUT,N	ID、QD、VD、MD、SMD、SD、LD、＊VD、＊LD、＊AC	ID、QD、VD、MD、SMD、SD、LD、＊VD、＊LD、＊AC	

传送指令中的 ENO 为使能流输出。对于上述三种传送指令，0006（间接寻址）都会导致 ENO 断开。此外，使 ENO 断开的出错条件还有：不能访问扩展模块（字节立即传送指令）和 0091（操作数超出范围）（块传送指令）。

3. 转换指令

用户在编程时经常会用到不同类型的数据，转换指令是对操作数的数据类型进行转换，包括标准转换指令、ASCII 码转换指令、字符串转换指令、编码和解码指令，本书仅介绍标准转换指令，如表 4.13 所列。

表 4.13 标准转换指令

指令类型	LAD	STL	使 ENO 断开的出错条件
字节转换为整数	B_I EN ENO IN OUT	BTI IN,OUT	0006（间接寻址）
整数转换为字节	I_B EN ENO IN OUT	ITB IN,OUT	SM1.1（溢出） 0006（间接寻址）
整数转换为双整数	I_DI EN ENO IN OUT	ITD IN,OUT	0006（间接寻址）

指令类型		LAD	STL	使 ENO 断开的出错条件
双整数转换为整数		DI_I EN ENO IN OUT	DTI IN,OUT	SM1.1(溢出) 0006(间接寻址)
双整数转换为实数		DI_R EN ENO IN OUT	DTR IN,OUT	0006(间接寻址)
实数转换 为双整数	进位取整	ROUND EN ENO IN OUT	ROUND IN,OUT	SM1.1(溢出) 0006(间接寻址)
	截尾取整	TRUNC EN ENO IN OUT	TRUNC IN,OUT	
BCD 码转换为整数		BCD_I EN ENO IN OUT	BCDI OUT	SM1.6(无效的 BCD 码) 0006(间接寻址)
整数转换为 BCD 码		I_BCD EN ENO IN OUT	IBCD OUT	SM1.6(无效的 BCD 码) 0006(间接寻址)

（1）数字转换指令

数字转换指令是在使能输入（EN）有效时，将 IN 中的输入值转换为指定格式，并将结果输出到 OUT 指定的目的地址中。在 STL 中，整数与 BCD 码之间的转换指令中 IN 和 OUT 使用相同的存储单元。

（2）取整指令

取整指令是将实数转换为双整数，包括进位取整指令（ROUND）和截尾取整指令（TRUNC）。

在使能输入（EN）有效时，取整指令将 IN 中的实数型输入转换为双整数，并将结果输出到 OUT 指定的存储单元。ROUND 和 TRUNC 指令的区别在于，前者将小数部分四舍五入取整，而后者直接将小数部分舍去取整。

4. 移位和循环指令

移位和循环指令包括移位指令、循环移位指令及移位寄存器指令。移位指令在程序中可方便地实现某些运算，如乘 2 和除 2 等，可用于取出数据中的有效位数字；移位寄存器指令可用于实现步进控制。本书仅介绍移位和循环移位指令。

（1）移位指令

移位指令包括左移指令和右移指令,是在使能输入(EN)有效时,将输入 IN 中的数据(字节、字、双字)的各位向左或向右移动 N 位后,将结果送入输出 OUT 指定的存储单元。

移位指令对移出的位自动补零,如果 N 大于或等于最大允许值(字节操作为 8,字操作为 16,双字操作为 32),则实际移位操作的次数为最大允许值。

（2）循环移位指令

循环移位指令包括循环左移指令和循环右移指令,是在使能输入(EN)有效时,将输入 IN 中的数据(字节、字、双字)的各位向左或向右循环移动 N 位后,将结果送入输出 OUT 指定的存储单元。

循环移位指令将移出的位自动填入另一端空出的位中。如果 N 大于或等于最大允许值(字节操作为 8,字操作为 16,双字操作为 32),则在指令执行之前先对 N 进行取模操作,即对于字节、字、双字循环移位,将 N 分别除以 8、16 或 32,得到的余数就是有效的移位次数,如果取模操作的结果为 0,则不执行循环移位操作。

对于移位和循环移位指令,如果移位次数大于 0,则最后一次移出的位值将保存在溢出标志位 SM1.1 中;如果移位操作的结果为 0,则零标志位 SM1.0 被置 1;使 ENO 断开的出错条件均为 0006(间接寻址)。移位和循环移位指令格式及其有效操作数如表 4.14 所列。其中,□为数据长度:B(字节操作)、W(字操作)和 DW(LAD)或 D(STL)(双字操作)。

表 4.14　移位和循环移位指令

指令类型	LAD	STL	有效操作数		
			IN	OUT	N
左移指令	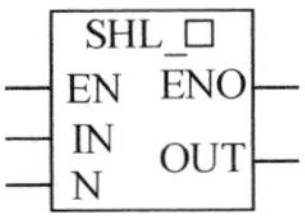 SHL_□ EN ENO IN OUT N	SL□ OUT,N	字节: IB、QB、VB、MB、SMB、SB、LB、AC、＊VD、＊LD、＊AC,常数 字: IW、QW、VW、MW、SMW、SW、LW、T、C、AC、AIW、＊VD、＊LD、＊AC、常数 双字: ID、QD、VD、MD、SMD、SD、LD、AC、HC、＊VD、＊LD、＊AC、常数	字节: IB、QB、VB、MB、SMB、SB、LB、AC、＊VD、＊LD、＊AC 字: IIW、QW、VW、MW、SMW、SW、T、C、LW、AIW、AC、＊VD、＊LD、＊AC 双字: ID、QD、VD、MD、SMD、SD、LD、AC、＊VD、＊LD、＊AC	IB、QB、VB、MB、SMB、SB、LB、AC、＊VD、＊LD、＊AC,常数
右移指令	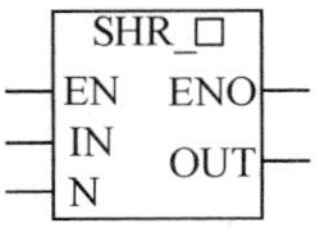 SHR_□ EN ENO IN OUT N	SR□ OUT,N			
循环左移指令	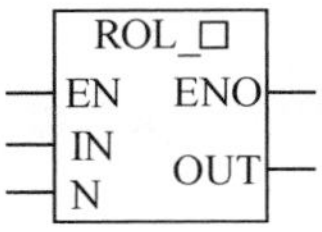 ROL_□ EN ENO IN OUT N	RL□ OUT,N			
循环右移指令	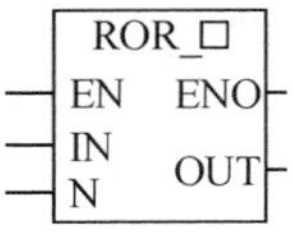 ROR_□ EN ENO IN OUT N	RR□ OUT,N			

例 4.6　移位和循环移位指令应用举例,程序和指令执行过程及结果分别如图 4.15(a)～(d)所示。

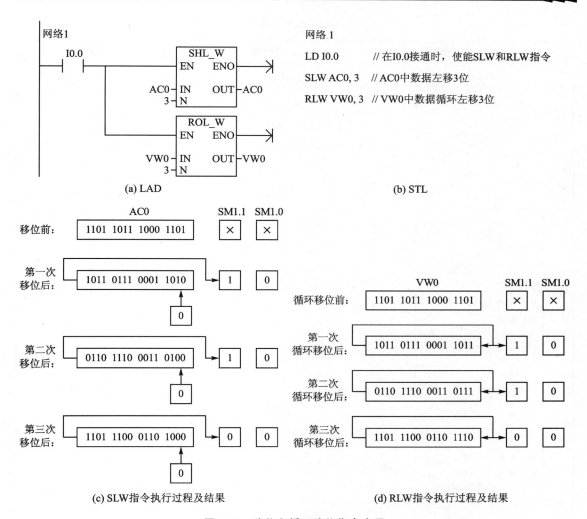

网络1

LD I0.0	// 在I0.0接通时，使能SLW和RLW指令
SLW AC0, 3	// AC0中数据左移3位
RLW VW0, 3	// VW0中数据循环左移3位

(a) LAD　　　　　　　　　　　　　　(b) STL

(c) SLW指令执行过程及结果　　　　　(d) RLW指令执行过程及结果

图 4.15　移位和循环移位指令应用

4.3.3　S7－200 PLC 的数学运算指令

数学运算指令可用来进行加/减/乘/除、递增/递减、平方根、自然对数、指数以及三角函数（正弦、余弦、正切）等运算。在使能输入（EN）有效时，数学运算指令进行相应的数学运算，并将运算结果送入 OUT 指定的存储单元。加/减/乘/除和递增/递减数学运算指令的格式如表 4.15 所列，其中，"□"可为：I——整数操作，即两个 16 位整数进行运算，结果为一个 16 位整数；DI(LAD)或 D(STL)——双整数操作，即两个 32 位双整数进行运算，结果为一个 32 位双整数；R——实数操作，即两个 32 位实数进行运算，结果为一个 32 位实数。应注意的是，MUL 指令和 DIV 指令与之存在差异：MUL 指令是将两个 16 位整数相乘，结果为一个 32 位双整数；而 DIV 指令是将两个 16 位整数相除，结果为一个 32 位双整数，低 16 位为商，高 16 位为余数。数学运算指令使 ENO 断开的出错条件为：SM1.1（溢出）、SM1.3（被 0 除）和 0006（间接寻址）。除了 SM1.1 和 SM1.3 外，受影响的 SM 标志位还有 SM1.0（结果为 0）和 SM1.2（结果为负）。

表 4.15　数学运算指令

指令类型		LAD	STL	功能		有效操作数	
				LAD	STL	IN1,IN2(IN)	OUT
加法指令		ADD_□ EN　ENO IN1 IN2　OUT	+□ IN1,OUT	IN1+IN2 =OUT	IN1+OUT= OUT	整数：IW、QW、VW、MW、SMW、SW、T、C、LW、AC、AIW、*VD、*AC、LD、常数 双整数：ID、QD、VD、MD、SMD、SD、LD、AC、HC、*VD、*LD、*AC、常数 实数：ID、QD、VD、MD、SMD、SD、LD、AC、*VD、*LD、*AC、常数	整数：IW、QW、VW、MW、SMW、SW、LW、T、C、AC、*VD、*AC、*LD 双整数，实数：ID、QD、VD、MD、SMD、SD、LD、AC、*VD、*LD、*AC
减法指令		SUB_□ EN　ENO IN1 IN2　OUT	−□ IN1,OUT	IN1−IN2= OUT	OUT−IN1= OUT		
乘法 指令	一般乘法	MUL_□ EN　ENO IN1 IN2　OUT	*□ IN1,OUT	IN1*IN2= OUT	IN1*OUT= OUT		
	产生双整数的整数乘法	MUL EN　ENO IN1 IN2　OUT	MUL IN1,OUT				
除法 指令	一般除法	DIV_□ EN　ENO IN1 IN2　OUT	/□ IN1,OUT	IN1/IN2= OUT	OUT/IN1= OUT		
	带余数的整数除法	DIV EN　ENO IN1 IN2　OUT	DIV IN1,OUT				
递增指令		INC_□ EN　ENO IN　OUT	INC□ OUT	IN+1=OUT	OUT+1=OUT		
递减指令		DEC_□ EN　ENO IN　OUT	DEC□ OUT	IN−1=OUT	OUT−1=OUT		

由表 4.15 可以看出，用 LAD 进行编程时，IN1、IN2 和 OUT 可以使用不同的存储单元，但是如果使用 STL，OUT 必须和其中的一个操作数使用相同的存储单元，这样就会使得程序的可读性较差，而且在编程和使用运算结果时都很不方便，因此建议读者在编写数学运算程序时，最好使用 LAD 指令。

4.3.4　S7 - 200 PLC 的程序控制指令

程序控制指令用于控制程序执行流程，合理使用该类指令，对优化程序的结构、增强程序的功能、实现某些技巧性运算具有重要的意义。

1. 条件结束指令

条件结束指令(END)根据前面的逻辑关系终止当前的扫描周期。该指令不包含操作数，且只能用在主程序中，而不能在子程序或中断服务程序中使用。

2. 停止指令

停止指令(STOP)强制将 CPU 从 RUN(运行)模式转变到 STOP(停止)模式，从而立即终止程序的执行。该指令不包含操作数，可用于主程序、子程序和中断服务程序中。如果在中断服务程序中执行该指令，则中断处理立即终止，并且忽略所有未处理的中断，转而继续执行主程序的剩余部分。在本次扫描周期结束后，将 CPU 从 RUN 模式切换到 STOP 模式。

条件结束和停止指令在程序中通常用来处理生产中的紧急突发事件，以避免重大损失。指令格式如表 4.16 所列。

表 4.16　条件结束和停止指令

指令类型	LAD	STL	FBD
条件结束指令	—(END)	END	END
停止指令	—(STOP)	STOP	STOP

3. FOR - NEXT 循环指令

FOR - NEXT 循环指令为程序解决重复执行若干次相同任务提供了极大的方便，并有助于优化程序结构。指令格式及其有效操作数如表 4.17 所列。

表 4.17　FOR - NEXT 循环指令

指令类型	LAD	STL	有效操作数	
			INDX	INIT, FINAL
FOR 指令	FOR EN　ENO INDX INIT FINAL	FOR INDX, INIT,FINAL	IW、QW、VW、MW、SMW、SW、T、C、LW、AIW、AC、* VD、* LD、* AC	VW、IW、QW、MW、SMW、SW、T、C、LW、AC、AIW、* VD、* AC、常数
NEXT 指令	—(NEXT)	NEXT		

由表 4.17 可以看出，FOR - NEXT 循环指令包含两条指令，即 FOR 指令和 NEXT 指令，两者必须配套使用。FOR 指令和 NEXT 指令之间的程序段称为循环体。

FOR 指令用于标记循环体的开始，在使用时必须指定当前循环次数计数值(INDX)、循环次数初始值(INIT)和循环次数终止值(FINAL)；NEXT 指令用于标记循环体的结束，它不包含操作数。

当使能输入(EN)有效时，循环体从 FOR 指令开始执行，直到 NEXT 指令时返回。INDX 从 INIT 开始，循环体每执行一次，INDX 值加 1，直到大于 FINAL 值时终止循环。每当 EN 端重新有效时，各参数将自动复位。

FOR - NEXT 循环指令可以循环嵌套，最多为 8 层，而且各层之间一定不能有交叉。

例 4.7　FOR – NEXT 循环指令两层嵌套的应用举例，程序如图 4.16 所示。当 I0.0 接通时，执行 5 次外层循环（标识为 1）；在 I0.1 同时满足接通条件时，每执行 1 次外层循环，就执行 2 次内层循环（标识为 2），程序执行的结果是将 VW300 中的数据循环右移 10 位。

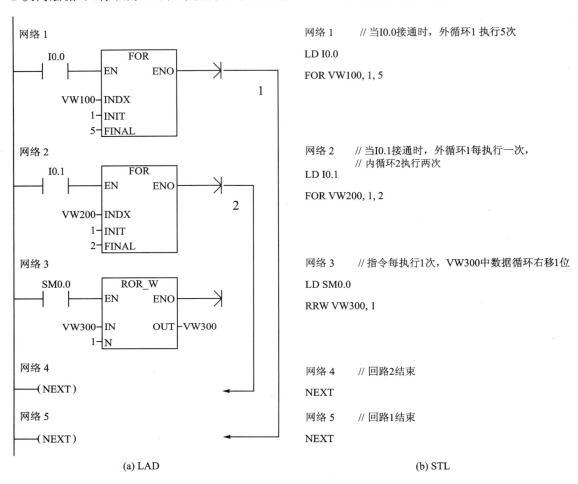

(a) LAD　　　　　　　　　　　　　　　　　(b) STL

图 4.16　FOR – NEXT 循环指令应用

4. 跳转指令

跳转指令可大大提高 PLC 的编程灵活性，使 CPU 能够根据需要选择不同的程序段执行。

当输入有效时，跳转指令（JMP）使程序跳转到指定标号 N 处执行。标号指令（LBL）用来标记跳转目的地址 N 的位置。跳转指令和标号指令必须配合使用，因此这两个指令中的 N 值必须相同，且 $N = 0 \sim 255$。跳转指令格式如表 4.18 所列。

在使用时应注意，跳转指令和与之对应的标号指令必须位于同一个程序块中（主程序、子程序或中断服务程序），因此程序不能在不同的程序块（主程序、子程序或中断服务程序）之间互相跳转。

在跳转发生的扫描周期中，被跳过的程序段停止执行，其中各元器件保持跳转前的状态不变。由于跳转指令具有选择程序段的功能，因此，程序中的两个线圈如果位于因跳转而不能被同时执行的程序段中，则不会被视为双线圈输出。

表 4.18　跳转及标号指令

指令类型	LAD	STL	FBD
跳转指令	N —(JMP)	JMP N	N JMP
标号指令	N LBL	LBL N	N LBL

5. 子程序指令

如前所述,S7-200 PLC 的用户程序由主程序、子程序和中断服务程序组成。在编程时,可以将需要反复使用的程序编制成子程序,在需要时可随时调用该程序而无须重新编写,这样不但可以缩短程序的长度,而且可以减少程序的扫描时间。

子程序是结构化程序设计中一个非常方便有效的工具,在设计一个较复杂的控制程序时,可以将它按控制功能或工艺要求划分成几个子功能块,每个子功能块由一个或多个子程序组成,这样会使得程序的结构更加简单清晰,也更易于程序的调试、检查和维护。与子程序有关的操作有:子程序创建、子程序调用及子程序返回。

1) 子程序创建

在 STEP 7-Micro/WIN 编程软件中,可以在命令菜单中选择"编辑→插入→子程序"来创建一个新的子程序,此时在指令树窗口中可以看到该程序的图标,默认的程序名为 SBR-N,子程序编号 N 从 0 开始按递增顺序生成。也可以直接单击该图标,将程序名更改为更能描述子程序功能的名称。对于 CPU 221、CPU 222、CPU 224,N=0~63;对于 CPU 224 XP、CPU 226 和 CPU 226 XM,N=0~127。

2) 子程序调用

子程序调用指令(CALL)是在使能输入(EN)有效时,使主程序将程序控制权交给子程序。调用子程序时可以带参数,也可以不带参数。

子程序可以嵌套调用,即某一子程序又调用其他子程序,最多可以嵌套 8 层。但是在中断服务程序中不能嵌套调用子程序。

3) 子程序返回

子程序返回指令(CRET)是在输入有效时终止子程序的执行,控制权回到主程序中该子程序调用指令的下一条指令。子程序指令格式如表 4.19 所列。

表 4.19　子程序指令

指令类型	LAD	STL	FBD
子程序调用指令	SBR_N EN	CALL SBR-N	SBR_N EN
子程序返回指令	—(RET)	CRET	RET

6. 中断指令

中断是由设备或其他非预期的急需处理事件引起的,它使 CPU 暂时中断正在执行的程序而转去中断服务程序来处理这些事件,待处理完毕后再返回原程序。S7-200 PLC 可以引发中断的事件有 3 大类,即通信中断、I/O 中断和时基中断,共 34 项。

中断服务程序由用户编写,但并不由用户程序来调用,而是在中断事件发生时由操作系统调用。在设计中断服务程序时应使程序尽可能短,以缩短中断服务程序的执行时间,减少对其他处理的延迟,否则可能引起由主程序控制的设备发生异常操作。

在 S7 - 200 PLC 中最多可以有 128 个中断服务程序。中断服务程序一旦执行就不能被中断,在中断服务程序执行的过程中如果又出现了新的中断事件,则会按事件发生的时间顺序和优先级排队等待处理。中断服务程序的创建方法和子程序类似,默认的程序名为 INT - N。

1) 中断连接指令

中断连接指令(ATCH)在使能输入(EN)有效时,将中断事件(EVNT)与中断服务程序(INT)相关联,并启动该中断事件。

2) 中断分离指令

中断分离指令(DTCH)在使能输入(EN)有效时,切断中断事件(EVNT)与中断服务程序之间的关联,并关闭该中断事件。

3) 中断允许指令

中断允许指令(ENI)根据前面的逻辑条件启动所有被连接的中断事件。

4) 中断禁止指令

中断禁止指令(DISI)根据前面的逻辑条件关闭所有中断事件。在中断禁止时不允许执行中断服务程序,但仍允许中断事件排队等候。

5) 中断条件返回指令

中断条件返回指令(CRETI)根据前面的逻辑条件从中断服务程序返回到主程序,它可以用来提前退出中断服务程序。

中断指令格式及其有效操作数如表 4.20 所列,中断事件如表 4.21 所列。

表 4.20　中断指令

指令类型	LAD	STL	有效操作数	
			INT	EVNT
中断连接指令	ATCH EN ENO INT EVNT	ATCH INT,EVNT	常数 0~127	常数 　CPU221、CPU222:0~12、19~23、27~33 　CPU224:0~23、27~33 　CPU224 XP、CPU226、CPU226 XM:0~33
中断分离指令	DTCH EN ENO EVNT	DTCH EVNT	—	
中断允许指令	——(ENI)	ENI	—	
中断禁止指令	——(DISI)	DISI		
中断条件返回指令	——(RETI)	CRETI		

表 4.21　中断事件

中断事件号	中断事件描述	优先级	组中优先级	CPU
8	端口 0 接收字符		0	CPU221、CPU222、CPU224、CPU224 XP、CPU226
9	端口 0 发送完成		0	CPU221、CPU222、CPU224、CPU224 XP、CPU226
23	端口 0 接收信息完成	通信中断	0	CPU221、CPU222、CPU224、CPU224 XP、CPU226
24	端口 1 接收信息完成	(最高级)	1	CPU224 XP、CPU226
25	端口 1 接收字符		1	CPU224 XP、CPU226
26	端口 1 发送完成		1	CPU224 XP、CPU226
19	PTO 0 脉冲串输出完成中断		0	CPU221、CPU222、CPU224、CPU224 XP、CPU226
20	PTO 1 脉冲串输出完成中断		1	CPU221、CPU222、CPU224、CPU224 XP、CPU226
0	I0.0 上升沿中断		2	CPU221、CPU222、CPU224、CPU224 XP、CPU226
2	I0.1 上升沿中断		3	CPU221、CPU222、CPU224、CPU224 XP、CPU226
4	I0.2 上升沿中断		4	CPU221、CPU222、CPU224、CPU224 XP、CPU226
6	I0.3 上升沿中断		5	CPU221、CPU222、CPU224、CPU224 XP、CPU226
1	I0.0 下降沿中断		6	CPU221、CPU222、CPU224、CPU224 XP、CPU226
3	I0.1 下降沿中断		7	CPU221、CPU222、CPU224、CPU224 XP、CPU226
5	I0.2 下降沿中断		8	CPU221、CPU222、CPU224、CPU224 XP、CPU226
7	I0.3 下降沿中断		9	CPU221、CPU222、CPU224、CPU224 XP、CPU226
12	HSC0 当前值等于预设值中断		10	CPU221、CPU222、CPU224、CPU224 XP、CPU226
27	HSC0 输入方向改变中断	I/O 中断	11	CPU221、CPU222、CPU224、CPU224 XP、CPU226
28	HSC0 外部复位中断	(次高级)	12	CPU221、CPU222、CPU224、CPU224 XP、CPU226
13	HSC1 当前值等于预设值中断		13	CPU224、CPU224 XP、CPU226
14	HSC1 输入方向改变中断		14	CPU224、CPU224 XP、CPU226
15	HSC1 外部复位中断		15	CPU224、CPU224 XP、CPU226
16	HSC2 当前值等于预设值中断		16	CPU224、CPU224 XP、CPU226
17	HSC2 输入方向改变中断		17	CPU224、CPU224 XP、CPU226
18	HSC2 外部复位中断		18	CPU224、CPU224 XP、CPU226
32	HSC3 当前值等于预设值中断		19	CPU221、CPU222、CPU224、CPU224 XP、CPU226
29	HSC4 当前值等于预设值中断		20	CPU221、CPU222、CPU224、CPU224 XP、CPU226
30	HSC4 输入方向改变中断		21	CPU221、CPU222、CPU224、CPU224 XP、CPU226
31	HSC4 外部复位中断		22	CPU221、CPU222、CPU224、CPU224 XP、CPU226
33	HSC5 当前值等于预设值中断		23	CPU221、CPU222、CPU224、CPU224 XP、CPU226
10	定时中断 0（SMB34）		0	CPU221、CPU222、CPU224、CPU224 XP、CPU226
11	定时中断 1（SMB35）		1	CPU221、CPU222、CPU224、CPU224 XP、CPU226
21	定时器 T32 当前值等于预设值中断	时基中断 (最低级)	2	CPU221、CPU222、CPU224、CPU224 XP、CPU226
22	定时器 T96 当前值等于预设值中断		3	CPU221、CPU222、CPU224、CPU224 XP、CPU226

例 4.8　中断指令应用举例，程序如图 4.17 所示。该程序的功能是每隔 150 ms 采集一次模拟量输入值（AIW0），并送入 VW0 中。

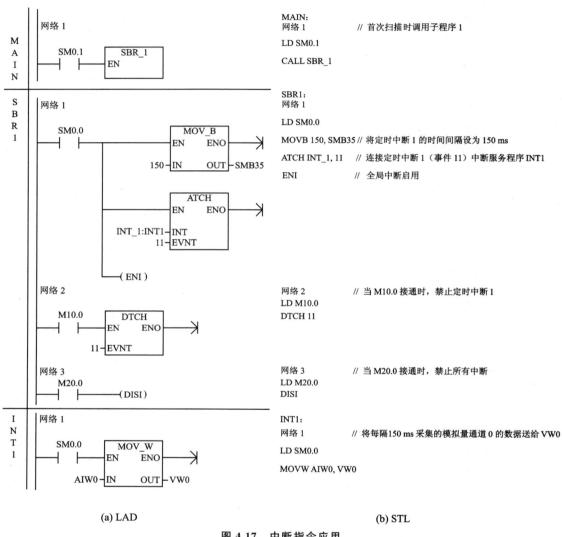

(a) LAD

(b) STL

图 4.17　中断指令应用

4.3.5　S7-200 PLC 的高速处理指令

1. 高速计数器指令

1）高速计数器

高速计数器通常与编码器配合使用，用来对 PLC 扫描速率无法控制的高速事件进行控制。高速计数器名用"HC N"表示（非程序中也可用"HSC N"表示），对于 CPU221 和 CPU222，N=0、3、4、5；对于 CPU224、CPU224 XP 和 CPU226、CPU226 XM，N=0～5。

高速计数器有以下 4 种：

（1）带有内部方向控制的单相计数器

具有一相计数时钟输入，由专用的 SM 位控制其计数方向。

（2）带有外部方向控制的单相计数器

具有一相计数时钟输入，由专用的外部输入控制其计数方向。

（3）带有两个时钟输入的双相计数器

具有两相计数时钟输入，一个为增计数时钟，另一个为减计数时钟，两个时钟均可运行在最高频率。

（4）A/B 相正交计数器

具有两相计数时钟输入，即时钟 A 和时钟 B，并通过比较这两个输入脉冲的相位来控制计数方向：当时钟 A 的脉冲超前于时钟 B 时进行增计数；当时钟 A 的脉冲滞后于时钟 B 时进行减计数。正交计数器的计数速率可以设定为 1 倍速（1x）或 4 倍速（4x）。在 1 倍速模式下，每接收一个时钟脉冲，计 1 次数；在 4 倍速模式下则计 4 次数。

根据外部输入信号的不同，上述 4 种工作模式又可以分为无复位输入和启动输入、有复位输入但无启动输入以及既有启动输入又有复位输入等 3 种类型，因此，S7 - 200 PLC 的高速计数器共有 12 种工作模式。值得注意的是，对于 HSC0～HSC5，只有 HSC1 和 HSC2 具备这 12 种工作模式，HSC0 和 HSC4 有 8 种工作模式，HSC3 和 HSC5 均只有 1 种工作模式。当某个高速计数器的工作模式确定后，它所使用的输入点已由系统指定，如表 4.22 所列，而不能由用户自行分配。但是高速计数器当前模式下未使用的输入点可作为普通输入点使用。

表 4.22 高速计数器的工作模式

模式	描述	输入点			
	HSC0	I0.0	I0.1	I0.2	
	HSC1	I0.6	I0.7	I1.0	I1.1
	HSC2	I1.2	I1.3	I1.4	I1.5
	HSC3	I0.1			
	HSC4	I0.3	I0.4	I0.5	
	HSC5	I0.4			
0		计数			
1	带有内部方向控制的单相计数器	计数		复位	
2		计数		复位	启动
3		计数	方向		
4	带有外部方向控制的单相计数器	计数	方向	复位	
5		计数	方向	复位	启动
6		增计数	减计数		
7	带有增/减计数时钟的双相计数器	增计数	减计数	复位	
8		增计数	减计数	复位	启动
9		A 相	B 相		
10	A/B 相正交计数器	A 相	B 相	复位	
11		A 相	B 相	复位	启动

2）高速计数器指令

（1）定义高速计数器指令

在使能输入(EN)有效时,定义高速计数器指令(HDEF)指定的高速计数器(HSC)选择一种工作模式(MODE)。在使用高速计数器之前首先必须利用该指令来选择高速计数器的工作模式,每一个高速计数器只能使用一条定义指令。

使 ENO 断开的出错条件是 0003(输入点冲突)、0004(中断中的非法指令)和 000A(HSC重复定义)。

（2）高速计数器指令

高速计数器指令(HSC)在使能输入(EN)有效时,根据高速计数器特殊存储器控制位的状态,配置和控制编号为 N 的高速计数器。

使 ENO 断开的出错条件是 0001(在 HDEF 指令之前执行 HSC 指令)和 0005(同时执行HSC 指令和脉冲输出指令 PLS)。

高速计数器指令格式及其有效操作数如表 4.23 所列。

表 4.23　高速计数器指令

指令类型	LAD	STL	有效操作数
定义高速计数器指令	HDEF ─EN　ENO─ ─HSC ─MODE	HDEF HSC, MODE	HSC:常数 　　CPU221、CPU222:0、3、4、5 　　CPU 224、CPU 224 XP 和 CPU 226、CPU 226 XM:0~5 MODE:常数(0~11)
高速计数器指令	HSC ─EN　ENO─ ─N	HSC N	N:常数 　　CPU221、CPU222:0、3、4、5 　　CPU 224、CPU 224 XP 和 CPU 226、CPU 226 XM:0~5

3）高速计数器编程

在使用高速计数器时,必须完成以下基本操作:

（1）定义高速计数器和模式

这个操作由执行 HDEF 指令完成。

（2）设置控制字节

每个高速计数器都有一个控制字节(见表 4.24),用户可根据控制要求来设置相应的控制字节的值。

（3）设置初始值和预置值

每个高速计数器均有一个 32 位的初始值和预置值(见表 4.24),用户在执行 HSC 指令前,必须利用传送指令将初始值和预置值存入相应的特殊存储器中。

高速计数器的当前值为只读数据,通过指定高速计数器的地址(HC N)便可获得。

（4）指定并使能中断服务程序

这个操作由执行 ATCH 和 ENI 指令完成。

高速计数器的计数和动作采用中断方式进行控制,如表 4.21 所列。与高速计数器有关的中断事件有三类,即当前值等于预置值中断、输入方向改变中断和外部复位中断。

如表 4.24 所列,每个高速计数器均有一个状态字节,用来反映高速计数器的工作状态,以便使其他事件能够引发中断来完成更为重要的操作。其中的状态存储位(详见附录 C.2)指出了当前计数方向、当前值大于或等于预置值,而且只有在执行中断服务程序时状态位才有效。

表 4.24 与高速计数器有关的特殊存储器

高速计数器	HSC0	HSC1	HSC2	HSC3	HSC4	HSC5
控制字节	SMB37	SMB47	SMB57	SMB137	SMB147	SMB157
初始值	SMD38	SMD48	SMD58	SMD138	SMD148	SMD158
预置值	SMD42	SMD52	SMD62	SMD142	SMD152	SMD162
状态字节	SMB36	SMB46	SMB56	SMB136	SMB146	SMB156

(5)激活高速计数器

在以上各项操作完成后,通过 HSC 指令启动高速计数器进行计数。

例 4.9 高速计数器指令应用举例,程序如图 4.18 所示。

2. 高速输出指令

高速输出功能是指在 PLC 的某些指定输出端产生高速脉冲,用来驱动负载,实现精确控制。在使用高速输出功能时,PLC 应选择晶体管输出型,以满足高速输出的频率要求。

1)脉冲输出指令

S7 - 200 PLC 利用脉冲输出指令实现高速输出功能。脉冲输出指令(PLS)是在使能输入(EN)有效时,在指定的高速输出点(Q0.0 或 Q0.1)上实现脉冲串输出(PTO)或脉宽调制(PWM)功能。PTO 功能用于输出占空比(脉冲宽度与脉冲周期之比)为 50% 的一串脉冲,用户可通过特殊存储器控制脉冲的周期和个数。如果设定的周期小于 2 个时间单位,则系统将周期默认为 2 个时间单位;如果设定的脉冲数为 0,则系统默认脉冲数为 1。PWM 功能则用于输出占空比可调的一串脉冲,用户可通过特殊存储器控制脉冲的周期和脉宽。如果设定的周期小于 2 个时间单位,则系统将周期默认为 2 个时间单位;如果设定的脉宽等于周期(占空比为 100%),则输出连续接通;如果设定的脉宽等于 0(占空比为 0%),则输出断开。利用 PWM 和 PTO 功能,S7 - 200 PLC 可实现速度和位置的开环控制。脉冲输出指令格式如表 4.25 所列。

表 4.25 脉冲输出指令

指令形式	LAD	STL
指令格式	PLS EN ENO Q0.X	PLS Q0.X
有效操作数(X)	常数(0 或 1)	

2)PWM 编程

PWM 编程包括初始化 PWM 输出和修改 PWM 输出的脉冲宽度两个方面。

(1)初始化 PWM 输出

通常可以利用一个子程序来初始化 PWM 脉冲输出,初始化子程序可按以下步骤来创建控制逻辑:

① 设置控制字节。与高速输出功能有关的控制字节如表 4.26 所列。通过设置控制字节,可以允许 PWM 功能、选择 PWM 操作、选择增量单位、设置允许更新脉冲宽度值和周期值。

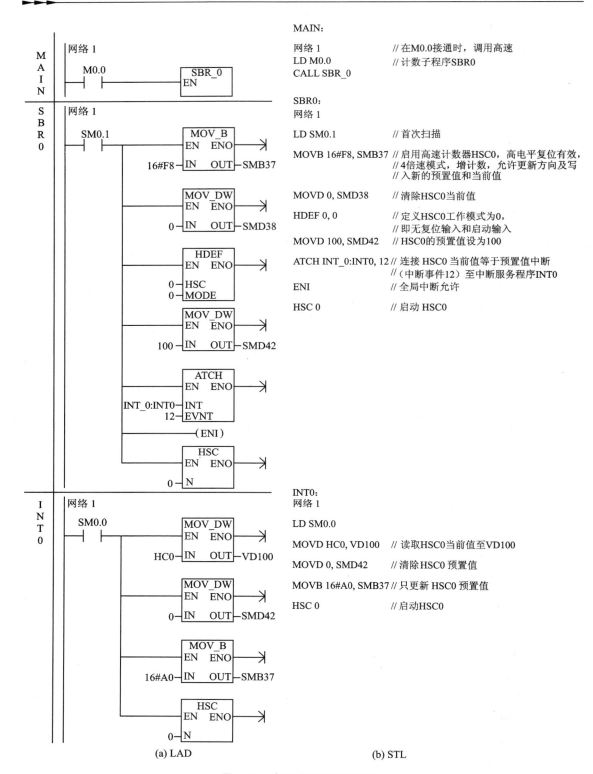

(a) LAD   (b) STL

图 4.18   高速计数器指令应用

表 4.26　与 PWM 有关的特殊存储器

SM	Q0.0	Q0.1
控制字节	SMB67	SMB77
周期值	SMW68	SMW78
脉宽值	SMW70	SMW80

② 写入预期的周期值和脉冲宽度值。按控制要求将周期值和脉冲宽度值写入相应的特殊存储器(见表 4.26)。

③ 执行 PLS 指令。在完成上述设置后执行 PLS 指令,启动 PWM 功能。

(2) 修改 PWM 输出的脉冲宽度

通过编制子程序可以改变输出脉冲的宽度。首先将修改后的脉冲宽度值通过传送指令送入相应的特殊存储器中,然后执行 PLS 指令。

例 4.10　PWM 应用举例,程序如图 4.19 所示。

4.3.6　S7 – 200 PLC 的 PID 回路控制指令

PID(比例-积分-微分)是闭环控制系统中广泛使用的一种控制算法,在 PLC 中引入 PID 控制可以使 PLC 得以应用到较复杂的控制系统中。S7 – 200 PLC 利用 PID 回路控制指令实现 PID 功能,通过 STEP 7 – Micro/WIN 中的 PID 指令向导,可以使用户能够更加方便地生成一个 PID 控制算法,并完成 PID 参数的自整定。

PID 回路控制指令是在使能输入(EN)有效时,根据回路表中的输入和组态信息进行 PID 运算。PID 指令包含两个操作数,即 TBL 和 LOOP,TBL 为回路表的起始地址,而 LOOP 为回路号。PID 指令格式及其有效操作数如表 4.27 所列。使 ENO 断开的出错条件是 SM1.1(溢出)和 0006(间接寻址)。

表 4.27　PID 回路控制指令

LAD	STL	有效操作数	
		TBL	LOOP
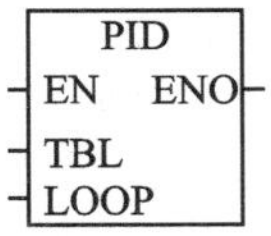 PID EN ENO TBL LOOP	PID TBL,LOOP	VB	常数(0~7)

一个用户程序最多可以使用 8 条 PID 指令,而且必须使用不同的回路号,因为如果不同的 PID 指令使用了相同的回路号,即使回路表不同,PID 运算之间也会相互干涉,从而产生无法预料的结果。

在使用 PID 指令之前必须对回路表进行设置,如表 4.28 所列,基本回路表包含 9 个参数,用于控制和监视 PID 运算。

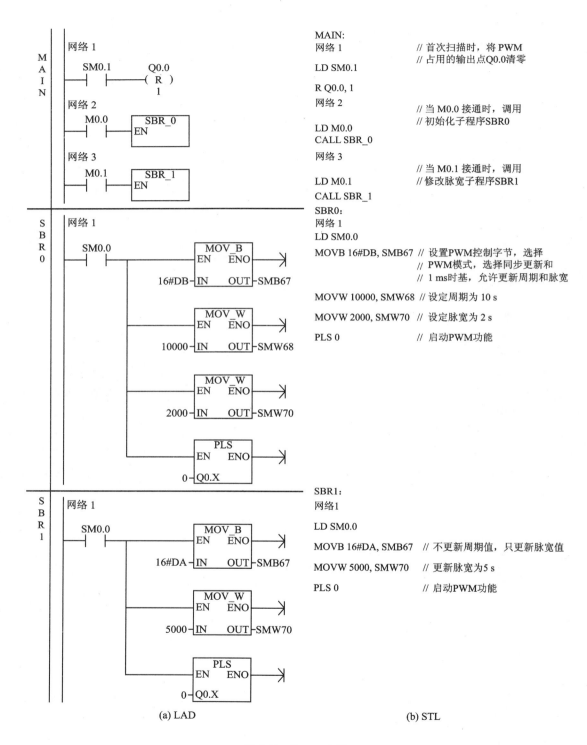

(a) LAD

(b) STL

图 4.19　PWM 应用

表 4.28　PID 指令的基本回路表

参　数	偏移地址	格　式	类　型	描　述
过程变量当前值 PV_n	0	实型	输入	第 n 个采样时刻的过程变量值，必须在 0.0～1.0 之间
设定值 SP_n	4	实型	输入	第 n 个采样时刻的给定值，必须标定在 0.0～1.0 之间
输出值 M_n	8	实型	输入/输出	第 n 个采样时刻的 PID 回路输出值，必须在 0.0～1.0 之间
增益 K_C	12	实型	输入	比例常数，正数或负数
采样时间 T_s	16	实型	输入	单位为 s，必须是正数
积分时间 T_i	20	实型	输入	单位为 min，必须是正数
微分时间 T_d	24	实型	输入	单位为 min，必须是正数
积分项前值 MX	28	实型	输入/输出	第 $n-1$ 个采样时刻的积分项，必须在 0.0～1.0 之间
过程变量前值 PV_{n-1}	32	实型	输入/输出	第 $n-1$ 个采样时刻的过程变量值

例 4.11　PID 指令应用举例，程序如图 4.20 所示。在本例中，某水箱中的水以变化的速度流出，这就要求水泵以不同的速度为水箱供水，以始终保持水箱水位在满水位的 80%。

该系统采用 PID 控制，给定值为 80% 满水位，过程变量为水箱水位（由液位计测量），输出值为供水泵速度，可在 0%～100% 之间变化。过程变量和输出值均为单极性模拟量，标定范围为 0.0～1.0，分辨率为 1/32 000。

在本程序中，PID 回路表的起始地址为 VB300，因此 PID 基本回路表参数的地址分配情况如表 4.29 所列。PID 参数初步确定为：K_C 为 0.3，T_s 为 0.15 s，T_i 为 30 min，T_d 为 20 min。

系统的工作过程为：启动时关闭出水口，手动调节进水泵速度，使水位达满水位的 80%，然后打开出水口，同时水泵切换为自动控制，I1.0 为手动/自动切换信号，0 代表手动，1 代表自动。

表 4.29　水箱水位 PID 控制地址分配

地　址	功能描述	地　址	功能描述
输入/输出		PID 回路表参数	
I1.0	手动/自动切换	VD300	过程变量
AIW0	水箱水位	VD304	设定值
AQW0	供水泵速度	VD308	输出值
		VD312	增　益
		VD316	采样时间
		VD320	积分时间
		VD324	微分时间

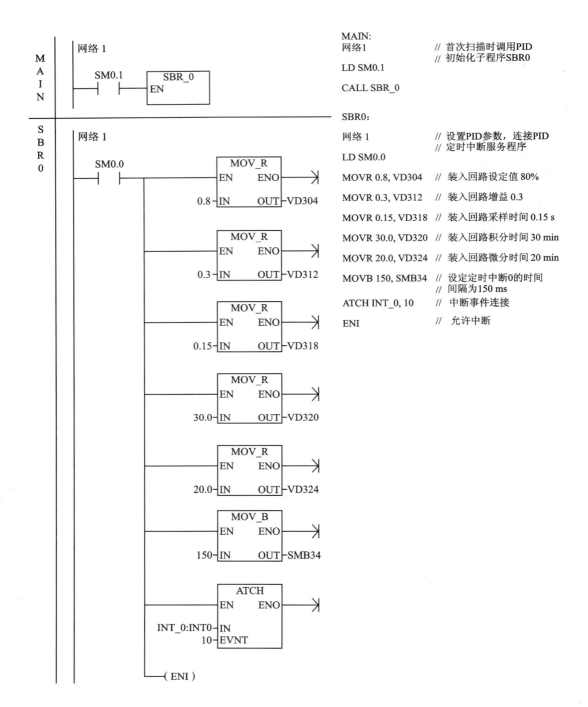

图 4.20　PID 指令应用

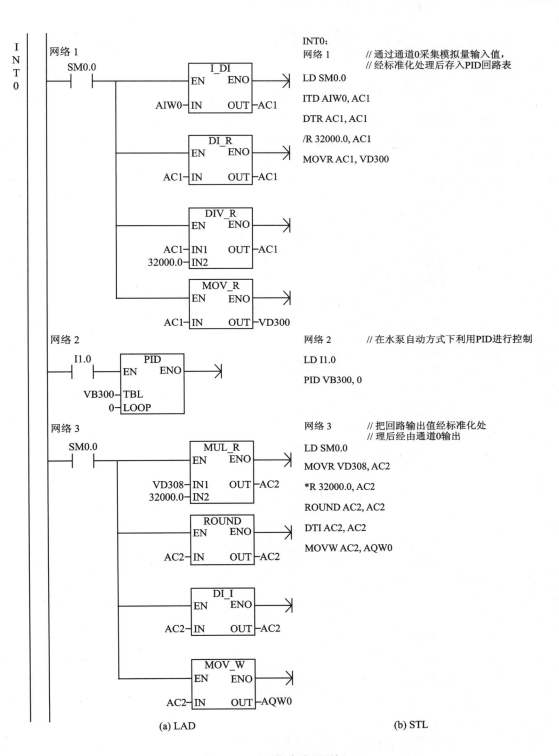

INT0:

网络 1　　// 通过通道0采集模拟量输入值，
　　　　　// 经标准化处理后存入PID回路表

LD SM0.0

ITD AIW0, AC1

DTR AC1, AC1

/R 32000.0, AC1

MOVR AC1, VD300

网络 2　　// 在水泵自动方式下利用PID进行控制

LD I1.0

PID VB300, 0

网络 3　　// 把回路输出值经标准化处
　　　　　// 理后经由通道0输出

LD SM0.0

MOVR VD308, AC2

*R 32000.0, AC2

ROUND AC2, AC2

DTI AC2, AC2

MOVW AC2, AQW0

(a) LAD　　　　　　　　　　　　　　　　　(b) STL

图 4.20　PID 指令应用 (续)

4.4　S7－200 PLC 高级应用示例

4.4.1　高速计数器的应用示例

本示例利用脉冲输出(PLS)来为 HSC 产生高速计数信号。PLS 可以产生脉冲串和脉宽调制信号(可用于控制伺服电动机)。由于利用脉冲输出,因此必须选用 CPU224DC/DC/DC。

1. 程序框图

高速计数器应用示例程序框图如图 4.21 所示。

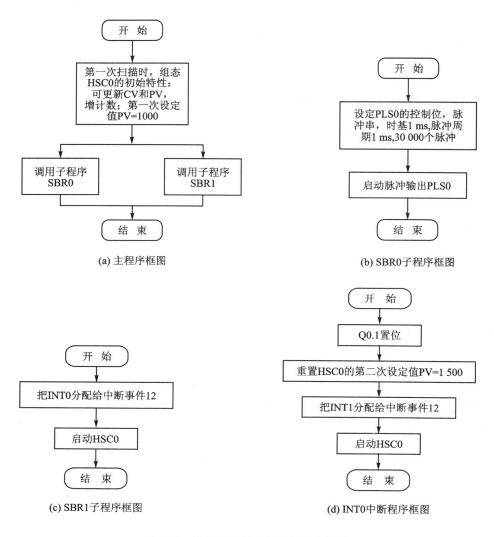

(a) 主程序框图　　　　　(b) SBR0子程序框图

(c) SBR1子程序框图　　　　(d) INT0中断程序框图

图 4.21　高速计数器应用示例程序框图

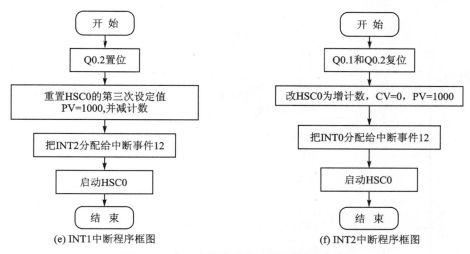

(e) INT1中断程序框图　　　　　　(f) INT2中断程序框图

图 4.21　高速计数器应用示例程序框图(续)

2. 控制程序

高速计数器应用示例控制程序及注释如图 4.22 所示。

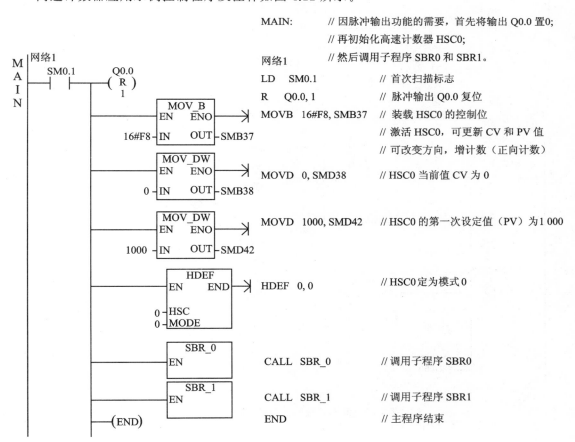

MAIN:	// 因脉冲输出功能的需要，首先将输出 Q0.0 置0;
	// 再初始化高速计数器 HSC0;
网络1	// 然后调用子程序 SBR0 和 SBR1。
LD　SM0.1	// 首次扫描标志
R　Q0.0, 1	// 脉冲输出 Q0.0 复位
MOVB　16#F8, SMB37	// 装载 HSC0 的控制位
	// 激活 HSC0，可更新 CV 和 PV 值
	// 可改变方向，增计数（正向计数）
MOVD　0, SMD38	// HSC0 当前值 CV 为 0
MOVD　1000, SMD42	// HSC0 的第一次设定值（PV）为 1 000
HDEF　0, 0	// HSC0 定为模式 0
CALL　SBR_0	// 调用子程序 SBR0
CALL　SBR_1	// 调用子程序 SBR1
END	// 主程序结束

图 4.22　高速计数器应用示例控制程序

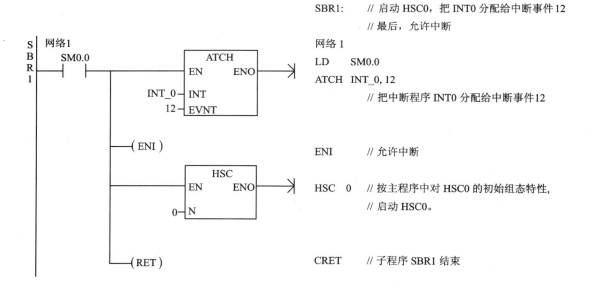

SBR0:　　　　　　　　　// 初始化，并激活脉冲输出

网络 1
LD　　SM0.0
MOVB　16#8D, SMB67　　// 装载脉冲输出（PLS0）的控制位:
　　　　　　　　　　　　// 脉冲串（PT0），时基 1 ms，可更新，
　　　　　　　　　　　　// 激活 PLS。

MOVW　1, SMW68　　　　// 定义脉冲周期 1ms

MOVD　30000, SMD72　　// 指定需要产生的脉冲数（30 000个）

PLS　　0　　　　　　　// 启动脉冲输出（PLS0）
　　　　　　　　　　　　// 由输出端 Q0.0 输出脉冲

CRET　　　　　　　　　// 子程序 SBR0 结束

SBR1:　　　// 启动 HSC0，把 INT0 分配给中断事件 12
　　　　　　// 最后，允许中断

网络 1
LD　　SM0.0
ATCH　INT_0, 12
　　　　// 把中断程序 INT0 分配给中断事件 12

ENI　　　// 允许中断

HSC　　0　　// 按主程序中对 HSC0 的初始组态特性，
　　　　　　// 启动 HSC0。

CRET　　　// 子程序 SBR1 结束

图 4.22　高速计数器应用示例控制程序（续）

网络1

```
I   网络1
N   SM0.0      Q0.1
T    ─┤├──────┤├────( S )
0                      1
```

```
       ┌─────────────┐
       │   MOV_B      │
       │ EN      ENO  ├──→
       │             │
16#A0 ─┤ IN     OUT  ├─ SMB37
       └─────────────┘
```

```
       ┌─────────────┐
       │  MOV_DW      │
       │ EN      ENO  ├──→
       │             │
1500 ──┤ IN     OUT  ├─ SMD42
       └─────────────┘
```

```
       ┌─────────────┐
       │   ATCH       │
       │ EN      ENO  ├──→
       │             │
INT_1 ─┤ INT         │
  12 ──┤ EVNT        │
       └─────────────┘
```

```
       ┌─────────────┐
       │   HSC        │
       │ EN      ENO  ├──→
       │             │
   0 ──┤ N           │
       └─────────────┘
```

```
       ──( RETI )
```

INT0:

网络 1

LD　SM0.0

S　Q0.1, 1

MOVB　16#A0, SMB37

MOVD　1500, SMD42

ATCH　INT_1, 12

HSC　0

CRETI

// 当 HSC0 计数脉冲达到第一次设定值 1000 时,
// 调用中断程序 INT0。

// 输出端 Q0.1 置 1

// 重置 HSC0 的控制位:仅更新设定值(PV)

// 为 HSC0 设置新的设定值为 1 500
// 即第二次设定值 PV=1 500

// 用 INT1 取代 INT0,分配给中断事件 12

// 启动 HSC0,为其装载新的设定值

// 中断程序 INT0 结束

网络1

```
I   网络1
N   SM0.0      Q0.2
T    ─┤├──────┤├────( S )
1                      1
```

```
       ┌─────────────┐
       │   MOV_B      │
       │ EN      ENO  ├──→
       │             │
16#B0 ─┤ IN     OUT  ├─ SMB37
       └─────────────┘
```

```
       ┌─────────────┐
       │  MOV_DW      │
       │ EN      ENO  ├──→
       │             │
1000 ──┤ IN     OUT  ├─ SMD42
       └─────────────┘
```

```
       ┌─────────────┐
       │   ATCH       │
       │ EN      ENO  ├──→
       │             │
INT_2 ─┤ IN          │
  12 ──┤ EVNT        │
       └─────────────┘
```

```
       ┌─────────────┐
       │   HSC        │
       │ EN      ENO  ├──→
       │             │
   0 ──┤ N           │
       └─────────────┘
```

```
       ──( RETI )
```

INT1:

网络 1

LD　SM0.0

S　Q0.2, 1

MOVB　16#B0, SMB37

MOVD　1000, SMD42

ATCH　INT_2, 12

HSC　0

CRETI

// 当 HSC0 计数脉冲达到第二次设定值 1 500 时,
// 调用中断程序 INT1

// 输出端 Q0.2 置 1

// 重置 HSC0 的控制位:更新设定值
// 并改成减计数(反向计数)

// 重置 HSC0 的下一个设定值为 1 000
// 即第三次设定值 PV=1 000

// 用 INT2 取代 INT1,分配给中断事件 12

// 启动 HSC0,
// 为其装载新的设定值和计数方向。

// 中断程序 INT1 结束

图 4.22　高速计数器应用示例控制程序(续)

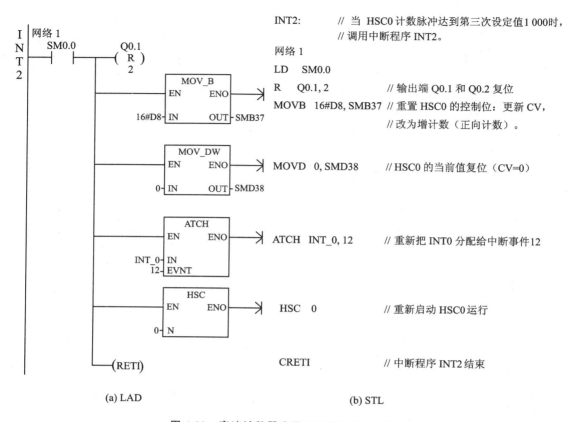

INT2:　　　// 当 HSC0 计数脉冲达到第三次设定值 1 000 时，
　　　　　　// 调用中断程序 INT2。

网络 1

LD　　SM0.0

R　　Q0.1, 2　　　　// 输出端 Q0.1 和 Q0.2 复位

MOVB　16#D8, SMB37　// 重置 HSC0 的控制位：更新 CV，
　　　　　　　　　　// 改为增计数（正向计数）。

MOVD　0, SMD38　　　// HSC0 的当前值复位（CV=0）

ATCH　INT_0, 12　　// 重新把 INT0 分配给中断事件 12

HSC　0　　　　　　　// 重新启动 HSC0 运行

CRETI　　　　　　　// 中断程序 INT2 结束

(a) LAD　　　　　　　　　　　　　　　　(b) STL

图 4.22　高速计数器应用示例控制程序 (续)

4.4.2　脉宽调制的应用示例

在 S7 - 200 系列 PLC 中，输出端 Q0.0 和 Q0.1 能够输出脉冲信号，而且脉冲信号的周期和宽度均能独立调节。其中，脉宽是指在一个周期内，输出信号处于高电平的时间长度。

本示例展示了脉宽调制（PWM）的工作流程。输出端 Q0.0 输出脉冲信号，脉宽每周期递增 0.5 s，周期固定为 5 s，并且脉宽的初始值为 0.5 s。当脉宽达到设定的最大值 4.5 s 时，脉宽改为每周期递减 0.5 s，直至为 0。以上过程周而复始。

在这个示例中，必须把输出端 Q0.0 与输入端 I0.0 连接，这样才能实现 PWM 控制。由于利用脉冲输出，因此必须选用 CPU224DC/DC/DC。

1. 程序框图

脉宽调制应用示例程序框图如图 4.23 所示。

2. 控制程序

脉宽调制应用示例控制程序及注释如图 4.24

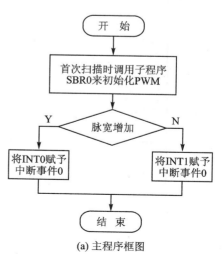

(a) 主程序框图

图 4.23　脉宽调制应用示例程序框图

所示。

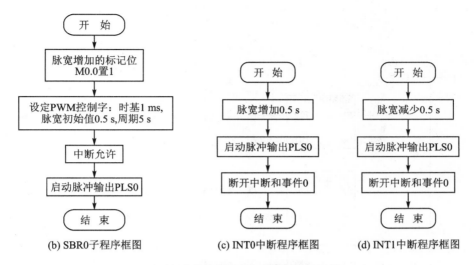

(b) SBR0子程序框图　　　(c) INT0中断程序框图　　　(d) INT1中断程序框图

图 4.23　脉宽调制应用示例程序框图(续)

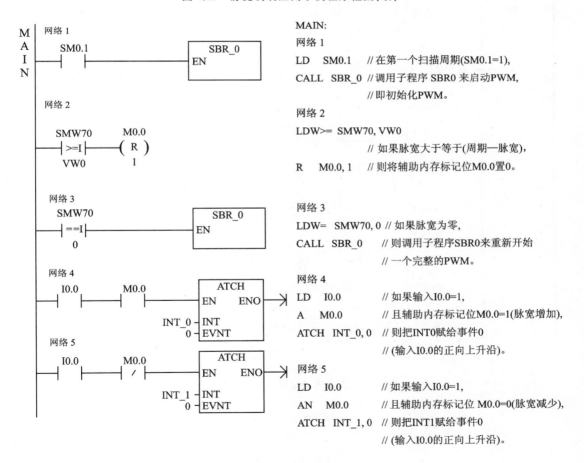

MAIN:

网络 1

LD　SM0.1　// 在第一个扫描周期(SM0.1=1),

CALL　SBR_0　// 调用子程序 SBR0 来启动PWM,

　　　　　// 即初始化PWM。

网络 2

LDW>= SMW70, VW0

　　　　// 如果脉宽大于等于(周期—脉宽),

R　M0.0, 1　// 则将辅助内存标记位M0.0置0。

网络 3

LDW= SMW70, 0 // 如果脉宽为零,

CALL　SBR_0　// 则调用子程序SBR0来重新开始

　　　　// 一个完整的PWM。

网络 4

LD　I0.0　// 如果输入I0.0=1,

A　M0.0　// 且辅助内存标记位M0.0=1(脉宽增加),

ATCH　INT_0, 0 // 则把INT0赋给事件0

　　　　// (输入I0.0的正向上升沿)。

网络 5

LD　I0.0　// 如果输入I0.0=1,

AN　M0.0　// 且辅助内存标记位 M0.0=0(脉宽减少),

ATCH　INT_1, 0 // 则把INT1赋给事件0

　　　　// (输入I0.0的正向上升沿)。

图 4.24　脉宽调制应用示例控制程序

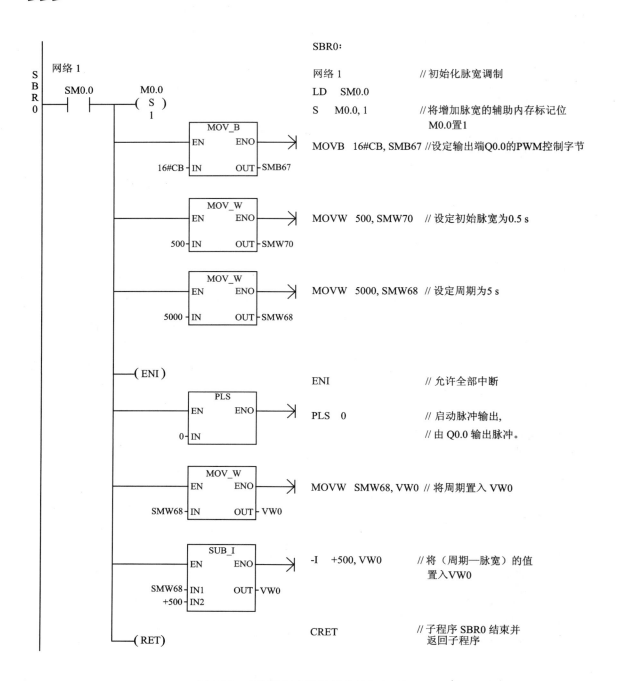

图 4.24　脉宽调制应用示例控制程序（续）

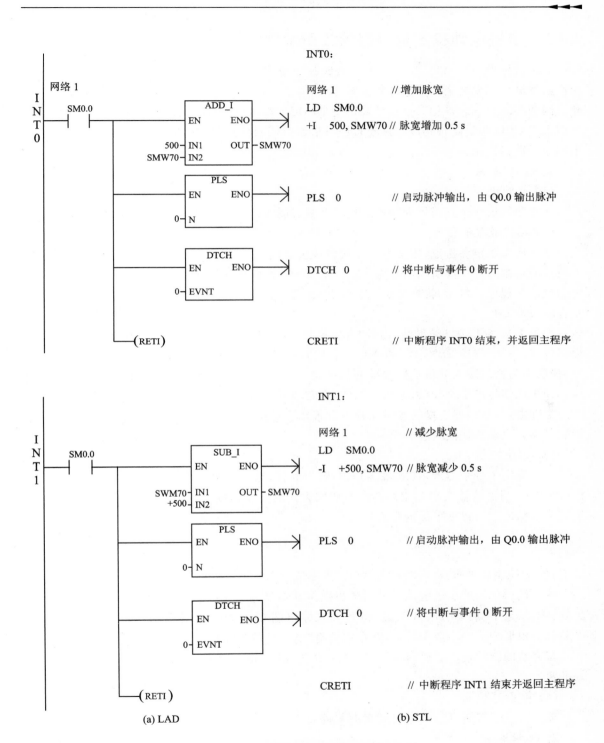

(a) LAD　　　　　　　　　　　　　　　　　　(b) STL

图 4.24　脉宽调制应用示例控制程序(续)

4.4.3　步进电动机定位控制的应用示例

本示例借助 S7 - 200 PLC 产生的集成脉冲输出,通过步进电动机来实现相对的位置控制。虽然这种类型的定位控制不需要参考点,但本例还是简略地说明了确定参考点的简单步骤。因为实际上它总是相对一根轴确定一个固定的参考点,因此,用户借助于一个输入字节的对偶码为 CPU 指定定位角度。用户程序可根据对偶码计算出所需的定位步数,再由 CPU 输出相应个数的控制脉冲。

1. 程序说明

(1) 初始化

在程序的第一个扫描周期初始化重要参数、选择旋转方向和解除联锁。

(2) 设置或取消参考点

如果还未确定参考点,则参考点曲线应从按下"启动"按钮(I1.0)开始,CPU 有可能输出最大数量的控制脉冲。在所需的参考点,按下"设置/取消参考点"开关(I1.4)后,首先调用停止电动机的子程序。然后,将参考点标志位 M0.3 置为 1,再把新的操作模式"定位控制激活"显示在输出端 Q1.0。

如果 I1.4 的开关已被激活,而且"定位控制"也被激活(M0.3＝1),则切换到"参考点曲线"操作模式。在子程序 SBR1 中,将 M0.3 置为 0,并取消"定位控制激活"的显示(Q1.0＝0)。此外,控制还为输出最大数量的控制脉冲做准备。当两次激活 I1.4 开关,便在两个模式之间切换。如果此信号产生,同时电动机在运转,则电动机自动停止。

实际上,与驱动器连接的参考点开关可替代手动操作切换开关来使用,所以,利用参考点标志能够解决模式切换问题。

(3) 定位控制

如果确定了一个参考点(M0.3＝1),且没有联锁,那么就执行相对的定位控制。在子程序 SBR2 中,控制器从输入字节 IB0 读出对偶码方式的定位角度后,再存入字节 MB11。与此角度有关的脉冲数可依据下面的公式进行计算,即

$$N = \frac{\varphi}{360°} \times S$$

式中,N 为控制脉冲数;φ 为旋转角度(以°为单位);S 为每转所需的步数。

该示例所使用的步进电动机采用半步操作方式($S=1000$)。在子程序 SBR3 中循环计算步数。如果按下"启动"按钮(I1.0),CPU 将从输出端 Q0.0 输出所计算的控制脉冲个数,而且电动机将根据相应的步数来转动,并在内部将"电动机转动"的标志位 M0.1 置为 1。

在完整的脉冲输出之后,执行中断程序 INT0,将 M0.1 置为 0,以便为再次启动电动机做好准备。

(4) 停止电动机

按下"停止"按钮(I1.1),可在任何时候停止电动机。

2. 地址分配

表 4.30 示出了本示例控制程序的地址分配情况。

表 4.30 步进电动机定位控制应用示例地址分配表

输　　入		
地　址	功能描述	说　明
I0.0～I0.7	以(°)为单位的定位角(对偶码)	
I1.0	"启动"开关	启动电动机
I1.1	"停止"开关	停止电动机
I1.4	"设置/取消参考点"开关	
I1.5	"选择旋转方向"开关	
输　　出		
地　址	功能描述	说　明
Q0.0	脉冲输出	
Q0.2	旋转方向信号	Q0.2＝1 左转,Q0.2＝0 右转
Q1.0	操作模式的显示	Q1.0＝1 定位控制激活,Q1.0＝0 取消"定位控制激活"
标志位		
地　址	功能描述	说　明
M0.1	电动机运转标志位	M0.1＝1 电动机转动,M0.1＝0 电动机停止
M0.2	联锁标志位	M0.2＝1 激活联锁,M0.2＝0 解除联锁
M0.3	参考点标志位	
MD8～MD12	辅助标志位	

3. 控制程序

步进电动机定位控制应用示例控制程序及注释如图 4.25 所示。

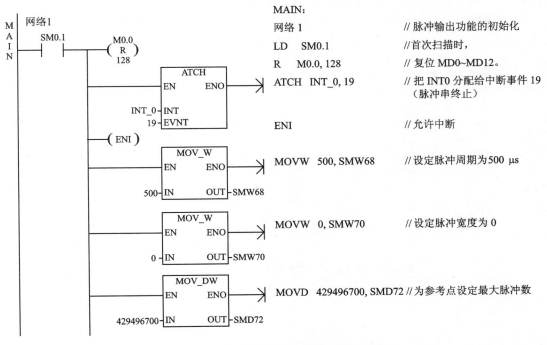

图 4.25 步进电动机定位控制应用示例控制程序

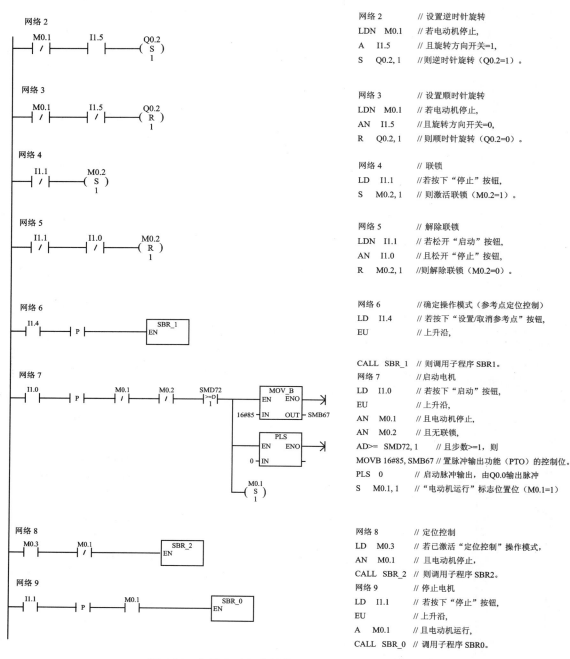

图 4.25　步进电动机定位控制应用示例控制程序（续）

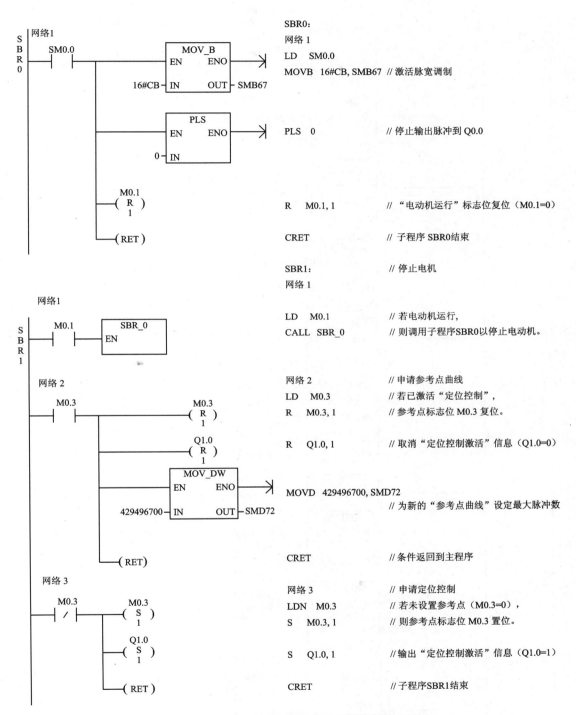

图 4.25　步进电动机定位控制应用示例控制程序（续）

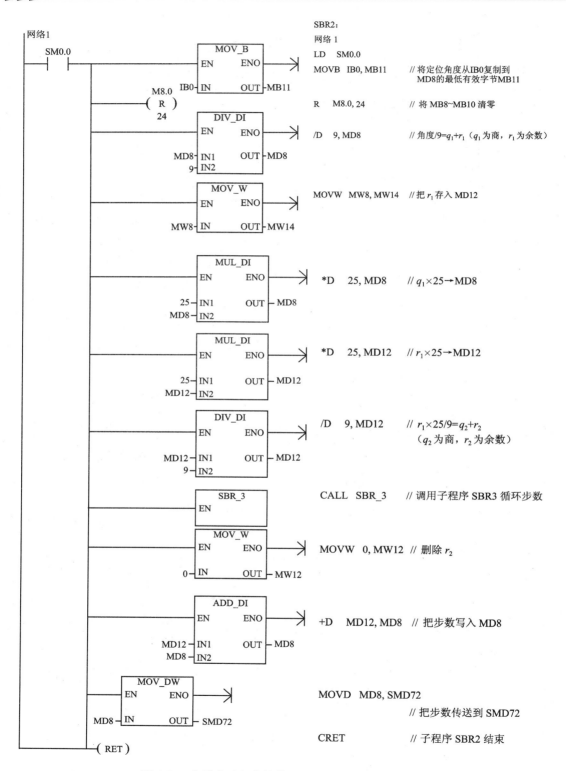

图 4.25　步进电动机定位控制应用示例控制程序(续)

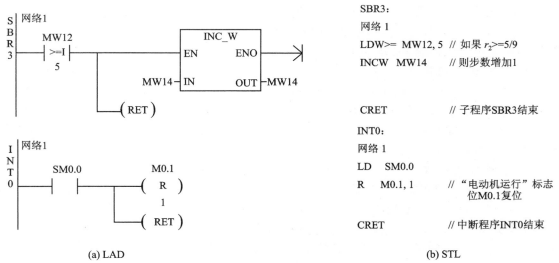

(a) LAD　　　　　　　　　　　　　　　　　　　　(b) STL

图 4.25　步进电动机定位控制应用示例控制程序 (续)

4.5　PLC 控制系统设计

4.5.1　PLC 控制系统设计的基本步骤

一般来说,设计 PLC 控制系统的基本步骤如下:

1. 深入了解和分析被控对象的工艺条件和控制要求

被控对象是指受控的机械设备、电气设备、自动生产线或生产过程。控制要求主要指控制的基本方式(手动、自动或半自动;连续或单周期)、应完成的动作(动作顺序、动作条件、必要的保护和联锁)等。对于较复杂的控制系统,还可将控制任务分成几个独立部分,这样可化繁为简,便于编程和调试。

2. 确定输入/输出设备

根据被控对象对 PLC 控制系统的功能要求,确定系统所需的用户输入/输出设备。常用的输入设备有按钮、选择开关、行程开关、传感器等;常用的输出设备有继电器、接触器、指示灯和电磁阀等。

3. PLC 选择

在详细了解被控对象的控制要求后,首先分析是否选用 PLC 作为控制装置。在控制逻辑关系较复杂(如需要大量的中间继电器、时间继电器、计数器等)、工艺流程需要变动和产品改型频繁、需要进行数据运算、模拟量控制和 PID 调节、现场环境较差而系统对可靠性、安全性和稳定性有较高要求时,使用 PLC 控制是很合适的。然后根据已确定的用户 I/O 设备,统计所需要的 I/O 点数,选择合适的 PLC 类型,包括机型选择、容量选择、I/O 模块选择、电源模块及功能模块选择等。

4. I/O 地址分配,设计 I/O 接线图

I/O 地址分配是 PLC 控制系统设计的基础,只有在 I/O 地址分配以后才能进行程序编制、I/O 接线图设计等工作。

5. PLC 程序设计

程序设计是 PLC 控制系统设计的最核心部分,也是比较困难的一项工作。要想设计好控

制程序,首先应十分熟悉生产工艺和控制要求,同时还要有一定的电气设计的实践经验。

在软件设计的同时还可进行控制台(柜)设计和现场施工,这样可以大大缩短整个工程的周期,这一点与继电接触器控制不同。

6. 系统联机调试

在 PLC 软、硬件设计和电气安装完成后,就可以进行联机调试。如果控制系统比较复杂,则可把它分解为几个部分,先进行局部调试,然后再进行整体调试;如果程序较长,则可分段调试,然后再连接起来进行总体调试。对于调试过程中发现的问题,应通过修改程序或检查硬件接线来逐一排除,直到满足要求为止。

7. 编制技术文件

PLC 控制系统技术文件包括设计说明书、电气原理图、电气布置图、电气安装图、电气元件明细表、PLC 输入/输出接线图以及程序清单等。

在系统设计完成后及时整理技术资料并存档是工程技术人员的良好习惯之一,因为这样可以方便用户在日后生产发展或工艺改进时修改设计,并有利于用户在维修时准确分析并及时排除故障。

PLC 控制系统设计步骤流程图如图 4.26 所示。

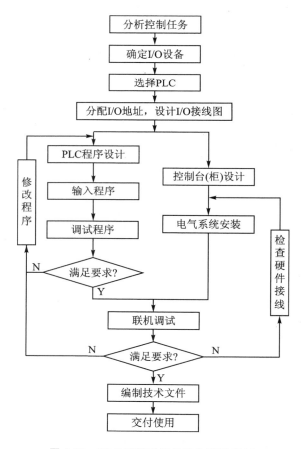

图 4.26　PLC 控制系统设计步骤流程图

4.5.2　PLC 控制系统设计的主要内容

1. PLC 控制系统硬件设计

1）PLC 选择

（1）PLC 机型选择

当一个控制任务确定由 PLC 来完成后，选择 PLC 就成为十分重要的事情。随着 PLC 的普及和发展，PLC 产品的种类越来越多，它们在结构形式、性能、容量、指令系统、编程方法、价格等方面各有不同，而且适用场合也各有侧重。因此，在进行 PLC 机型选择时应在满足功能要求的前提下，保证安全可靠、使用维护方便、性能价格比高，应具体考虑以下几个方面：

① 结构合理：在功能和 I/O 点数相同的情况下，整体式 PLC 比模块式 PLC 价格低，但是模块式 PLC 具有功能扩展灵活、维修方便、容易判断故障等优点，因此要根据实际需求合理选择 PLC 的结构形式。对于控制规模不大、工艺过程相对比较固定、维修量较小的场合，可选用整体式 PLC，其他情况下则选用模块式 PLC。

② 功能合理：所有 PLC 一般都具有常规的功能，但是对于某些特殊要求，应确保所选用的 PLC 有相应的控制能力，这就要求工程技术人员应详细了解市场上流行的 PLC 产品，以便做出正确的选择。对于用于顺序控制、仅为开关量控制时，可选择具有一般功能的低档机；对于以开关量为主、带有少量模拟量的控制系统，可选用具有 A/D 转换、D/A 转换、数学运算和数据传送功能的低档机；对于要求实现 PID 控制、闭环控制以及通信联网的较复杂控制系统，可根据其控制规模和控制复杂程度选用中档机或高档机；对于大规模过程控制系统或分布式控制系统，则应选择高档机。

③ 机型统一：在较大规模的控制系统中应尽可能选择相同品牌、相同机型的 PLC，这样不但便于备品备件的采购和管理，而且由于其功能和编程方法统一，有利于设计人员的技术培训和设计水平提高。此外，PLC 的外部设备通用，资源可以共享，在配备了上位计算机后，便于将各独立控制系统的多台 PLC 组成一个多级分布式控制系统，相互通信、集中管理。

④ 是否在线编程：PLC 的编程方法有离线编程和在线编程两种。离线编程 PLC 的主机和编程器共用一个 CPU，通过编程器上的"编程/运行"选择开关来选择编程或运行状态。在编程时，CPU 只为编程器服务，将无法对现场进行控制。中、小型 PLC 多采用离线编程，由于此类 PLC 的主机和编程器共用一个 CPU，因此硬件成本低。在线编程 PLC 的主机和编程器各有一个 CPU，编程器的 CPU 用于实时处理由键盘输入的编程指令；主机的 CPU 则完成对现场的控制，并在一个扫描周期的末尾和编程器进行通信，接收修改后的程序，在下一个扫描周期，主机将按新程序对现场实施控制。计算机辅助编程可以采用离线编程和在线编程两种方式，但需要配置计算机，并安装编程软件，因此成本较高，但应用领域更为广泛。

在设计中应根据被控对象的工艺是否要求变动来选择是否需要 PLC 具有在线编程能力，对于定型产品和工艺不需要经常改变的设备，应选用离线编程 PLC，否则应考虑选择在线编程 PLC。

⑤ 价格合理：不同厂家的 PLC 价格相差很大，因此在选择 PLC 时也应考虑价格因素，以降低系统成本。

⑥ 熟悉程度：如果工程技术人员对某种品牌的 PLC 较为熟悉，那么在选型时可优先考虑这种 PLC 产品。

此外，不同的负载对 PLC 的输出方式有不同的要求，因此应根据输出负载的特点进行选型。

对于要求高速输出的负载,应选择晶体管输出型 PLC;对于频繁通断的感性负载,应选择晶体管输出型或晶闸管输出型 PLC;对于动作不频繁的交流或直流负载,可选择继电器输出型 PLC。

（2）PLC 容量选择

PLC 容量是指 I/O 点数和用户存储器的存储容量,在选择 PLC 容量时应保证满足控制系统要求,并留有适当的裕量,以便为今后的生产发展和工艺改进留有余地。

① I/O 点数选择:在 PLC 控制系统硬件设计中,对 I/O 点数进行估算是一个重要的基础工作。在进行估算时,首先应根据系统的控制要求确定输入/输出设备的类型和数量,由此确定控制系统实际需要的 I/O 总点数,并另加 10%～20%的裕量,从而得出 PLC 的 I/O 点数。

② 存储容量选择:这里所说的存储容量是指用户程序所需内存容量,它和 PLC 的 I/O 点数、编程人员的编程水平以及有无通信要求、通信的数据量等因素有关,可以利用以下方法进行粗略估算:开关量所需内存容量＝开关量点数×10,模拟量所需内存容量＝模拟量点数×100（只有模拟量输入）或模拟量点数×200（既有模拟量输入,又有模拟量输出）,通信处理所需内存容量＝通信接口数×200。最后,在上述估算容量的基础上应留有 25%裕量,对于有经验的编程人员则可适当少留一些裕量。

2）I/O 分配

PLC 输入/输出分配是指将 I/O 信号在 PLC 接线端子上进行地址分配,从而使输入点和输入信号、输出点和输出控制一一对应。对于软件设计来说,只有 I/O 地址分配以后才能进行编程,而且 I/O 地址分配不同,PLC 程序也将不同。I/O 分配应综合考虑系统布线、安全性及驱动电源的类型和幅值等因素进行合理配置。

在进行 I/O 地址分配时,最好将 I/O 点的名称、代码和地址以表格的形式写出来,即 I/O 分配表。

3）I/O 模块选择

选用不同的 I/O 模块将直接影响 PLC 的应用范围和价格,使用时应根据实际情况合理选择。

（1）输入模块的选择

输入模块在选择时主要考虑模块的电压等级和同时接通的点数等。

① 电压等级选择:输入模块按电压等级可分为直流 5 V,12 V,24 V,48 V,60 V,应根据现场设备与模块之间的距离来选择输入模块的电压。通常 5 V,12 V,24 V 模块传输距离不宜太远,如 5 V 模块最远不得超过 10 m,距离较远的设备则应选择较高电压的模块。

② 同时接通的点数:高密度输入模块（如 32 点和 64 点）对同时接通的输入点数有限制,一般同时接通的输入点数不得超过总输入点数的 60%。

（2）输出模块的选择

输出模块的选择主要考虑模块的输出方式、输出电压、输出电流和同时接通的点数等。

① 输出方式选择:输出模块按输出方式可分为继电器输出、晶体管输出和晶闸管输出。继电器输出的模块价格低廉,适用电压范围较宽,导通压降小,但是属于有触点输出,动作速度较慢,寿命较短,因此适用于不频繁通断的负载。当驱动感性负载时,最大通断频率不得超过 1 Hz。晶体管输出和晶闸管输出模块采用无触点输出,可靠性高,响应速度快,寿命长,但过载能力差,适用于频繁通断的感性负载。

② 额定电流选择：输出模块的额定电流有两种：一种是模块每个输出点输出的额定电流值，该额定电流必须大于负载的额定电流；另一种是模块每个公共端所允许通过的额定电流值，该额定电流必须大于输出模块同时接通的输出点的电流累计值。如 S7 - 200 PLC 的 8 路继电器输出 EM222 模块，每点额定电流为 2 A，但每个公共端所允许通过的额定电流并非 2 A×8＝16 A，而是8 A，因此在选择输出模块时应考虑同时接通的点数。

③ 同时接通的点数：输出模块同时接通的点数一般不得超过输出点数的 60％。

（3）电源模块的选择

电源模块在选择时主要考虑模块的额定输出电流必须大于 CPU 模块及扩展模块等消耗电流的总和。

对于整体式 PLC，由于电源部件和 CPU 集成在一起，因此在选择 CPU 模块时应考虑 CPU 模块提供的电源能否满足本机 I/O 以及扩展模块的需求。

4）电气元器件选择

电气元器件的选择主要是根据控制要求选择操作按钮、行程开关、保护电器、接触器、指示灯、电铃、电磁阀及传感器等。

5）图纸设计

PLC 控制系统的电气图包括电气原理图（电动机主电路和 PLC 外部的其他控制电路图）、电气布置图、电气安装图、PLC 输入/输出端子接线图等。在绘制 I/O 接线图时应注意：接在 PLC 输入端的电器元件一般为动合触点，如停止按钮，这一点与继电接触器控制有所不同。另外，输入电路一般由 PLC 内部提供电源，输出电路则根据负载的额定电压外接电源。

2. PLC 控制系统软件设计

PLC 控制系统软件设计是指编制满足被控对象控制要求的用户程序，即绘制梯形图或编写语句表。

1）软件设计原则

在设计 PLC 控制系统软件时应遵循以下基本原则：

● 力求逻辑关系清晰明了，语句简单，可读性强。另外，程序应尽可能采用模块化结构，以便于系统改进和程序移植。

● 应设置必要的事故报警和联锁保护；对于不能同时工作的生产设备应设置互锁环节，以防止误操作，从而确保控制系统安全、可靠地运行。

● 在保证控制功能的前提下，应尽量缩短程序的长度，以减少程序的运行时间。

2）梯形图编程规则

梯形图是最为常用的 PLC 编程语言，但是在采用梯形图方式编程时应注意，由于 PLC 在运行过程中执行的是机器语言，因此需要对输入的梯形图进行编译处理。如果出现无法编译的梯形图，程序将无法传送给 PLC 主机，因此在设计梯形图时必须遵循以下编程规则：

① PLC 内部元器件的触点可无限次使用。

② 梯形图的每一个梯级都是从左母线开始，从左向右分行绘出，最后以线圈或指令盒结

束。触点不能放在线圈右侧,如图 4.27 所示。

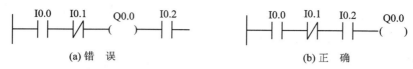

(a) 错　误　　　　　　　　　　(b) 正　确

图 4.27　线圈右侧不得有触点

③ 线圈或指令盒一般不能直接连在左母线上,如果需要,可通过特殊存储器位（如 SM0.0）完成,如图 4.28 所示。

(a) 错　误　　　　　　(b) 正　确

图 4.28　线圈不能直接接在左母线上

④ 某个线圈在同一程序中使用两次或两次以上称为双线圈输出。如果程序中存在双线圈输出,则只有最后一个输出才是有效的,而前边的输出都无效,因此在 PLC 编程中应避免使用双线圈输出,如图 4.29 所示。

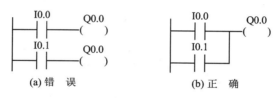

(a) 错　误　　　　　　　　(b) 正　确

图 4.29　避免双线圈输出

但是作为特例,如果线圈重复出现在同一程序的两个不可能同时执行的程序段中（如程序中包含跳转指令）,则不被视为双线圈输出。

⑤ 在有几个串联回路并联时,应将触点最多的串联回路放在梯形图的最上面,如图 4.30 所示。在有几个并联回路串联时,应将触点最多的并联回路放在梯形图的最左面,如图 4.31 所示。这样编制的程序简洁明了,语句较少,程序扫描时间较短。

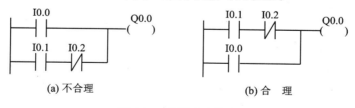

(a) 不合理　　　　　　　　　　(b) 合　理

图 4.30　并联分支编程

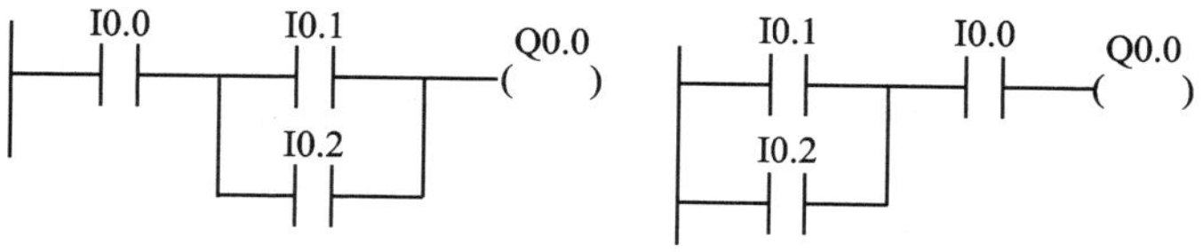

(a) 不合理　　　　　　　　　(b) 合　理

图 4.31　串联分支编程

⑥ 在手工绘制梯形图时,触点应画在水平线上,而不能画在垂直分支线上,如图 4.32 所

示,以便正确识别它与其他触点之间的关系。在编程软件中,在垂直分支上无法添加触点。

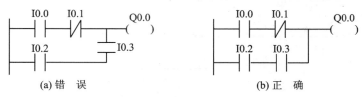

图 4.32　垂直分支线上不能有触点

⑦ 在手工绘制梯形图时,不包含触点的分支应放在垂直方向,不可放在水平方向,如图 4.33 所示,以便于识别触点的组合和输出指令执行的路径。使用编程软件时将不会出现这种情况。

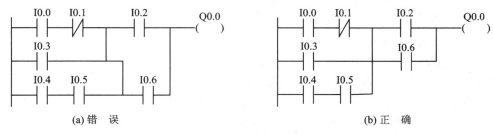

图 4.33　水平方向不能有无触点分支

3)软件设计的主要内容

① 在进行 PLC 软件设计时,除了 I/O,还应根据选用的 PLC 及其内部元件(如中间继电器、定时器、计数器等)的地址范围,为每个所用元件赋予相应的名称和地址,以避免编程过程中重复使用而出错,因此除 I/O 地址分配表外,有时还要将程序中所使用的中间继电器、定时器、计数器和其他内部元件的地址及其作用列出,以便于程序编写和阅读。在分配 I/O 地址时,应尽量将相同种类的输入设备或相同电压等级的输出设备放在一起,连贯安排其地址。

② 根据被控对象的控制要求及动作转换逻辑,绘制 PLC 的控制流程图。控制流程图是 PLC 编程的主要依据,应尽可能准和详细。

③ 根据控制流程图编制出相应控制功能的 PLC 控制程序。

④ 将编写好的程序输入 PLC。如果使用的是手持式编程器,则需要将梯形图转换成语句表,以便于输入;如果是利用 PLC 编程软件在计算机上编程,则可通过上、下位机之间的连接电缆将程序下载到 PLC 中。

⑤ 在将 PLC 与现场设备连接之前,首先应进行程序调试,以排除程序中的错误,同时为联机调试做好准备。

4.4.3　PLC 控制系统设计举例

有一个四级带式运输机(见图 4.34),1#～4# 传送带分别由电动机 M1～M4 驱动,并各配置一个停止开关。带式运输机的启动顺序为 1#→2#→3#→4#,由启动按钮启动。运输机在正常运行时本着先启先停的原则,按 1#→2#→3#→4# 的顺序停止。

1. 控制要求

1)启动过程

按下启动按钮,1# 传送带启动;运行 10 s 后,2# 传送带启动;2# 运行 10 s 后,3# 传送带启

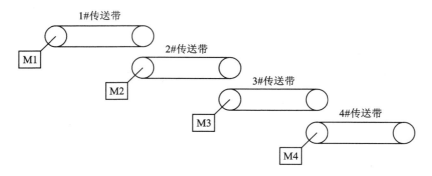

图 4.34　四级带式运输机

动;3#运行10 s后,4#传送带启动。

2)停止过程

带式运输机的停止过程较启动过程复杂,并根据正常停止或异常停止而有所不同。

(1)正常停止过程

在带式运输机正常停止时,首先按下1#传送带停止按钮,1#传送带停止运行;20 s后2#传送带停止运行;2#停止20 s后,3#传送带停止运行;3#停止20 s后,4#传送带停止运行。

(2)故障停止过程

① 1#传送带故障:当1#传送带出现故障时,1#传送带立即停止运行,20 s后停2#传送带;40 s后停3#传送带;60 s后停4#传送带,以便将1#传送带上的物料全部运送完毕。

② 2#传送带故障:当2#传送带出现故障时,2#传送带停止运行,同时1#传送带立即停止;20 s后3#传送带停止运行;40 s后4#传送带停止运行。

③ 3#传送带故障:当3#传送带出现故障时,3#传送带停止运行,同时1#和2#传送带立即停止;20 s后4#传送带停止运行。

④ 4#传送带故障:当4#传送带出现故障时,4#传送带停止运行,同时1#~3#传送带立即停止。

当1#~4#传送带出现故障时,将由各自的指示灯予以报警。如果按下2#~4#传送带的停止按钮,则运输机的停止过程将与②~④相同。

2. 控制系统组成

四级带式运输机控制系统共有9个数字量输入和8个数字量输出,因此选用CPU224模块即可满足控制要求。如果希望减少I/O裕量,则可选用CPU222模块,再加一块4DI/4DO的EM223扩展模块。

3. 控制系统I/O地址分配

如前所述,在分配I/O地址时,应尽量将同类设备排在一起。由图4.35可以看出,在输入设备中,控制按钮SB1~SB5排在一起,地址分别为I0.0~I0.4;热继电器FR1~FR4排在一起,地址分别为I0.5~I1.0。而在输出设备中,接触器KM1~KM4排在一起,地址分别为Q0.0~Q0.3;指示灯HL1~HL4排在一起,地址分别为Q0.4~Q0.7。

四级带式运输机控制系统的I/O点及其地址分配如表4.31所列。

表 4.31　四级带式运输机 PLC 控制系统 I/O 分配表

输入信号		输出信号	
地　址	功能描述	地　址	功能描述
I0.0	启动按钮	Q0.0	1#传送带运行
I0.1	1#传送带停止按钮	Q0.1	2#传送带运行
I0.2	2#传送带停止按钮	Q0.2	3#传送带运行
I0.3	3#传送带停止按钮	Q0.3	4#传送带运行
I0.4	4#传送带停止按钮	Q0.4	1#传送带故障报警
I0.5	1#传送带故障	Q0.5	2#传送带故障报警
I0.6	2#传送带故障	Q0.6	3#传送带故障报警
I0.7	3#传送带故障	Q0.7	4#传送带故障报警
I1.0	4#传送带故障	—	—

4. PLC I/O 接线图

图 4.35 为带式运输机控制系统的 PLC I/O 端子接线图,其中 SB1 为启动按钮,SB2～SB5 为停止按钮,它们都是将各自的常开触点接到 PLC 的输入端。当然,停止按钮也可以接成常闭触点,但是应相应改变程序中的触点指令。系统将驱动电动机 M1～M4 过载作为 1#～4# 传送带故障信号,因此接入热继电器 FR1～FR4 的常闭触点。

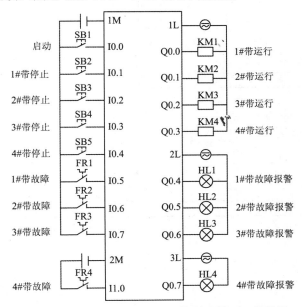

图 4.35　四级带式运输机 PLC 控制系统 I/O 接线图

每一种 S7-200 CPU 模块都有直流供电和交流供电两种方式,本系统选用的 CPU224 模块采用交流供电方式,本机数字量输入分为两组,每组各共用一个公共端,即 I0.0～I0.7 和 I1.0～I1.5 的公共端分别为 1M 和 2M;数字量输出分为三组,即 Q0.0～Q0.3、Q0.4～Q0.6 和 Q0.7～Q1.1,每组的公共端分别为 1L、2L 和 3L。

5. 控制程序设计

四级带式运输机控制系统梯形图及注释如图 4.36 所示,其中,M0.0 为运输机启动标志,

M0.1～M0.4 分别为 $1^\#$～$4^\#$ 传送带的停止标志。该程序中使用了置位/复位指令,使程序得到简化,而且巧妙地解决了非保持型启/停按钮的自锁问题。

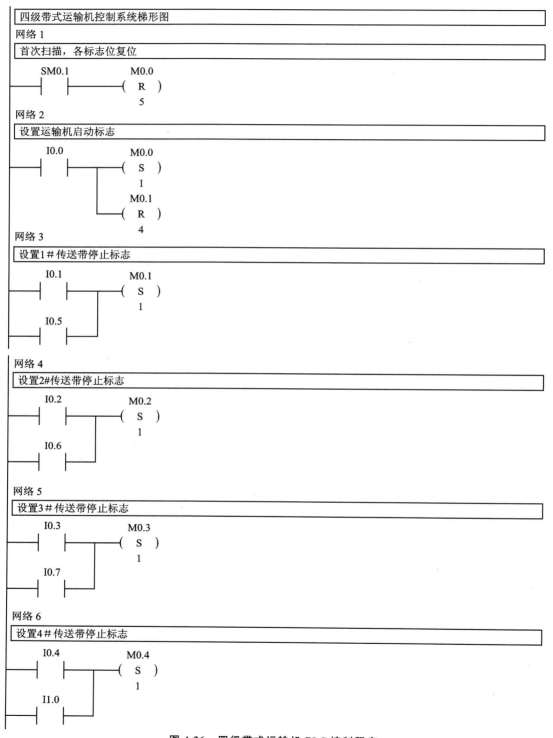

图 4.36　四级带式运输机 PLC 控制程序

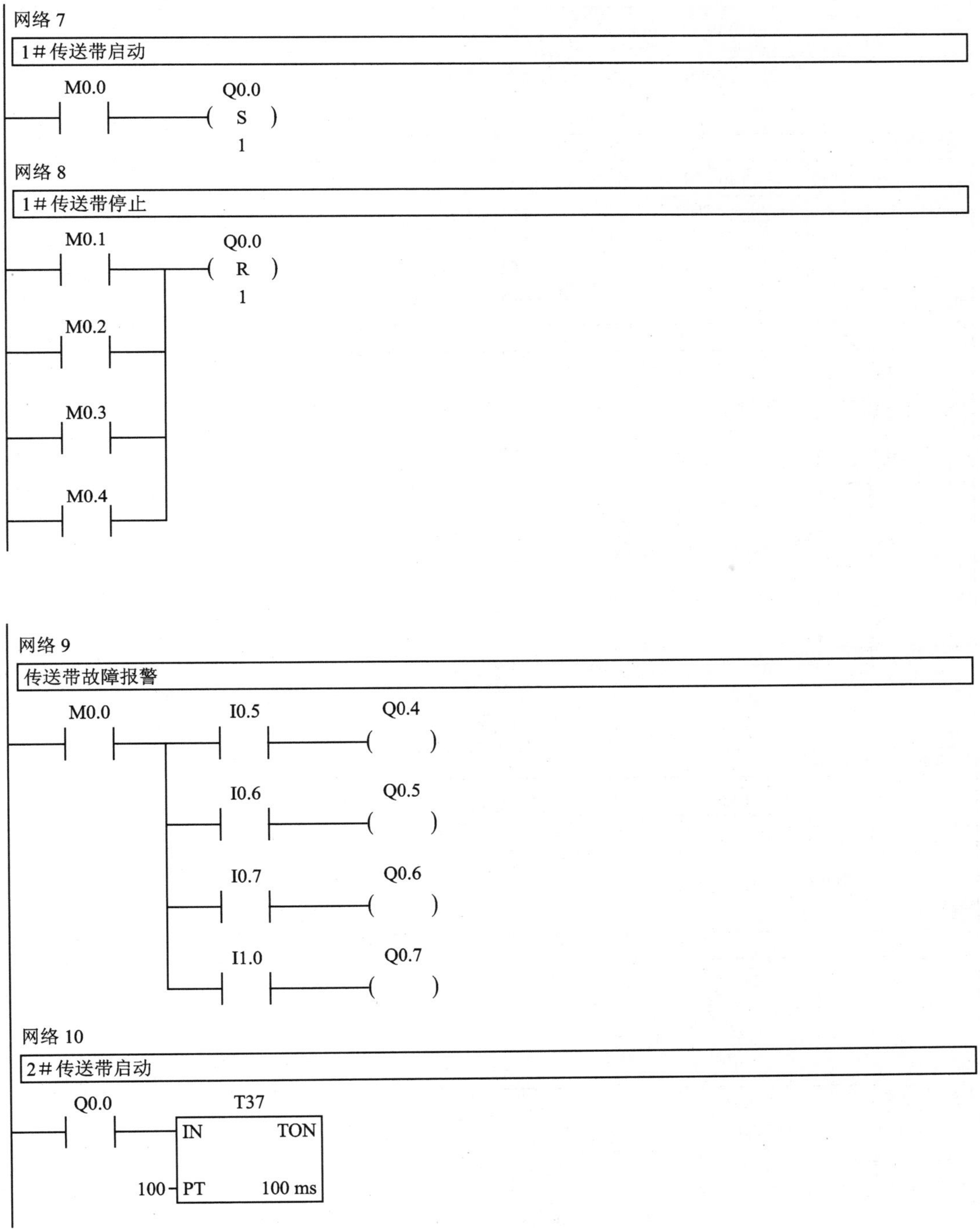

网络 7

1#传送带启动

```
   M0.0            Q0.0
───┤ ├──────────( S )
                   1
```

网络 8

1#传送带停止

```
   M0.1            Q0.0
───┤ ├──────┬───( R )
            │      1
   M0.2     │
───┤ ├──────┤
            │
   M0.3     │
───┤ ├──────┤
            │
   M0.4     │
───┤ ├──────┘
```

网络 9

传送带故障报警

```
   M0.0          I0.5            Q0.4
───┤ ├────┬─────┤ ├──────────(   )
          │
          │      I0.6            Q0.5
          ├─────┤ ├──────────(   )
          │
          │      I0.7            Q0.6
          ├─────┤ ├──────────(   )
          │
          │      I1.0            Q0.7
          └─────┤ ├──────────(   )
```

网络 10

2#传送带启动

```
   Q0.0          T37
───┤ ├────┌──────────────┐
          │ IN       TON  │
          │               │
    100 ──┤ PT      100 ms│
          └──────────────┘
```

图 4.36　四级带式运输机 PLC 控制程序（续）

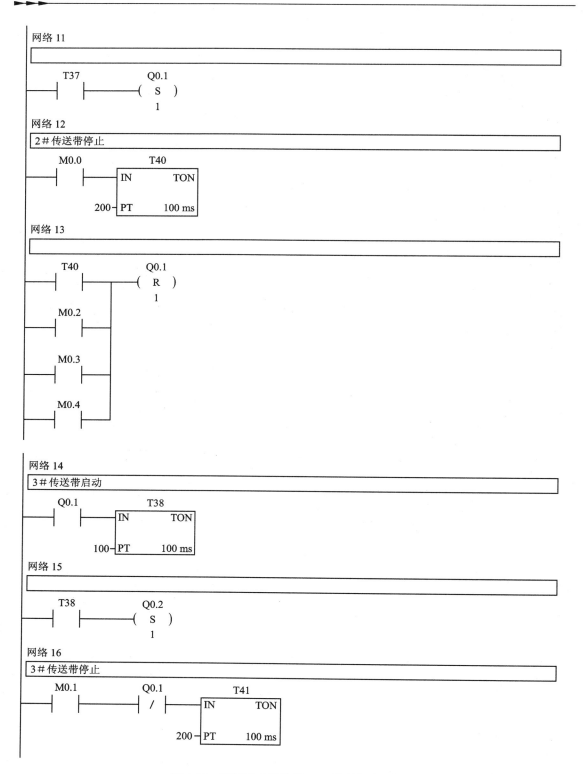

图 4.36　四级带式运输机 PLC 控制程序(续)

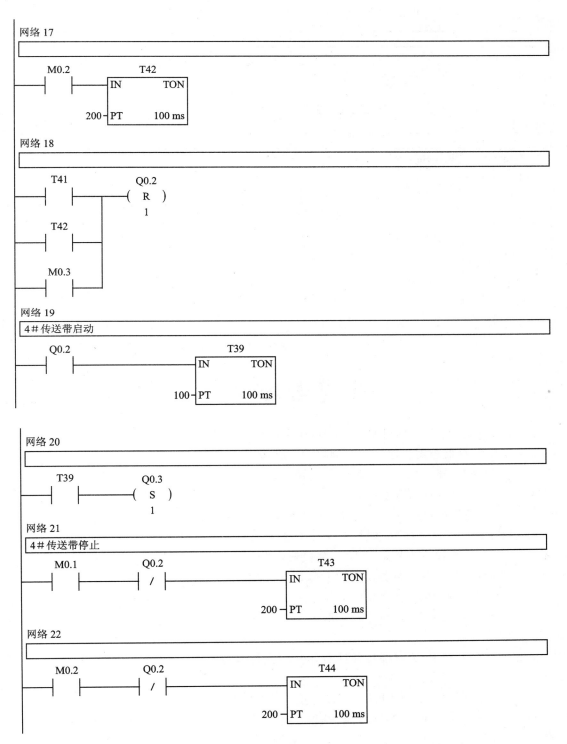

图 4.36　四级带式运输机 PLC 控制程序(续)

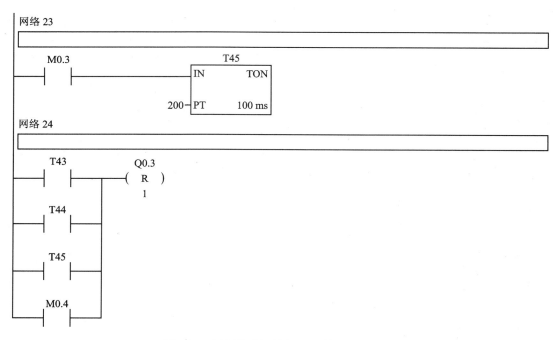

图 4.36 四级带式运输机 PLC 控制程序 (续)

习题与思考题

1. PLC 的编程语言有哪几种？分别适用于什么编程场合？

2. 与继电接触器控制相比，PLC 有哪些异同？

3. PLC 由哪几部分组成？各部分分别起什么作用？

4. PLC 的数字量输出有哪几种类型？分别适合接何种负载？

5. PLC 的工作过程主要分为哪几个阶段？各阶段的主要任务是什么？

6. 拟利用 S7 - 200 PLC 实现某系统的控制，已知该系统需要 15 个数字量输入点、20 个数字量输出点、6 个模拟量输入点 (其中 2 路接热电偶，1 路接热电阻)、4 个模拟量输出点，请完成该系统的硬件配置，并进行各模块的 I/O 地址分配。

7. S7 - 200 系列 PLC 有哪几种编程元件？说明它们各自的寻址范围。

8. S7 - 200 系列 PLC 有哪几种定时器？在到达设定时间时，它们的当前值和位的状态如何？

9. S7 - 200 系列 PLC 有哪几种计数器？在执行复位指令后，它们的当前值和位的状态如何？

10. 试指出图 4.37 中的错误，并加以改正。

11. 试根据图 4.38 所示 I/O 接线图编制出相应的梯形图，要求按钮 SB1 动作并且 SB2 不动作时指示灯 HL 都亮。

12. 拟利用 PLC 实现三相异步电动机 Y -△降压启动控制，要求电动机的启动时间为 25 s，Y 形和△形接法之间的切换必须有 2 s 的延时；电动机应设过载保护。试设计出控制

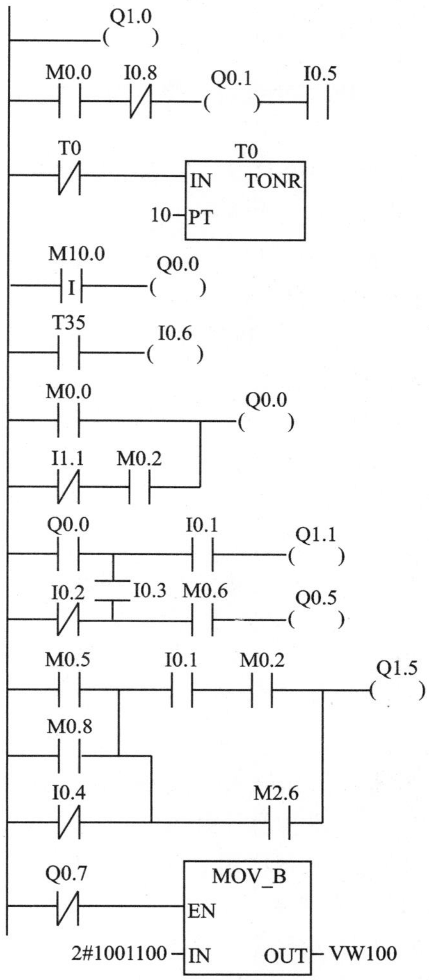

Q1.0
M0.0
I0.8
Q0.1
I0.5
T0
T0
IN
TONR
10
PT
M10.0
I
Q0.0
T35
I0.6
M0.0
Q0.0
I1.1
M0.2
Q0.0
I0.1
Q1.1
I0.2
I0.3
M0.6
Q0.5
M0.5
I0.1
M0.2
Q1.5
M0.8
I0.4
M2.6
Q0.7
MOV_B
EN
2#1001100
IN
OUT
VW100

图 4.37　第 10 题图

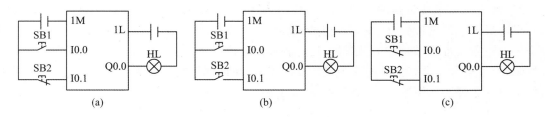

1M
SB1
1L
I0.0
HL
SB2
Q0.0
I0.1
(a)
(b)
(c)

图 4.38　第 11 题图

程序。

13. 拟利用光电开关检测输送带上的产品，如有产品通过，则计数；如在 20 s 内无产品通过，则接通电铃报警；操作工按下复位按钮，则解除报警信号。试设计出控制程序。

14. 设计电动机正反转控制程序，要求电动机正转 10 s 后停 2 s，然后反转 10 s 后停 2 s；循环 5 次后，电动机自动停止。

15. 电动葫芦起升机构动负荷试验，控制要求为：可手动上升和下降；自动运行时，上升6 s

后停 9 s,然后下降 6 s 后停 9 s,反复运行 1 h 后停止运行,并发出声光报警。试设计出控制程序。

16. 如果 MW0 中的数据小于 IW0,则每 1 s 将 MW0 加 1,直至 MW0 等于 IW0,并接通 Q0.0。

17. 拟利用向输出口传送数据的方法实现 5 只彩灯点亮和熄灭的控制。控制过程为:开始工作时,第 1 盏灯先亮,然后每隔 3 s 依次点亮 1 盏灯,直至 5 只彩灯全部亮起;延时 2 s 后再每隔 2 s 熄灭 1 盏灯,直至 5 只彩灯全部熄灭;2 s 后再次循环。要求定时控制采用时间脉冲结合计数器的方式实现,试设计出控制程序。

18. 利用移位指令实现工作台控制,控制过程为:按下启动按钮,电动机正转,工作台右行,碰到限位开关 SQ1 后,电动机反转,工作台左行;当碰到限位开关 SQ2 后,电动机停转;经过 10 s 延时后,工作台再次右行,在碰到限位开关 SQ3 后,电动机反转,工作台再次左行,并在碰到限位开关 SQ2 后自动停止。试设计出控制程序。

19. 高速计数器与普通计数器有何异同? S7 - 200 PLC 共提供几个高速计数器? 分为几种类型? 共有几种工作模式?

20. 如何利用 S7 - 200 PLC 实现步进电动机的速度控制? 一个 S7 - 200 CPU 模块能否同时控制 3 台步进电动机的运行? 如不能,应如何解决?

21. S7 - 200 PLC 的中断有几大类? 哪一类的中断优先级最高? 哪一类的中断优先级最低? 和高速计数器有关的中断有哪几种?

22. 在 PWM 控制中,如何改变周期值? 如何改变脉冲宽度值?

23. 某化工设备通过调节冷水调节阀开度来实现温度 PID 控制,要求每 1 min 采集一次温度值,并经 AIW0 传送到 PLC 中,控制信号由 AQW0 输出;PID 回路参数表的起始地址为 VB100,试设计相应的控制程序,其中子程序用于完成 PID 参数表设置,中断服务程序用于完成数据采集、转换、归一化处理以及控制输出值的工程量标定和输出。

24. 在选择 PLC I/O 模块时应考虑哪些因素?

25. 试说明 PLC 控制系统设计的基本步骤和主要内容。

26. 试分析图 4.36 中定时器 T37～T45 的作用。

27. 有一个四条皮带运输机的传输系统,分别用电动机 M1～M4 驱动,控制要求为:启动时先启动最末一条皮带机,即 M4,经过 5 s 延时后再依次按顺序启动其他皮带机;停止时应先停止最前一条皮带机,即 M1,经过 5 s 延时后再依次按顺序停止其他皮带机;当某条皮带机出现故障时,该皮带机及其前面的皮带机应立即停止,而该皮带机后面的皮带机经过 5 s 延时后再依次按顺序停止。请选择 PLC 型号,画出 I/O 端子接线图,并设计出控制程序。

第5章 电动机无级调速控制

5.1 电动机调速的概念和指标

许多生产机械的运行速度,随其具体工作情况的不同而有所不同,即系统运行的速度需要根据生产机械工艺要求而人为调节。调速是生产机械对机电传动系统要求的主要性能之一。

目前常用的调速方法有机械有级调速、机械与电气相结合的有级调速、电气无级调速等。在机械有级调速系统中,驱动电动机的转速不变,通过机械传动装置来获得多种转速输出,如机床主轴通过主轴变速齿轮箱来得到不同等级的工作速度。这种调速方法很难保证生产设备在所有的情况下都有最佳的工作速度和最高的生产效率。此外,复杂的机械传动装置不仅体积庞大,而且过长的传动链也造成传动精度降低,设备成本提高。为了简化生产设备的传动系统,可以采用机械与电气相结合的方式进行有级调速。这种调速方式利用双速、三速或四速鼠笼式异步电动机提供2~4种转速,再结合机械传动装置获得不同的工作速度,这样不但可以简化传动装置的结构,而且可以减小其体积。由于有级调速的速度输出级数有限,速度以阶跃方式变化,因此无法满足需要连续平滑调速的生产设备的要求,这时就需要采用电气无级调速。电气无级调速通过直接改变电动机的转速来获得连续变化的转速输出,从而大大简化机械传动机构,提高传动精度。本章主要讨论在生产中广泛应用的电气无级调速系统。

5.1.1 电动机调速的概念

电动机调速即速度调节,是指在负载保持不变的条件下,人为改变电路中的一个或几个参数,从而得到不同的转速。至于机电传动系统在其他因素(如负载变化或电源扰动)的影响下而引起的速度变化,则不属于调速范畴。因此,速度调节和速度变化是两个不同的概念。也就是说,速度调节是通过改变电动机的机械特性来改变系统运行的速度的,如图 5.1(a)所示,当电动机的特性由 1 变为 2 时,系统的转速由 n_A 转变为 n_B。而速度变化是在电动机某一条机械特性上发生的速度变化,如图 5.1(b)所示,当负载特性由 1 变为 2 时,系统的转速由 n_A 转变为 n_B。

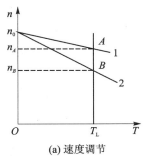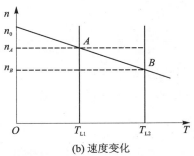

(a) 速度调节 　　　　　　　　　　(b) 速度变化

图 5.1　速度调节与速度变化

5.1.2　调速的性能指标

在生产实践中,为不同的生产机械选择调速方法时,必须在技术和经济两个方面进行比较,因此,调速主要有两大类指标,即技术指标与经济指标。

1. 调速的技术指标

调速的技术指标又分为静态技术指标和动态技术指标。

1) 静态技术指标

静态技术指标是指系统稳定运行时的技术指标,主要有以下三个方面:

(1) 调速范围

调速范围是指电动机在额定负载下可能达到的最高转速 n_{max} 与最低转速 n_{min} 之比,用 D 来表示,即

$$D = \frac{n_{max}}{n_{min}} \tag{5.1}$$

为了简化生产设备,一般要求机电传动系统有较大的调速范围。但是 n_{max} 受电动机的换向及机械强度等方面的限制,在通常情况下,电动机的最高转速就是它的额定转速 n_{N}。

电动机的最低转速 n_{min} 除了取决于调速方法外,还受到系统低速运行时生产机械对转速相对稳定性的限制。所谓相对稳定性,是指当负载转矩变化时转速变化的程度。转速变化愈小,系统的相对稳定性愈好。

(2) 静差率

静差率反映了调速系统的相对稳定性,是指在某一条机械特性上,电动机由理想空载变化到额定负载时所产生的转速降落 Δn 与理想空载转速 n_0 之比,即

$$s = \frac{\Delta n}{n_0} = \frac{n_0 - n}{n_0} \tag{5.2}$$

显然,在 n_0 不变的情况下,电动机的机械特性愈硬,由负载变动而引起的转速降落 Δn 愈小,静差率就愈小,相对稳定性就愈高。而对于具有同样硬度的特性,n_0 愈低,s 愈大,转速的相对稳定性愈差。

因此,生产机械调速时,为了保持系统具有一定的运行稳定性,要求 s 小于某一允许值,这就限制了系统运行的最低转速,从而限制了调速范围 D。可见,D 与 s 是相互制约的。采用同一种方法调速时,s 数值较大即静差率要求较低时,则可以得到较宽的调速范围。如果 s 一定,则采用不同的调速方法,机械特性较硬时,可以得到较宽的调速范围。

调速范围 D 与低速静差率 s_{max} 之间的关系为

$$D = \frac{n_{max}}{n_{min}} = \frac{n_{max}}{n_{0,min} - \Delta n_N} = \frac{n_{max}}{n_{0,min}(1 - s_{max})} = \frac{n_{max} s_{max}}{\Delta n_N (1 - s_{max})} \tag{5.3}$$

式中:Δn_N——额定负载下的转速降落。

从式(5.3)中可以看出,在一定的 s 限定下扩大 D,可以提高机械特性的硬度,即减小 Δn_N。

总之,需要调速的生产机械必须同时提出调速范围与静差率这两项指标,例如普通车床调速要求 $s \leqslant 0.3$ 和 $D = 10 \sim 40$,龙门刨床调速要求 $s \leqslant 0.1$ 和 $D = 10 \sim 50$;否则电动机本身带负载调速可以使最低转速为零,但这时将毫无意义。

（3）调速的平滑性

在一定的调速范围内,调速的级数愈多,认为调速愈平滑。在调速过程中,相邻两级转速的接近程度称为调速的平滑性,可用平滑系数来衡量。所谓平滑系数,是指相邻两级（如 i 级与 $i-1$ 级）转速之比,用 φ 来表示,即

$$\varphi = \frac{n_i}{n_{i-1}} \tag{5.4}$$

φ 值愈小,调速的平滑性愈好。当 $\varphi = 1$ 时称为无级调速,即转速可以连续调节,级数接近于无穷,此时调速的平滑性最好。

2）动态技术指标

图 5.2 反映了系统的转速从 n_1 变化到 n_2 时的动态过程。生产机械对动态过程的技术要求称为动态技术指标,主要有以下三个方面:

（1）最大超调量

最大超调量 M_p 是指在阶跃信号的输入下,最大输出量与稳态值之差与稳态值之比,即

$$M_p = \frac{n_{\max} - n_2}{n_2} \times 100\% \tag{5.5}$$

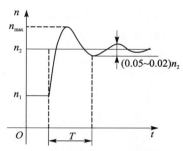

图 5.2　调速系统的动态特性

若 M_p 太大,则不能满足生产工艺的要求;若 M_p 太小,则会使过渡过程过于缓慢,不利于生产效率的提高,M_p 一般为 $10\% \sim 35\%$。

（2）过渡过程时间

过渡过程时间 T 是指从输入控制作用于系统时开始,直至被调量 n 进入 $(0.05 \sim 0.02)n_2$ 稳态值区间内（并且以后不再超出这个范围）为止的一段时间。过渡过程时间愈短,系统的快速响应性愈好。

（3）振荡次数

振荡次数 N 是指在过渡过程时间内,被调量 n 在其稳态值上下摆动的次数。振荡次数愈少,则系统的稳定性愈好。

2. 调速的经济指标

调速的经济指标取决于调速系统的设备投资及运行费用,而运行费用又取决于调速过程的电能损耗以及维修费用。

调速方法不同,其经济指标也不同。在确定调速方案时,在满足一定技术指标的前提下,应力求设备投资少,电能损耗小,而且维修方便。

5.2　异步电动机无级调速控制

直流电气传动和交流电气传动在 19 世纪先后诞生。在 20 世纪前半叶,鉴于直流传动具有优越的调速性能,高控制性能的可调速传动系统都采用直流电动机,因为交流调速系统在保持好的机械特性的条件下,实现无级调速比较困难。但是 20 世纪 60 年代以后,随着电力电子学与电子技术的发展,使得采用半导体交流技术的交流调速系统得以实现。特别是 20 世纪 70 年代以来,大规模集成电路和计算机控制技术的发展,以及矢量技术的发明,使交流电动机

获得了与直流电动机相似的高动态性能,从而交流调速技术取得了突破性的进展。此外,直流电动机换向器的换向能力限制了直流电动机的容量和转速,因此,特大容量和极高转速的传动都以采用交流调速为宜。

交流电动机主要分为异步电动机和同步电动机两大类,本书主要介绍目前应用较多的异步电动机无级调速。

5.2.1　异步电动机调速系统的基本类型

在交流电动机中,应用最广泛的是三相交流异步电动机,其原因在于:三相交流异步电动机的结构是各类电动机中最为简单的,并且体积小,质量轻,价格低,运行可靠性高,维修方便。另外,它的机械特性能够满足各种常见生产机械的要求,即在负载变化时转速变化很小。

1. 功率关系

在异步电动机运行时,电源向定子输入的电功率为 P_1。定子中有一部分功率损耗 ΔP_1,即定子绕组的铜损耗和铁芯里的铁损耗。除去 ΔP_1 后,其余的功率经过气隙借助旋转磁场的耦合传递给转子,称为电磁功率 P_m,即 $P_m = P_1 - \Delta P_1$。电磁功率中有一部分消耗在转子绕组中,即转子铜损耗 P_s。在电动机正常运行时,转差率很小,转子铁损可以忽略不计。这样,电磁功率扣除转子铜损耗后,即转换为机械功率 P_j,因而 $P_j = P_m - P_s$。然而 P_j 并不是都从电动机轴上输出了,因为电动机还有机械损耗和其他损耗 ΔP_2,所以从电动机轴上输出的机械功率 $P_2 = P_j - \Delta P_2$。其中

$$P_m = 3I_2'^2 \frac{R_2'}{s} \tag{5.6}$$

$$P_s = 3I_2'^2 R_2' \tag{5.7}$$

式中：I_2'——折合到定子侧的转子电流;

R_2'——折合到定子侧的转子每相电阻。

经比较可得 $P_s = sP_m$,P_s 称为转差功率。从能量转换的角度上看,转差功率是否增大,是消耗掉还是得到回收,显然是评价调速系统效率高低的标志。

2. 异步电动机调速系统的分类

异步电动机的调速方法很多,常见的有:降压调速、电磁转差离合器调速、绕线式异步电动机转子串电阻调速、绕线式异步电动机串级调速、变极对数调速及变频调速等。根据在调速过程中转差功率的变化情况,异步电动机调速系统可分为以下三大类:

1) 转差功率消耗型调速系统

该系统的全部转差功率都转换成热能而消耗掉。上述的降压调速、电磁转差离合器调速和绕线式异步电动机转子串电阻调速方法都属于这一类。这类调速系统的效率最低,而且在拖动恒转矩负载时,它是依靠增加转差功率的消耗来降低转速的,越向下调速,则效率越低。但是这类系统结构最简单,所以在要求不高、容量较小的场合还有一定的应用。

2) 转差功率回馈型调速系统

该系统的一小部分转差功率被消耗掉,大部分则通过变流装置回馈给电网或转化成机械能予以利用,转速越低,则回收的功率越多,上述绕线式异步电动机串级调速方法属于这一类。这类调速系统的效率比第一类要高,但增设的变流装置也要消耗一部分功率,因此效率比第三类要低。

3）转差功率不变型调速系统

转差功率中转子铜损部分的消耗是不可避免的,但在这类系统中,无论转速高低,转差功率的消耗基本不变,因此效率最高。上述变极对数调速和变频调速方法属于此类。变极对数只能有级调速,应用场合有限。而变频调速应用最广,可构成高动态性能的交流调速系统,以取代直流调速,因此最有发展前途。

本书只介绍能够实现无级调速的调速系统,它包括转差功率消耗型调速系统中的变压调速系统、转差功率回馈型调速系统中的串级调速系统以及转差功率不变型调速系统中的变压变频调速系统。

5.2.2　异步电动机变压调速系统

变压调速是异步电动机调速系统中比较简单而方便的一种。三相异步电动机的机械特性方程式为

$$T = \frac{3pU_1^2 \dfrac{R_2'}{s}}{2\pi f_1 \left[\left(R_1 + \dfrac{R_2'}{s} \right)^2 + (X_1 + X_2')^2 \right]} \tag{5.8}$$

式中：U_1——电动机定子相电压；

$\quad\ f_1$——电动机定子频率；

$\quad\ p$　——磁极对数；

$\quad\ s$　——转差率；

$\quad\ R_1$——定子绕组每相电阻值；

$\quad\ X_1$、X_2'——定子绕组每相漏电抗及转子绕组每相漏电抗的折算值。

根据式(5.8)可知,当异步电动机的等效电路参数不变时,改变电动机定子外加电压就可以改变机械特性的函数关系,从而改变电动机在一定负载转矩下的转速。

1. 三相交流异步电动机改变电压时的机械特性

不同定子相电压下的机械特性如图 5.3 所示。若电动机拖动恒转矩负载,A 点为固有机械特性上的运行点,B 点为降低电压后的运行点,则 $n_B < n_A$。降压调速方法比较简单,但是,对于一般的鼠笼式异步电动机,降压调速范围很窄,没有多大实用价值。若电动机拖动泵类负载,如通风机,降压调速有较好的调速效果,如图 5.3 所示,C、D、E 三个运行点转速相差很大。但是,应注意电动机在低速运行时存在的过电流及功率因数低的问题。

若要求电动机拖动恒转矩负载有较宽的调速范围,并且在较低的转速下稳定运行而不致过热,应选用高转差率电动机,它具有如图 5.4 所示的机械特性。实现此特性并不困难,对绕线式异步电动机,可以在其转子里串电阻;对鼠笼式异步电动机,可以采用电阻率高的黄铜条制作鼠笼转子。值得注意的是,这种软机械特性的电动机,除运行效率较低外,在低速运行时,工作点不易稳定,如图 5.4 中的 C 点。为了提高调压调速机械特性的硬度,可以采用速度闭环控制系统。

2. 闭环控制的变压调速系统及其静特性

如图 5.5 所示,图(a)是带转速负反馈闭环控制的变压调速系统原理图,图中 BR 为测速发电机;图(b)是闭环调速系统的静特性。

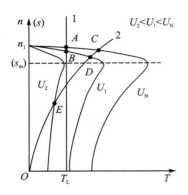

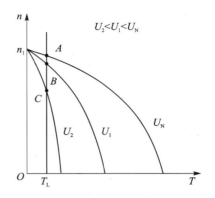

图 5.3　异步电动机降压调速的机械特性　　　图 5.4　高转差率异步电动机降压调速的机械特性

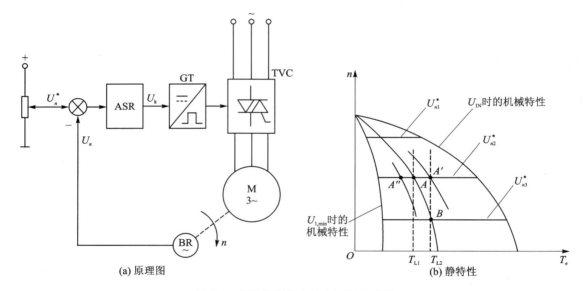

图 5.5　闭环控制的交流变压调速系统

下面对这种速度闭环控制系统能够提高电动机机械特性硬度进行讨论。将转速的给定电压 U_n^* 与反馈电压 U_n 进行比较，得到偏差电压 $\Delta U_n = U_n^* - U_n$，经速度调节器输出控制电压 U_k，再经触发器输出晶闸管的控制角 α，且 U_k 增大，α 角减小。此 α 角的大小，决定了双向晶闸管的输出电压值 U_d，α 角越小，输出电压 U_d 越高。

当电动机运行于图 5.5(b) 中的 A 点时，负载转矩为 T_{L1}，系统处于平衡状态。当负载转矩变为 T_{L2} 时，如果没有转速反馈，由于电压不变，电动机将降至 B 点稳定运行。可见，转速变化很大。现在引入速度闭环控制，情况就大不相同了。当电动机转速下降时，U_n 减小，这时 U_n^* 未变，ΔU_n 增大，使 U_k 增大，α 角减小，则 U_d 增大，使电动机运行于 A' 点。同理，当负载降低时，将运行于定子电压低一些的 A'' 点。按照反馈控制规律，将工作点 A''、A、A' 连接起来便是闭环系统的静特性，其硬度很好。若采用 PI 调节器，同样可以做到无静差。连续改变 U_n^*，则静特性将连续、平行地上下移动，从而实现平滑调速。

如图 5.5(b) 所示，对于交流变压调速系统在额定电压 U_{1N} 下的机械特性和最小输出电压

$U_{1,\min}$ 下的机械特性是闭环系统静特性的左右极限,当负载变化达到两侧的极限时,闭环系统便失去了控制能力,回到开环机械特性上工作,这是因为 U_{1N} 是由 ASR 达到饱和限幅值引起的。当 ΔU_n 继续上升时,U_d 已经不能再增大了,闭环将失去作用;U_{1N} 为晶闸管导通角最大时的输出电压,当 ΔU_n 继续减小时,U_d 也不能再减小了,闭环也将失去作用。

定子调压调速的方法适合于通风机及泵类等机械。

5.2.3　绕线式异步电动机串级调速系统

绕线式异步电动机一般采用转子电路串接电阻及串接电动势两种调速方法。但由于转子回路串接附加电阻的级数有限,所以无法实现平滑调速,而且电阻上还将消耗大量的能量,调速越低,损耗越大。串接电动势则把这部分能量加以利用,从而获得比较经济的运行。为了利用这部分能量,在转子电路中增加了一套变流装置。这样,就构成了由异步电动机和变流装置共同组成的串级调速系统。

1. 串级调速的基本原理

异步电动机串级调速就是在电动机转子电路内引入附加电动势 E_{ad},以调节电动机的转速。所引入电动势的方向可与转子电动势 E_2 的方向相同或相反,其频率则与转子频率相同。若 E_{ad} 与 E_2 同相(相位差 $\theta = 0°$),则当未引入 E_{ad} 时,转子电流 I_2 为

$$I_2 = \frac{sE_{20}}{\sqrt{R_2^2 + s^2 X_{20}^2}} \tag{5.9}$$

式中:E_{20}——转子静止时的相电动势;

X_{20}——转子静止时每相绕组的漏电抗。

在引入 E_{ad} 后,转子电流 I_2 变为

$$I_2 = \frac{sE_{20} + E_{ad}}{\sqrt{R_2^2 + s^2 X_{20}^2}} \tag{5.10}$$

可见,在转子回路中,串入与 E_2 同相的交流附加电动势 E_{ad} 后,转子电流 I_2 增大,从而使 $T > T_L$,电动机转速升高。

同理,若 E_{ad} 与 E_2 反相(相位差 $\theta = 180°$),则使电动机的转速下降。

2. 串级调速系统

1) 串级调速系统的工作原理

在电动机转子中引入可控的交流附加电动势固然可以改变电动机的转速,但工程上实现起来有相当的难度。现在通常采用间接的方法来完成,一种简单而又可行的方案是利用直流电路来处理。由于直流电不存在频率与相位的问题,直流电压又容易获得,所以可以将电动机的转子交流电动势整流成直流电动势,然后引入一个直流附加电动势,控制直流附加电动势的幅值,就可以达到调节电动机转速的目的。

图 5.6 为根据前面的讨论而组成的一种异步电动机电气串级调速系统原理图。图中 M 为三相绕线式异步电动机,其转子电动势 sE_{20} 经三相不可控整流装置 UR 整流,输出的直流电压为 U_d。工作在逆变状态的 UI 除了提供可调的直流输出电压 U_i 作为调速所需的附加直流电动势外,还可将经整流后输出的电动机转差功率逆变成交流,并回馈给交流电网。图中 TI 为逆变变压器,L 为平波电抗器。两个整流装置的电压 U_d 与 U_i 的极性以及电流 I_a 的方向如图所示。

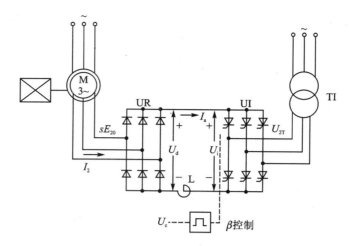

图 5.6　电气串级调速系统原理图

根据整流后的转子直流回路,可列出以下电动势平衡方程,即

$$U_{d} = U_{i} + I_{a}R$$

或

$$K_{1}sE_{20} = K_{2}U_{2T}\cos\beta + I_{a}R \tag{5.11}$$

式中: K_1、K_2——UR 与 UI 两个整流装置的电压整流系数;

　　　U_i——逆变器输出电压,即直流附加电动势;

　　　U_{2T}——逆变变压器的二次相电压;

　　　β——工作在逆变状态的可控整流装置 UI 的逆变角;

　　　R——转子直流回路的总电阻。

下面分析调速系统的工作过程。当电动机拖动恒转矩负载以某一转速稳定运行时,可以近似认为 I_a 为恒值。若要改变系统的转速,则可以通过改变逆变角 β 来实现。当 β 角增大时,逆变电压 U_i(相当于附加电动势)相应减小,但转速因电动机存在着机械惯性不会立即变化,所以 U_d 仍维持原值;根据式(5.11),转子直流回路电流 I_a 增大,相应地,转子电流 I_2 也增大,则电动机加速。在加速过程中,转子整流电压 U_d 随之减小,使得电流 I_a 减小,直至 U_d 与 U_i 根据式(5.11)取得新的平衡,于是电动机进入新的稳定状态,并以比原转速高的转速运行。同理,减小 β 值可使电动机以比原转速低的转速运行。这种串级调速系统由于 β 值可平滑连续调节,使得电动机转速也能平滑、连续地调节。

串级调速系统的调速范围一般可达 4:1,目前已在交流传动中得到日益广泛的应用。特别是在风机和泵类设备上的应用具有重要的意义,这是由于风机和泵类设备是使用最广泛、耗电量极大的通用机械,而采用串级调速恰恰能最有效地降低电耗,达到节能的目的。

2)串级调速时的机械特性

由式(5.11)可以列出系统在理想空载运行时的转子直流回路电动势平衡方程,即

$$s_{0}E_{20} = U_{2T}\cos\beta$$

则

$$s_{0} = \frac{U_{2T}\cos\beta}{E_{20}} \tag{5.12}$$

式中：s_0——对应于理想空载转速 n_0 的理想空载转差率。

　　从式(5.12)可知,改变逆变角 β,理想空载转差率 s_0 也相应改变,β 越大,s_0 越小,即电动机的理想空载转速越高。一般整流装置逆变角的调节范围为 $30°\sim90°$,β 的调节范围对应于电动机调速的上、下限。在不同的 β 下,异步电动机串级调速机械特性曲线近似平行。

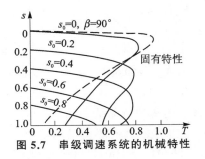

图 5.7　串级调速系统的机械特性

　　异步电动机串级调速时,由于在转子回路中接入了串级调速装置,使其机械特性变软,最大转矩也明显减小。图 5.7 为绕线式异步电动机串级调速系统的机械特性。

5.2.4　鼠笼式异步电动机变频调速系统

　　在各种异步电动机调速系统中,效率最高、性能最好的是变压变频调速系统。变压变频调速系统在调速时同时调节定子电源的电压和频率,使机械特性基本上平行地上下移动,而转差功率不变,是当前调速系统的主要发展方向。

1. 变压变频调速的基本控制方式

三相异步电动机同步转速为

$$n_0 = \frac{60f_1}{p}$$

因此,改变电源频率 f_1,可以改变旋转磁场的同步转速,进而达到调速的目的。通常把定子的额定频率称为基频,变频调速时,可以从基频向上调节,也可以从基频向下调节。

　　三相异步电动机定子的每相电压为

$$U_1 \approx E_1 = 4.44 f_1 N_1 k_{N1} \Phi_m \tag{5.13}$$

式中：E_1——旋转磁场在定子每相绕组中产生的感应电动势的有效值(V)；

　　　　f_1——定子频率(Hz)；

　　　　N_1——定子每相绕组串联匝数；

　　　　k_{N1}——基波绕组系数；

　　　　Φ_m——每极气隙磁通量(Wb)。

　　1) 频率 f_1 从基频向下调节

　　由式(5.13)可知,降低电源频率时,只有相应地降低定子相电压或定子感应电动势,才能保持电动机的原有性能不变。下面分两种情况讨论：

　　(1) 保持 $\dfrac{E_1}{f_1}=$ 常数

　　为了保持电动机的原有性能,应保持 Φ_m 不变,因此,在降低电源频率时必须同时降低 E_1,即采用恒定的电动势频率比的控制方式。

　　(2) 保持 $\dfrac{U_1}{f_1}=$ 常数

　　绕组中的感应电动势难以直接控制,在高频时,可以忽略定子绕组的漏磁阻抗压降,而认为定子相电压 $U_1 \approx E_1$,因此 $\dfrac{U_1}{f_1}$ 近似为常数,这就形成了恒压频比的控制方式。但是在低频时,由于 U_1 和 E_1 都较小,定子阻抗压降所占的分量就比较显著,不能再忽略。这时,可以人为地把电压 U_1 抬高一些,以近似地补偿定子压降。

2) 频率 f_1 从基频向上调节

当 f_1 大于基频时,定子电压 U_1 却不能增加得比额定电压 U_{1N} 还要大,最多只能维持在额定值。由式(5.13)可知,这将迫使磁通与频率成反比地降低,相当于直流电动机弱磁升速的情况。

将上述两种情况结合起来,可得如图 5.8 所示的带定子补偿的异步电动机变频调速控制特性。如果电动机在不同转速下都具有额定电流,这时转矩基本上随磁通变化,按照机电传动原理,在基频以下,属于"恒转矩调速",而基频以上,基本上属于"恒功率调速"。

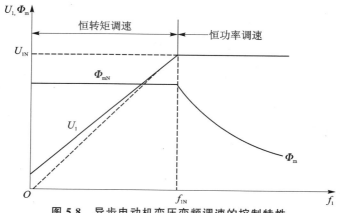

图 5.8　异步电动机变压变频调速的控制特性

2. 异步电动机变压变频时的机械特性

1) 基频向下变压变频调速时的机械特性

(1) 保持 $\dfrac{E_1}{f_1}$＝常数,采用恒势频比控制

由式(5.8)可得,保持 $\dfrac{E_1}{f_1}$＝常数时的机械特性方程为

$$T = \frac{3pf_1}{2\pi}\left(\frac{E_1}{f_1}\right)^2 \frac{1}{\dfrac{R_2'}{s}+\dfrac{s\left(X_2'\right)^2}{R_2'}} \tag{5.14}$$

由式(5.14)可得出保持 $\dfrac{E_1}{f_1}$＝常数时的变频调速机械特性,如图 5.9 所示。这种调速方法的特点是,机械特性较硬,在一定静差率的要求下,调速范围宽,而且稳定性好。由于频率可以连续调节,因此为无级调速,平滑性好。

(2) 保持 $\dfrac{U_1}{f_1}$＝常数,采用恒压频比控制

由式(5.8)可得,保持 $\dfrac{U_1}{f_1}$＝常数时的机械特性方程为

$$T = \frac{3p}{2\pi}\left(\frac{U_1}{f_1}\right)^2 \frac{f_1 \dfrac{R_2'}{s}}{\left(R_1+\dfrac{R_2'}{s}\right)^2+\left(X_1+X_2'\right)^2} \tag{5.15}$$

根据式(5.15)可画出保持 $\dfrac{U_1}{f_1}=$ 常数时的变频调速机械特性,如图 5.10 所示。

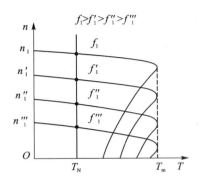

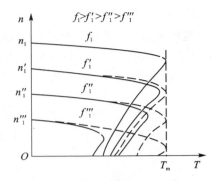

图 5.9　恒势频比控制时变频调速的机械特性　　　　图 5.10　恒压频比控制时的变频调速机械特性

2）基频以上变频调速时的机械特性

升高电源电压是不允许的,因此升高频率向上调速时,只能保持电压为 U_{1N} 不变,频率越高,磁通 Φ_m 越低。

保持 U_{1N} 不变、升高频率时的机械特性方程为

$$T=\frac{3pU_{1N}^2\dfrac{R_2'}{s}}{2\pi f_1\left[\left(R_1+\dfrac{R_2'}{s}\right)+(X_1+X_2')^2\right]} \tag{5.16}$$

根据式(5.16)可得出升高电源频率时的机械特性,其运行段近似平行,如图 5.11 所示。

3. 异步电动机矢量变换控制原理

矢量变换控制属闭环控制方式,是异步电动机最新的调速实用化技术。异步电动机矢量控制方式的出现,是近几年来交流异步电动机在调速技术方面能迅速发展并推广应用的重要原因。

从原理上讲,矢量控制是把交流电动机解析成和直流电动机一样的转矩发生机构,按照磁场与其正交电流的积就是转矩这一最基本的原理,从理论上将电动机的一次电流分离成建立磁场的励磁分量以及产生转矩的转矩分量(与磁场正交),然后分别进行控制。其控制思想就是设法在普通的三相交流电动机上模拟直流电动机控制转矩的规律。

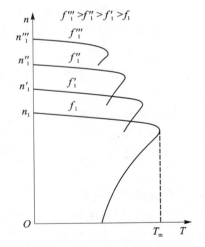

图 5.11　基频以上变频调速的机械特性

若想说明矢量变换控制的基本思路,首先应该以产生同样的旋转磁场为准则,建立三相交流绕组电流、两相交流绕组电流和在旋转坐标上的正交绕组直流电流之间的等效关系。

由电动机结构及旋转磁场的基本原理可知,三相固定的对称绕组 A、B、C 在通以三相正弦平衡交流电流 i_a、i_b、i_c 时,便产生转速为 ω_0 的旋转磁场 Φ,如图 5.12(a)所示。

实际上,不一定只有三相绕组才能产生旋转磁场,除单相以外,二相、四相等多相对称绕

组,在通以多相平衡电流后都能产生旋转磁场。图 5.12(b)是两相固定绕组 α 和 β (位置上相差 90°)通以两相平衡交流电流 i_α 和 i_β (时间上差 90°)时所产生的旋转磁场 Φ。当旋转磁场的大小和转速都相同时,图 5.12(a)和 5.12(b)所示的两套绕组等效。图 5.12(c)中有两个匝数相等、互相垂直的绕组 M 和 T,分别通以直流电流 i_M 和 i_T,产生位置固定的磁通 Φ。如果使两个绕组同时以同步转速旋转,磁通 Φ 自然随之旋转。因此也可以认为这两个绕组与图 5.12 (a)和图 5.12(b)中所示的绕组等效。

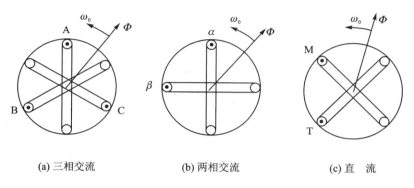

(a) 三相交流　　　　　　(b) 两相交流　　　　　　(c) 直　流

图 5.12　交流绕组与直流绕组等效原理图

可以想象,当观察者站到铁芯上和绕组一起旋转时,在他看来是两个通以直流的互相垂直的固定绕组。如果取磁通 Φ 的位置和 M 绕组的平面正交,就和等效的直流电动机绕组没有差别了。其中 M 绕组相当于励磁绕组,T 绕组相当于电枢绕组。

由此可见,将异步电动机模拟成直流电动机进行控制,就是将 A、B、C 静止坐标系表示的异步电动机矢量变换到按转子磁通方向为磁场定向并以同步速度旋转的 M - T 直角坐标系上,即进行矢量的坐标变换。可以证明,在 M - T 直角坐标系上,异步电动机的数学模型和直流电动机的数学模型极为相似。因此就能够像控制直流电动机一样去控制异步电动机,以获得优越的调速性能。

4. 异步电动机变频调速系统

由变频器为笼型异步电动机供电所组成的调速系统称为变频调速系统,它可分为转速开环恒压频比控制系统、转速闭环转差频率控制系统、高动态性能的矢量控制系统及直接转矩控制系统等。

在生产机械对调速系统的静态、动态性能要求不很高的场合,如风机、水泵等节能调速系统,可采用转速开环恒压频比带低频电压补偿的控制方案,其控制系统结构最简单,成本也较低。如果要提高静、动态性能,可采用转速反馈的闭环控制。然而,在设计系统时,它只使用了近似的动态结构图,因而结果还不能令人完全满意。当生产机械对调速系统的静、动态性能要求更高时,应采用模拟直流电动机控制电磁转矩的矢量控制系统。直接转矩控制系统是近 10 年来继矢量控制系统之后发展起来的另一种高动态性能的交流变压变频调速系统,它避开了矢量控制的旋转坐标变换,而是直接进行转矩控制,因此只适于风机、水泵以及牵引传动等对调速范围要求不高的场合。

5.3　变频器

5.3.1　变频器的分类与基本结构

对于异步电动机的变压变频调速,必须同时改变供电电源的电压和频率。现有的交流供电电源都是恒压恒频的,必须通过变频装置,以获得变压变频的电源,这种装置统称为变压变频(VVVF)装置,即变频器。

从结构上看,变频器可分为间接式和直接式两大类。间接变频器先将频率固定的交流电通过整流器变成直流,然后再经过逆变器将直流变换为频率可连续调节的交流。直接变频器则将频率固定的交流一次变换成频率可连续调节的交流,没有中间直流环节。目前应用较多的是间接变频器。

1. 间接变频器(交-直-交变频器)

按照控制方式,间接变频器可分成三种:

(1)利用可控整流器变压、逆变器变频(见图 5.13(a))

调压和调频分别在两个环节上进行,两者要在控制电路上协调配合。这种装置的优点是结构简单,控制方便,器件要求低;缺点是功率因数小,谐波较大,器件开关频率低。

(2)利用不控整流器整流、斩波器变压、逆变器变频(见图 5.13(b))

整流环节采用二极管不控整流器,再增设斩波器,用脉宽调压。这种装置的优点是功率因数高,整流和逆变干扰小;缺点是构成环节多,谐波较大,调速范围不宽。

(3)利用不控整流器整流、PWM 逆变器同时变压变频(见图 5.13(c))

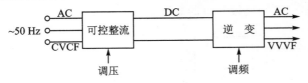

(a) 利用可控整流器变压、逆变器变频

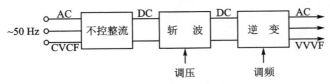

(b) 利用不控整流器整流、斩波器变压、逆变器变频

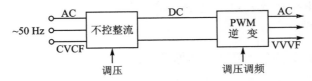

(c) 利用不控整流器整流、PWM逆变器同时变压变频

图 5.13　间接变压变频装置的不同结构形式

采用不控整流器整流,功率因数高;利用 PWM(脉宽调制)逆变,可以减少谐波。这样,前

两种装置的两个缺点都解决了。谐波能够减少的程度取决于开关频率,而开关频率则受器件开关时间的限制。在采用可控关断的全控式器件以后,开关频率得以大大提高,输出波形几乎可以得到非常逼真的正弦波,因此又称为正弦波脉宽调制(SPWM)变频器。这种变频器已成为当前最有发展前途的一种结构形式。

2. 电压型变频器和电流型变频器

在变频调速系统中,变频器的负载通常是异步电动机,而异步电动机属于感性负载,其电流落后于电压,功率因数是滞后的,负载需要向电源吸取无功能量,在间接变频器的直流环节和负载之间将有无功功率的传输。由于逆变器中的电力电子开关器件无法储能,所以为了缓冲无功能量,在直流环节和负载之间必须设置储能元件。根据储能元件的不同,可以分为电压型变频器和电流型变频器,下面分别对这两种变频器作简单的介绍。

1) 电压型变频器

电压型变频器的特点是在交—直—交变频器的直流侧并联一个滤波电容(见图 5.14(a)),用来储存能量以缓冲直流回路与电动机之间的无功功率传输。从直流输出端看,电源因并联大电容,且使电源电压稳定,其等效阻抗很小,因此具有恒电压源的特性,逆变器输出的电压为比较平直的矩形波。

电压型变频器通过可控整流器来改变电压的大小,利用逆变器来改变频率的大小。这种线路结构简单,使用比较广泛。其缺点是在速度控制时,电源侧功率因数低;同时因存在较大的滤波电容,动态响应较慢。

2) 电流型变频器

电流型变频器是在交—直—交变频器的直流回路中串入大电感值(见图 5.14(b)),利用大电感来限制电流的变化,用来吸收无功功率。因串入了大电感值,故电源的内阻很大,类似于恒电流源,逆变器输出电流为比较平直的矩形波。

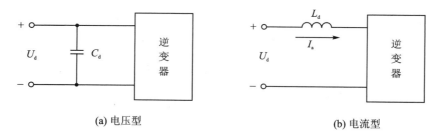

(a) 电压型　　　　　　　　　　　　(b) 电流型

图 5.14　电压型和电流型变频器

近年来,电流型变频器日益受到广泛的重视,但是这种变频器仅适用于中/大型电动机单机拖动,对于拖动多台电动机尚在研究之中。此外,它的逆变范围稍窄,不能在空载状态下工作。

5.3.2　正弦波脉宽调制(SPWM)变频器

1. SPWM 变频器原理

图 5.15 绘出了 SPWM 变频器的原理框图,它仍是一个间接变频器,只是整流器 UR 是不可控的,它的输出电压经电容滤波(可附加小电感限流)后形成恒定幅值的直流电压,加在逆变器 UI 上。按一定规律控制逆变器中的全控式功率开关器件导通或断开,使其输出端获得一

系列幅值相等而宽度不等的矩形脉冲电压波形。在这里,通过改变矩形脉冲的宽度可以控制逆变器输出交流基波电压的幅值,通过改变矩形脉冲的变化周期(调制周期)可以控制其输出频率,从而实现同时变压和变频。

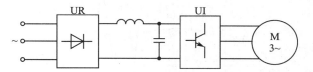

图 5.15　SPWM 间接变压变频器的原理框图

图 5.16 是 SPWM 变压变频器的主电路和控制电路的原理图。图(a)中 VT1～VT6 是逆变器的六个全控式功率开关器件,它们各有一个续流二极管反并联,整个逆变器由三相不可控整流器供电,所提供的直流恒值电压为 U_s。图(b)中由参考信号发生器提供一组三相对称的正弦参考电压信号 u_{ra}、u_{rb}、u_{rc} 作为调制波,其频率和幅值均可调。三角波载波信号 u_t 由三角波发生器提供,各相共用。它分别与每相参考电压比较后,给出"正"或"零"的饱和输出,产生 SPWM 脉冲序列波 u_{da}、u_{db}、u_{dc},作为逆变器功率开关器件 VT1～VT6 的驱动控制信号。

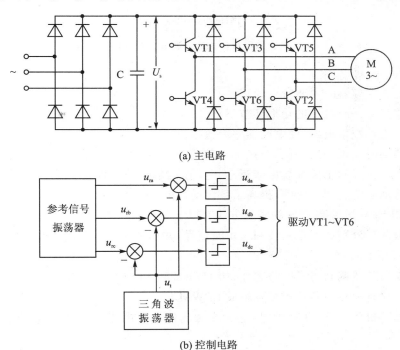

(a) 主电路

(b) 控制电路

图 5.16　SPWM 变压变频器电路原理图

控制方式可以有单极式和双极式。采用单极式控制时,在正弦波的半个周期内每相只有一个开关器件开通或关断,例如 A 相的 VT1 反复通断。当参考电压 U_{ra} 高于三角波电压 U_t 时,相应比较器的输出电压 u_{da} 为"正"电平,反之则产生"零"电平。只要正弦调制波的最大值低于三角波的幅值,由图 5.17(a)所示的调制结果必然形成图 5.17(b)所示的等幅不等宽且两侧窄中间宽的 SPWM 脉宽调制波形,负半周是用同样的方法调制后再倒相而成的,只是通过 VT4 的反复通断来实现。B 相和 C 相的工作与 A 相相同,并在相位上分别相差 120°。

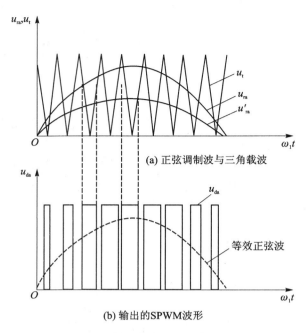

(a) 正弦调制波与三角载波

(b) 输出的SPWM波形

图 5.17　单极式脉宽调制波的形成

2. SPWM 变频器特点

SPWM 变压变频器的主要特点如下：

● 主电路只有一组可控的功率环节，简化了结构。

● 采用了不可控整流器，使电网功率因数接近于 1，且与输出电压大小无关。

● 逆变器同时实现调压和调频，系统的动态响应不受中间直流环节滤波器参数的影响。

● 可获得比常规六拍阶梯波更接近于正弦波的输出电压波形，因而转矩脉冲小，大大扩展了传动系统的调速范围，提高了系统的性能。

目前，常用 SPWM 变频调速的实现方法有以下几种：

① 利用振荡器分别产生正弦波和三角波信号，并通过比较器直接比较。该电路的控制精度难以保证，可靠性较差。

② 采用专用脉宽调制集成电路芯片，如 HEF4752 和 SLE4520 等。

③ 利用单片机和专用芯片相结合生成 SPWM 信号。

④ 利用计算机生成 SPWM 信号，这种方法比使用专用芯片灵活，并具有自诊断能力，但是成本相对较高。

5.3.3　变频器的使用与选择

根据适用范围，变频器可分为通用变频器和专用变频器两大类。通用变频器是相对于专用变频器而言的，它可以和通用交流电动机配套使用，而不一定使用专用变频电动机。此外，它还具有各种可供选择的功能，可以适应许多不同性质的负载机械。专用变频器则是专为某些有特殊需要的负载而设计的，如供暖/通风/空调专用变频器、电梯专用变频器、恒压供水专用变频器等。

本节将以通用变频器为例说明在变频器选择和使用中应注意的一些问题。

1. 通用变频器的基本结构

通用变频器主要由以下几个部分组成：

- 主回路：包括整流器和逆变器两部分。电源侧的变流器为整流器，其作用是将三相交流电压变成直流电压。负载侧的变流器为逆变器，一般是采用 6 个开关器件（IGBT）组成三相桥式逆变电路。控制逆变器中开关器件的通断，可以得到任意频率的三相交流电压输出。

- 滤波环节：由电阻和电解电容器组成。

- 控制单元：变频器的核心，用于控制整个系统的运行。控制单元一般由两个单片机组成，其中的主单片机主要用于实时产生 PWM 波形，实现对电动机的实时控制，同时还要实时检测电动机的电流和直流母线电压，完成过/欠电压保护、过电流保护以及过电流失速保护、过电压失速保护等。为了便于控制，变频器通常还采用另外一片单片机来完成键盘和显示器的管理、系统控制参数的存储以及与上位机的通信等工作。

- 主电路端子：变频器与交流电源、电动机以及制动器、电抗器等外接单元之间的接线端子。

- 控制电路端子：用于控制变频器的启/停、外部频率信号给定及故障报警输出等。

- 操作面板：用于变频器的参数设定以及操作控制（启动/停止、正/反转、点动、升速、降速）等。

- 风扇：用于变频器机体内部的通风冷却。

2. 变频器的外围设备及其使用注意事项

变频器的外围设备包括无熔丝断路器、接触器、AC 电抗器、输入侧滤波器及输出侧滤波器等。在使用时应注意以下事项：

1）无熔丝断路器

- 电源和变频器之间应安装无熔丝断路器，用作变频器的电源 ON/OFF 控制及保护，应符合变频器的额定电压和电流等级要求。

- 切勿将无熔丝断路器用作变频器的启动/停止切换。

2）接触器

- 在变频器的使用中一般可以不安装接触器，但是在用作外部控制、停电后自动再启动控制或使用制动控制器时，必须在一次侧安装接触器。

- 接触器不能用作变频器的启动/停止切换。

3）AC 电抗器

若使用大容量电源（600 kV·A 以上），则可外加 AC 电抗器以改善电源的功率因数。

4）滤波器

输入侧滤波器用于变频器周边有电感负载的场合；输出侧滤波器则用于减小变频器产生的高次谐波，以免对附近的用电设备产生干扰。

3. 通用变频器的功能

通用变频器一般分为普通功能型 V/f 控制变频器、高功能型 V/f 控制变频器以及矢量控制变频器。另外，还有多控制方式变频器，一般有多种控制方式可供选择，如无传感器的 V/f 控制方式、带传感器的 V/f 控制方式、无传感器的矢量控制方式和带传感器的矢量控制方式等。

4. 通用变频器的主要控制参数

通用变频器通过设置各种控制参数来满足生产过程的控制要求,这些参数包括频率指令信号选择、升降频时间设定、频率和电压范围设定、V/f 曲线选择、电动机停止方式选择、防过电压失速功能设定、防过电流失速功能设定以及停电后自行再启动选择等。

1）频率指令信号选择

变频器的频率给定信号主要有三种来源:用变频器的键盘设定、由外接的 0～5 V 模拟信号控制以及由上位机通过串行通信方式进行输入。

2）频率和电压范围设定

变频器的输出频率和输出电压范围的设定内容包括最高输出频率、最低输出频率、最高输出电压以及最低输出电压等。

3）V/f 曲线选择

根据交流电动机变频调速原理可知,为实现恒磁通调速,必须在变频的同时也调整电压,因此对于不同的电动机和负载状况,需要有不同规律的 V/f 曲线与之相匹配。通用变频器中一般有数十种不同规律的 V/f 曲线,如线性 V/f 曲线、二次方 V/f 曲线等,可以通过参数设置加以选择。

4）电动机停止方式选择

在变频器的控制下,可以通过参数设置来选择电动机不同的停止方式,如依惯性自由停止、按预定的斜坡下降速率减速停止、以制动方式停止等。

5）主电源掉电后自动再启动功能选择

在主电源中断或故障时,变频器将停止运转。通过参数设定,可以选择在电源恢复供电后变频器是重新启动还是仍旧停车不运转。有的变频器允许在一次故障后将重新再启动 10 次,如果在 10 次启动后故障仍未消除,变频器将保持故障状态。

6）捕捉再启动功能选择

捕捉再启动是指在启动时,变频器快速地改变输出频率,以搜寻正在自转的电动机的实际速度。一旦捕捉到电动机的实际速度值,变频器将与电动机接通,并使电动机按一定规律升速运行到频率设定值。在激活这一功能时,可以通过参数设置来设定捕捉再启动功能所用的搜索电流和搜索速率。

7）继电器输出功能选择

变频器的控制端子上一般会连接一个或多个继电器的常开触点或常闭触点,继电器触点的闭合或打开可以表示变频器正在运行、电动机正向运行、变频器频率低于最小频率、变频器频率大于或等于设定值、变频器故障、外部制动器接通、直流制动投入、电动机过载报警、变频器过载报警等,具体的功能可以通过参数设定来进行选择。

5. 变频器选择

1）变频器类型选择

通常应根据机械负载的不同要求来选择合适的变频器类型。

（1）恒转矩负载

挤压机、搅拌机、传送带、压缩机、起重机及机床进给都属于恒转矩负载。目前,大多数变频器厂家都提供用于恒转矩负载的变频器。这类变频器的主要特点是:过电流能力强;控制方式多样,有 V/f 控制、矢量控制和转矩控制等;低速性能好;控制参数多等。

在选择了恒转矩控制变频器后,还要根据调速系统的性能指标要求来选择恰当的控制方式。对于要求调速范围不大、精度不高的多电动机传动,应选用带有低频补偿的普通功能型变频器,但是为了实现恒转矩调速,常常通过增加电动机和变频器的容量来提高启动转矩与低速转矩;对于要求调速范围宽、调速精度高的传动,则可采用具有转矩控制功能的变频器或矢量控制变频器,因为这种变频器的启动与低速转矩大,机械特性硬度大,能够承受冲击性负载,并且具有较好的过载截止特性。

(2) 风机、泵类负载

风机、泵类负载的阻力转矩与转速的二次方成正比,启动和低速运转时的阻力转矩较小,通常可以选择采用二次方递减转矩 V/f 控制方式的普通功能型变频器。

(3) 恒功率负载

对于轧机、塑料薄膜加工线、机床主轴等恒功率负载,可选择矢量控制变频器。

2) 变频器容量选择

(1) 变频器容量的表示方法

变频器容量通常以适用电动机容量(kW)、输出容量(kVA)和额定输出电流(A)表示。其中,额定电流为变频器允许的最大连续输出电流的有效值,在任何情况下都不能连续输出超过此数值的电流。输出容量为输出电压和输出电流均为额定值时的三相视在输出功率。不同厂家的变频器即使适用于相同容量的电动机,其输出容量也可能有很大差异,因此它只能作为变频器容量的参考值。

(2) 变频器容量的选择原则

① 连续恒载运转负载:对于连续恒载运转的机械,所需变频器的容量可用下式近似计算,即

$$P_{\mathrm{VN}} \geqslant \frac{k P_{\mathrm{N}}}{\eta \cos \varphi} \tag{5.17}$$

$$I_{\mathrm{VN}} \geqslant k I_{\mathrm{N}} \tag{5.18}$$

式中: P_{VN}——变频器的额定容量(kV·A);

P_{N}——电动机额定输出功率(kW);

η——额定负载时电动机的效率,一般为 0.85;

$\cos \varphi$——额定负载时电动机的功率因数,一般为 0.75;

I_{VN}——变频器的额定电流(A);

I_{N}——电动机额定电流的有效值(A);

k——电流波形的修正系数,PWM 方式时取 1.05~1.1。

② 多台电动机并联运行:当利用一台变频器控制多台电动机并联运行且同时加速启动时,变频器的容量可用下式计算,即

$$I_{\mathrm{VN}} \geqslant \sum_{i=1}^{n} k' I_{i\mathrm{N}} \tag{5.19}$$

式中: n——并联电动机的台数;

k'——用于补偿变频器输出电压、输出电流中所含高次谐波对电动机效率、功率因数影响的系数,一般取 1.1;

I_{iN}——各台并联电动机的额定电流(A)。

如果要求部分电动机同时加速启动后再追加启动其他电动机,由于前一部分电动机启动时变频器的电压和频率均已上升,此时若再追加启动其他电动机,将引起较大的冲击电流,因此必须增大变频器容量。此时变频器的容量可通过下式计算,即

$$I_{VN} \geqslant \sum_{j=1}^{n_1} k' I_{jN} + \sum_{k=1}^{n_2} I_{ks} \tag{5.20}$$

式中:n_1——先启动的电动机台数;

n_2——追加启动的电动机台数;

I_{jN}——先启动的各台电动机的额定电流(A);

I_{ks}——追加启动的各台电动机的启动电流(A)。

③ 经常出现大过载或过载频度高的负载:通用变频器的过电流能力通常为在一个周期内允许 125%、60 s 或 150%、60 s 的过载,如果超过该过载值,就必须加大变频器容量。在规定过载能力的同时,通用变频器还规定了工作周期。生产厂家不同,所规定的工作周期也不同。变频器必须严格按照规定运行,否则将会引起过热。

在过流能力不变,但需要缩短工作周期的情况下,必须加大变频器容量,如频繁启动/制动高炉料车、电梯、起重机等生产机械,其过载时间虽然很短,但是工作频率很高,此时变频器的容量应选得比电动机容量大一个或两个等级。

5.3.4   西门子 MM440 通用型变频器

MM440 是控制三相交流电动机转速的变频器系列,有多种型号,其额定功率范围为0.12~250 kW。该变频器具有以下主要特点:

- 易于安装、编程和调试;
- 采用具有 PID(比例-积分-微分)功能的闭环控制;
- 通过 RS485 串行接口,采用 USS 协议可对 31 台变频器实施远程控制;
- 频率可通过多种方法给定,如通过操作面板给定频率,模拟输入,点动给定,通过外部电位计调节,通过二进制输入的固定频率以及串行接口控制;
- 内置 3 个数字量输出、6 个带隔离的数字量输入,2 个模拟量输入(也可作为第 7 和第 8 个数字量输入)、2 个模拟量输出;
- 有 11 种运行控制方式;
- 具有直流注入制动、复合制动等多种制动方式;
- 可以根据需要选配 PROFIBUS 模块。

1. MM440 变频器结构框图

MM440 变频器的结构框图如图 5.18 所示,该框图表明了变频器与外部设备之间的关系,以及变频器内部的工作关系。由图中可以看出,MM440 变频器有 30 个控制端子,其功能如表 5.1 所列。

2. MM440 变频器参数设定

在使用变频器实现电动机转速控制时,利用参数设置确定变频器的控制模式是十分关键的。MM440 变频器的参数功能十分强大,因此通过参数设置可以用于几乎所有的应用场

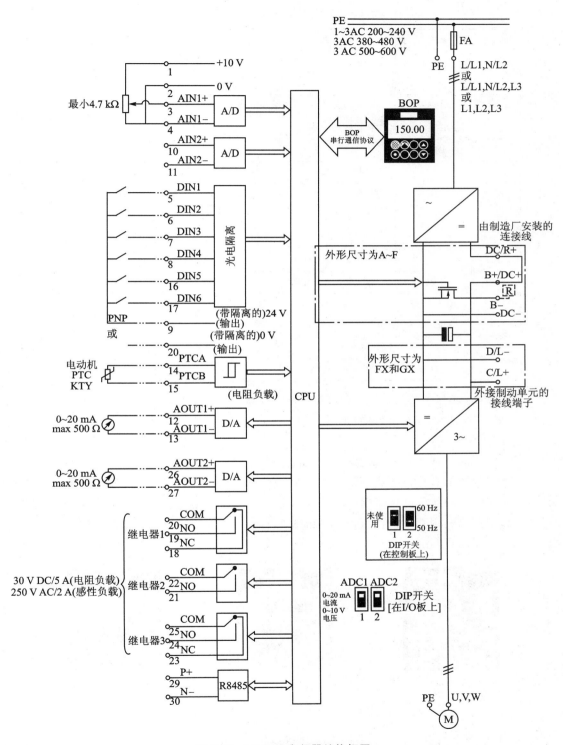

图 5.18　MM440 变频器结构框图

表 5.1　MM440 变频器控制端子及其功能

端　子	名　称	功　能	端　子	名　称	功　能
1	—	输出＋10 V	16	DIN5	数字输入 5
2	—	输出 0 V	17	DIN6	数字输入 6
3	AIN1＋	模拟输入 1(＋)	18	DOUT1/NC	数字输出 1/常闭触点
4	AIN1－	模拟输入 1(－)	19	DOUT1/NO	数字输出 1/常开触点
5	DIN1	数字输入 1	20	DOUT1/COM	数字输出 1/转换触点
6	DIN2	数字输入 2	21	DOUT2/NO	数字输出 2/常开触点
7	DIN3	数字输入 3	22	DOUT2/COM	数字输出 2/转换触点
8	DIN4	数字输入 4	23	DOUT3/NC	数字输出 3/常闭触点
9	—	隔离输出＋24 V	24	DOUT3/NO	数字输出 3/常开触点
10	AIN2＋	模拟输入 2(＋)	25	DOUT3/COM	数字输出 3/转换触点
11	AIN2－	模拟输入 2(－)	26	AOUT 2＋	模拟输出 2(＋)
12	AOUT1＋	模拟输出 1(＋)	27	AOUT 2－	模拟输出 2(－)
13	AOUT 1－	模拟输出 1(－)	28	—	隔离输出 0 V
14	PTCA	连接 PTC/KTY84	29	P＋	RS485 端口
15	PTCB	连接 PTC/KTY84	30	N－	RS485 端口

合。《MM440 变频器使用说明书》和《MM440 变频器使用大全》对 MM440 所有参数的功能及其设置都做了详细的说明。

1) 操作面板控制

MM440 变频器操作面板如图 5.19 所示。

MM440 变频器在标准供货时装有状态显示板 SDP(见图 5.19(a))。对于很多用户来说，利用 SDP 和厂家的默认设置值就可以使变频器成功地投入运行。如果默认值不适合用户的设备情况，则可以利用基本操作板 BOP(见图 5.19(b))或高级操作板 AOP(见图 5.19(c))来修改参数，从而使之匹配。

(a) SDP

(b) BOP

(c) AOP

图 5.19　MM440 变频器的操作面板

SDP 上有两个 LED 指示灯，用于指示变频器的运行状态。利用 SDP 可进行启/停电动机、电动机反向、故障复位等基本操作。BOP 具有五位数字的七段显示，用于显示参数的序号和数值、报警和故障信息以及该参数的设定值和实际值。利用 BOP 可以更改变频器的所有参数。和 BOP 一样,AOP 也是可选件,它可以显示多种语言文本,能够通过 PC 机进行编程,并具有上装和下载多组参数组的功能。此外,AOP 还具有连接多个站点的能力,它最多可以控制 31 台变频器。

下面将详细介绍 BOP 上的元件功能(见表 5.2)及如何利用 BOP 进行参数设定。

表 5.2　MM440 变频器基本操作面板功能说明

元　件	名　称	功　能
r 0000	LCD 显示屏	显示变频器当前的设定值
I	ON(运行)键	按此键启动变频器。缺省运行时此键被封锁。为使此键操作有效,设定参数 P0700＝1
O	OFF(停车)键	OFF1 停车方式:按此键变频器将按选定的斜坡下降速率减速停车。缺省运行时此键封锁。为使此键操作有效,设定 P0700＝1。 OFF2 停车方式:按此键两次或长按一次,电动机将在惯性作用下自由停车。此功能总被使能
↷	反向键	按此键可以改变电动机的转动方向。电动机的反向用负号或闪烁的小数点表示。缺省运行时此键被封锁。为使此键操作有效,设定 P0700＝1
jog	点动键	在变频器无输出的情况下按此键,将使电动机启动,并按预设点动频率运行。释放此键,电动机停车。如果变频器/电动机正在运行,此键将不起作用
Fn	功能触发键	1. 用于浏览辅助信息 在变频器运行过程中显示任何一个参数时,按下此键并保持 2 s 不动,将显示以下参数值;如果连续多次按下此键,将轮流显示这些参数: 1)直流回路电压(用 d 表示,单位为 V); 2)输出电流(单位为 A); 3)输出频率(单位为 Hz); 4)输出电压(用 o 表示,单位为 V); 5)由 P0005 选定的数值。 2. 跳转功能 在显示任何一个参数时,若短时间按下此键,将立即跳转到参数 r0000,可以接着修改其他的参数。跳转到 r0000 后,按此键将返回到原来的显示点。 3. 在出现故障或报警的情况下,按此键可以将操作板上显示的故障或报警信息复位
P	程序键	按此键可访问参数
▲	上升键	按此键可增加面板上显示的参数值
▼	下降键	按此键可减少面板上显示的参数值

2)参数设定基本操作

MM440 的系统参数很多,但并非所有参数都需要用户进行设定和修改,而且其中也有一些只读参数,用于显示电动机和变频器的参数或型号等。选择的参数号和设定的参数值在五位数字的 LCD 上显示,其中,rxxxx 表示用于显示的只读参数,Pxxxx 表示设定参数。

MM440 变频器的参数分为四个用户访问级,即标准访问级(P0003＝1)、扩展访问级

（P0003＝2）、专家访问级（P0003＝3）及维修访问级（P0003＝4）。标准访问级允许用户访问最经常使用的一些参数；扩展访问级允许用户扩展访问参数的范围；专家访问级只供专家使用；维修访问级仅供得到授权的维修人员使用。访问等级由参数P0003来选择。对于大多数用户而言，访问标准级和扩展级参数已经足够。

在进行参数设定时应注意以下几点：

- 变频器的参数只能用基本操作面板BOP、高级操作面板AOP或者通过串行通信接口进行修改。
- 参数P0010为启动快速调试，如果P0010被访问以后没有设定为0，变频器将不运行。如果P3900＞0，则这一功能自动完成。
- 参数P0004的作用是过滤参数，用于按照功能的要求筛选（过滤）出与该功能有关的参数，从而使调试更加方便。
- 如果试图修改一个参数，而在当前状态下此参数不能修改，例如不能在运行时修改该参数或者该参数只能在快速调试时才能修改，那么将显示 P0 ····· 。
- 如果在修改参数值时BOP上显示"busy"（最长可达5 s），则表示变频器正忙于处理优先级更高的任务。

表5.3以参数P0719为例说明了利用BOP设定参数的基本方法。利用这一方法，可以设定变频器的任何一个参数。

表 5.3　MM440变频器参数设定基本操作步骤

序　号	操作步骤	显示结果
1	按 ● 访问参数	r0000
2	按 ● 直到显示出 P0719	P0719
3	按 ● 进入参数数值访问级	in000
4	按 ● 显示当前的设定值	0
5	按 ▲ 或 ▼ 选择运行所需要的数值	12
6	按 ● 确认和存储这一数值	P0719
7	按 ● 直到显示出 r0000	r0000
8	按 ● 返回标准的变频器显示（由用户定义）	

3. MM440变频器的停车和制动功能

MM440变频器可以利用以下几种方式使电动机停止：

（1）OFF1 方式

使变频器按照选定的斜坡下降速率减速并停止转动。修改斜坡下降时间的参数为 P1121。

（2）OFF2 方式

使电动机依惯性滑行，最后停车。

（3）OFF3 方式

使电动机快速地减速停车，可以同时具有直流制动和复合制动功能。OFF3 的斜坡下降时间由参数 P1135 设定。

（4）直流注入制动

直流注入制动可以与 OFF1 和 OFF3 同时使用，它是指向电动机注入直流电流，从而使电动机快速停止，并在制动作用结束之前始终保持电动机轴静止不动。与使能直流注入制动有关的参数为 P0701～P0708（设定 P0701～P0708＝25 将使能数字输入端 1～8 为直流注入制动），设定直流制动持续时间的参数为 P1233，设定直流制动电流的参数为 P1232，设定直流制动开始时频率的参数为 P1234。如果没有数字输入端设定为直流注入制动，且 P1233≠0，则直流制动将在每个 OFF1 命令后起作用。

（5）复合制动

复合制动可以与 OFF1 和 FF3 命令同时使用。为了进行复合制动，应在交流电流中加入一个直流分量。参数 P1236 用于设定复合制动电流，即直流电流叠加到交流电流的程度，以电动机额定电流百分数的形式表示。

（6）利用外接制动电阻进行动力制动

利用外接制动电阻可以按线性方式平滑和可控地降低电动机的速度。

4．MM440 变频器的控制方式

MM440 变频器有多种运行控制方式，并由参数 P1300 进行选择：

- 线性特性的 V/f 控制（P1300＝0）。这一控制方式可用于可变转矩和恒定转矩的负载，如带式运输机和正排量泵类。
- 带磁通电流控制（FCC）的线性 V/f 控制（P1300＝1）。FCC 功能是将电动机的磁通电流维持在适当的数值以提高效率。这一控制方式可用于提高电动机的效率和改善其动态响应特性。
- 抛物线特性的 V/f 控制（P1300＝2）。这一控制方式可用于可变转矩负载，如离心式风机和水泵。
- 多点 V/f 控制（P1300＝3），即特性曲线可编程的 V/f 控制。
- 用于纺织机械的 V/f 控制（P1300＝5）。
- 用于纺织机械的带 FCC 功能的 V/f 控制（P1300＝6）。
- 具有独立电压设定值的 V/f 控制（P1300＝19）。电压设定值由参数 P1330 给定。
- 无传感器的矢量控制（P1300＝20）。这一控制方式是用固有的滑差补偿对电动机的速度进行控制。利用这一控制方式时，可获得较大的转矩，改善瞬态响应特性，提高电动机的低频转矩，由矢量控制变为转矩控制，并具有优良的速度稳定性。
- 带传感器的矢量控制（P1300＝21）。这一控制方式可以提高速度控制的精度，改善速度控制的动态响应特性；改善低速时的控制特性。

- 无传感器的矢量-转矩控制(P1300＝22)。这一控制方式的特点是变频器可以控制电动机的转矩。当负载要求恒定转矩时,可以给出一个转矩给定值,而变频器将改变向电动机输出的电流,使转矩维持在设定值。
- 带传感器的矢量-转矩控制(P1300＝23)。这一控制方式可以提高转矩控制的精度,改善转矩控制的动态响应特性。

5. MM440 变频器的主要技术规格

MM440 变频器共有 84 种型号,可用于驱动 220～240 V 单相/三相电动机、380～480 V 三相电动机以及 500～600 V 三相电动机。变频器主要技术规格见附录 D。

习 题 与 思 考 题

1. 什么叫调速范围?它与静差率之间有什么关系?如何才能扩大调速范围?

2. 某直流调速系统,其最高空载转速和最低空载转速分别为: $n_{0,\max} = 1\ 450$ r/min, $n_{0,\min} = 145$ r/min,额定负载下的稳定速降 $\Delta n_e = 10$ r/min,试问系统的调速范围多大?系统允许的静差率是多少?

3. 为什么电动机的调速方式应与生产机械的性质相匹配?两者之间如何匹配?

4. 为什么调压调速必须采用闭环控制才能获得较好的调速特性?其根本原因何在?

5. 为什么说变压变频调速是异步电动机比较理想的调速方案?

6. 脉宽调制变频器中,逆变器各开关元件的控制信号如何获取?

7. 矢量变换控制的基本出发点是什么?

8. MM440 变频器有哪几种制动方式?分别涉及哪些参数?

9. MM440 变频器有哪些控制方式?分别适用于什么场合?如何设定这些控制方式?

第6章　机电传动控制系统设计

机电传动控制系统是现代化生产的重要组成部分。在进行机电传动控制系统设计时,应以满足生产和使用要求为主要目标,并在满足技术要求的前提下,使控制系统调试操作简便、运行可靠;应尽可能采用成熟的技术。如果需要使用新技术、新工艺和新器件,则需进行充分的调研和论证,有时还应进行相关试验。

6.1　机电传动控制系统设计的基本原则

在进行机电传动控制系统设计时应遵循以下基本原则:

1. 满足生产设备提出的控制要求

生产设备是在机电传动控制系统的控制下,按照一定的规律和功能,各部分之间协调配合,从而完成工作过程,因此,必须保证机电传动控制系统能够最大限度地满足生产设备提出的技术要求。

2. 妥善处理机与电的关系

随着现代技术的不断发展,生产设备的工作运行既可由机械方法实现,也可由电气方法实现,两者之间互相关联、互相依赖,只有妥善处理两者之间的配置关系,正确选择合理的组合方式,才能使生产设备达到预期的技术指标和经济指标。

3. 设计方案力求简单可靠

在满足生产设备提出的技术指标的前提下,机电传动控制系统应力求简单,从而使制造和维修方便,运行可靠,性能价格比高,而不是盲目地追求高性能和高指标,因为高性能和高指标会增加系统的成本和复杂程度,导致所用元器件数量增加,使系统的可靠性下降。

4. 正确合理地选用电气元件和电气设备

正确合理地选用电气元件和电气设备可以保证机电传动控制系统经济可靠地运行。在选择电气元件和电气设备时,在满足功能需求的前提下,应尽量选用相同的品种、类型和规格,以便于采购、管理和使用。

5. 操作与维护方便

在设计机电传动控制系统时必须考虑使用和维护性能,简洁清晰的设计以及方便快捷的操作功能有助于提高系统的使用效率和安全性。

6.2　机电传动控制系统设计的一般步骤和主要内容

机电传动控制系统设计分为初步设计、技术设计和产品设计三个阶段。

1. 初步设计

初步设计也称为方案设计,是在设计准备阶段,通过对被控对象的工作要求、工作环境、操作与安全性要求等进行分析，从而确定总体设计方案。初步设计可由机械、工艺方面的技术人员和电气设计人员共同提出，也可由机械、工艺技术人员提供机械结构资料和生产工艺要求，由电气设计人员完成设计。

初步设计阶段的主要内容包括：

- 确定设备名称、用途、工艺流程、生产能力、技术性能以及现场环境条件（如温度、粉尘浓度、海拔、电磁干扰和振动情况等）。
- 确定供电电网种类、电压等级、电源容量和频率等。
- 确定电气控制的特殊要求（如控制方式、自动化程度、工作循环组成、电气保护及联锁等）。
- 确定电气传动的基本要求（如传动方式、电动机选择、负载特性、调速和制动要求等）。
- 确定需要检测和控制的工艺参数性质、数值范围和精度要求等。
- 确定生产设备的电动机、控制柜、操作台、操作按钮及检测用传感器等元器件的安装位置。
- 明确有关操作和显示方面的要求。
- 估算投资费用、研制工作量和设计周期等。

2. 技术设计

技术设计是根据初步设计所确定的总体方案，最终完成机电传动控制系统设计。技术设计阶段主要完成以下工作内容：

- 对机电传动控制系统中的某些环节做必要的试验，以确定其可行性。
- 编写 PLC 内部元件地址分配表，设计控制流程图，编制用户程序。
- 绘制电气原理图和 PLC I/O 接线图。
- 选择系统所用电气元件和电气设备，编制元器件明细表，详细列出元器件的名称、型号规格、主要技术参数、数量、供货厂家等。
- 绘制电控装置组合布置图、出线端子图等。
- 编写技术文件，包括设计计算书、设计说明书、使用和维护说明书等，介绍系统原理、主要技术性能指标及有关运行维护条件和对施工安装的要求等。

3. 产品设计

产品设计是根据技术设计阶段完成的技术文件，最终完成控制装置制造所需要的所有技术文件，包括以下内容：

- 非标准电控设备设计（如电气柜、操作台等）。
- 绘制产品总装配图、部件装配图和零件图。
- 图纸标准化审查和工艺会审。

一般来说，机电传动控制系统应按上述三个阶段进行，每个阶段中的具体内容根据项目不同而有所差异，应视具体情况灵活掌握。

6.3　机电传动控制系统设计要点

在进行机电传动控制系统设计时应重视以下几个方面的问题：

1. 总体技术方案制定

设计时，首先要对生产设备进行分析，分析设备所采用的传动方式（机械传动、液压传动、气动传动或电气传动），并根据设备的结构组成、传动方式、运动控制要求等选择电气系统的控制方式。

正确合理地选择控制方式是机电传动控制系统设计的要点，它直接关系到设备的技术性能和使用性能。在进行控制方式选择时，首先要对控制系统进行分析，分析它是定值控制系统还是程序控制系统。对于定值控制系统，主要任务是选择合理的被控变量和操作变量，选择合适的传感器以及检测点，选用恰当的调节规律以及相应的调节器、执行器和配套的辅助装置，组成工艺上合理、技术上先进、操作方便、造价经济的控制系统；对于程序控制系统，通常采用继电接触器控制或 PLC 控制，选用规格适当的断路器、接触器、继电器等开关器件以及变频器等电力电子产品，并合理配置主令电器。控制线路设计一般应包括手动分步调试和系统联动运行两种方式，以构成安装调试方便、运行安全可靠的控制系统。

在设计机电传动控制系统时，还需要根据生产设备的调速要求，如调速性质、调速范围、平滑指标、动态特性、效率和费用等合理选择系统的调速方式。

2. 电气元器件和电气设备选型

电气元器件和电气设备的选型直接关系到机电传动系统的控制精度、运行可靠性和制造成本，原则上应选用符合功能要求、抗干扰能力强、环境适应性好、可靠性高、性能价格比高的产品。目前，电气元器件和电气设备种类繁多，在选择时应优先考虑那些在已有的工程实践中经常使用、性能良好的产品以及为用户所熟悉、在当地容易购置的产品。

3. 电控系统的工艺性设计

机电传动控制系统要做到操作方便、运行可靠、便于维修，在保证原理性设计正确的前提下，还应进行合理的工艺设计。电气工艺设计的主要内容是电控装置的总体配置、总接线图、电气柜（箱、面板）设计与装配、导线连接等。

（1）电控装置总体布置

电控装置由各种电气元件通过导线连接构成，不同功能的元器件布置在不同的位置，如有些元件安装在电气控制柜中（如 PLC、变频器、继电器和接触器等），有些元件安装在生产设备上（如传感器、行程开关、接近开关等），有些元件则安装在控制面板或操作台上（如控制按钮、指示灯、显示器、指示仪表等）。对于比较复杂的机电传动控制系统，则需要分成若干个控制柜、操作台和接线箱等，因此在构建系统时，不仅需要将所用元器件划分成若干个组件，而且还要考虑组件间的电气连接。

（2）组件划分

在进行组件划分时应综合考虑生产流程、调试、操作、维护和运行等因素。一般来说，组件划分的原则如下：

● 将功能类似的元器件组合在一起。
● 尽可能减少组件间的连线数量，接线关系密切的元器件布置在同一组件中。
● 强弱电分离，尽量减少系统内部的电磁干扰影响。
● 力求美观、整齐，外形尺寸尽可能采用标准尺寸。
● 便于检查和调试，将需要经常调节、维护和更换的元器件组合在一起。

（3）元器件布置

电气柜（箱）内元器件一般按以下原则布置：

● 体积较大、质量较大的元器件宜安装在电气柜（箱）的下部，以降低柜（箱）体的重心。

- 发热元器件宜安装在电气柜(箱)的上部,以避免对其他元器件产生不良影响。
- 经常需要维护、调节和更换的元器件宜安装在便于操作的位置上。
- 外形尺寸和结构类似的元器件宜放置在一起,以便于安装、配线,并使外观整齐美观。
- 元器件的布置不宜过密,要留有一定的间距。若采用板前走线槽配线方法,则应适当加大各排元器件的间距,以利于布线和维护。
- 将散热器和发热元件放置在风道中,以保证具有良好的散热条件,而熔断器应放置在风道外,以避免改变其工作特性。

(4) 操作台(面板)的布置

操作台(面板)上布置有操作器件和显示器件,布置时应注意以下几点:

- 操作器件一般布置在目视的前方,按操作顺序由左向右、从上到下地布置,也可按生产工艺流程布置,尽量将高精度调节、连续调节、频繁操作的器件布置在右侧。
- 急停按钮应选用红色蘑菇按钮,并放置在不易被误碰的位置。
- 按钮应按功能选用不同的颜色,既增加美观又便于区分。
- 显示器件通常布置在操作台(面板)的中上部,指示灯应按其含义选用适当的颜色。
- 当指示灯数量较多时,可以在操作台的上方设置模拟屏,将指示灯按照工艺流程或设备平面图形排布,使操作者可以通过指示灯及时掌握生产设备的运行状况。
- 操作器件和显示器件的下方通常附有标示牌,用简明扼要的文字或符号说明其功能。

(5) 组件连接

电气柜(箱)、操作台等组件的进出线必须通过接线端子,端子规格按电流大小和端子上进出线数目选用,一般一个端子最多只能接两根导线。组件与被控设备或组件之间应采用多孔接插件,以便于拆装和搬运。

电气柜(箱)、操作台内部配线应采用铜芯塑料绝缘导线,截面积应按其载流量的大小进行选择。考虑到机械强度,控制电路通常采用 1.5 mm^2 以上的导线,单芯铜线不宜小于 0.75 mm^2,多芯铜线不宜小于 0.5 mm^2;对于弱电线路(电子逻辑电路或信号电路),导线截面积不小于 0.2 mm^2。

配线时,每根导线的两端均应有标号(线号),而且导线的颜色应按标准来选择,如黄色、绿色、红色分别表示交流电路的第一、第二、第三相,棕色和蓝色分别表示直流电路的正极和负极,黄-绿双色铜芯软线是安全用的接地线,其截面积不小于 2.5 mm^2。

(6) 布置图设计

在确定了电气元件在电气柜(箱)、操作台的位置后,就可以绘制电器布置图,图中元件按其外形绘制,外形尺寸必须符合该元器件的最大轮廓尺寸。布置图应在元器件的外形图上方标注各元器件代号和相互间的距离。间距尺寸可连续标注,但尺寸不封闭,一般以图纸的最左端和最下端作为尺寸基准。对于安装在柜板或面板上的元器件,还需要根据布置图画出元器件的安装开孔图。

(7) 接线图设计

接线图是电气控制装置进行柜内布线的工作图纸,它是根据系统电气原理图和电气元件布置图绘制的。接线图的设计原则如下:

- 接线图应按布置图上的元器件位置绘出元器件的图形符号或简化外形图,标出元器件的代号和相应的端线号。

- 所有元器件的代号和端线号必须与电路图中元器件的代号和端线号一致。
- 接线图中同一电气元件的各个部分(如接触器的线圈和触点等)必须画在一起,这一点与继电接触器控制电路图不同。

4. 机电传动控制系统中的环境因素影响

在设计电气控制装置时应考虑环境因素的影响,需要根据使用环境条件做出适当的调整,以减少控制装置的故障率,延长控制装置的使用寿命。影响机电传动控制系统工作的环境因素主要指气候、机械振动和电磁干扰等。

1) 气候因素的影响

影响电控装置的气候因素主要是温度、湿度、气压、风沙和灰尘等。

(1) 温　度

温度是环境因素中影响较广泛的因素,它常与其他环境因素相结合而成为电控装置的主要损坏原因。环境温度过高会使装置的散热条件变差,温度升高,元器件的负载能力下降,寿命缩短,同时还会加剧氧化反应,造成元器件绝缘结构、表面防护涂层加速老化等。因此,高温环境下使用的电控装置在设计时必须考虑元器件降级使用或采取强制的冷却手段(如风冷、水冷和蒸发冷却等)。环境温度过低会使空气的相对湿度增大,材料收缩变脆,润滑变差。一般最高环境温度不超过$+40$ ℃,最低温度不低于-5 ℃。

(2) 湿　度

湿度和温度因素结合在一起往往会产生巨大的破坏作用。过高的湿度会在物体的表面附着一层水膜,导致产品的电气绝缘性能降低,加剧化学腐蚀。湿度过低则容易产生静电积蓄。因此当装置在湿热环境下使用时,可考虑器件的封装和防护。一般在最高环境温度$+40$ ℃时,相对湿度不得超过50%;当环境温度较低时,则允许有较高的相对湿度。

(3) 气　压

环境中气压较低时,会造成空气绝缘强度下降,灭弧困难,因此在低气压环境下使用时可以考虑放宽设备的绝缘间距。

(4) 风沙和灰尘

当电气元件的触点积有沙尘时会导致触点接触电阻增加,另外,器件表面的沙尘会磨损防护层,导电的沙尘还会造成短路现象等。因此,在设计控制柜(箱)时要考虑密封性,但同时也要兼顾散热的要求。

2) 机械环境因素的影响

机械环境因素主要指机械振动,机械振动会影响设备的工作可靠性和设备的使用寿命。当存在机械振动时,必须采取相应的措施,以减少或消除振动的影响。常用的防振措施有以下几种:

- 提高元器件、组件和装置的抗振能力。
- 在振动源和敏感元件、组件之间加隔离措施。
- 尽可能改善整个工作环境的振动状况。

3) 电磁干扰

电磁干扰对电气控制装置的工作可靠性有很大的影响,严重时还会使系统无法正常工作。因此,在设计时应通过采取滤波、隔离、屏蔽、接地以及合理布局、布线等措施,以减少或消除电磁干扰的影响。

6.4　机电传动控制系统设计实例

目前,自动旋转门越来越广泛地应用在大型商场、宾馆、酒店、写字楼等楼宇建筑中。自动旋转门的最大特点是对于进出建筑物的人们来说它永远是开放的,而对于建筑物本身来说它又永远是关闭的。因此,旋转门在控制上要求具有较高的智能性和自动化程度。

自动旋转门通常采用单片机或 PLC 进行控制,本书将介绍 S7 - 200 PLC 在自动旋转门控制系统中的应用。

1. 控制对象

该系统的控制对象为三翼自动旋转门,三扇玻璃门垂直安装在中央的固定轴柱上,交流电动机通过减速机构驱动轴柱,使门扇绕轴柱以一定的速度旋转。

2. 控制要求

自动旋转门控制系统应实现以下控制功能:

1) 自动启停功能

当有人接近时,旋转门自行启动。待最后一个信号消失后,若 15 s 内无人再进出,则旋转门自动停转。

2) 调速功能

在正常运行过程中,旋转门应有低速、中速和高速三种旋转速度,分别为 2 r/min、4 r/min 和 6 r/min,以适应残疾人通行、正常运转和紧急疏散对转速的不同要求。

3) 残疾人优先功能

当按下残疾人按钮后,门以低速旋转,并保证旋转一圈,此时高速切换按钮失效,以确保残疾人安全通行。待残疾人通过后,如果再来人,旋转门自动恢复正常的速度。

4) 安全功能

为了保证行人进出时的安全,自动旋转门应具备必要的安全功能。

(1) 防夹功能

活动门扇和曲壁立柱之间很容易夹到人。当行人不慎被夹时,门应立即反转,并以更低的速度旋转(1.5 r/min),以防夹伤行人。反转距离为距门口 1/4 的位置。当行人脱险后,即防夹传感器信号消失,门自动恢复正常运转。

(2) 防碰功能

自动旋转门的旋转速度相对稳定,人在通行时的行走速度必须与之保持一致,否则就很容易发生碰撞。行人在门内通行的过程中,如果门扇碰到行人,则旋转门应立即停止,以防碰伤行人。当行人远离门扇后,门自动恢复正常运转。

5) 急停功能

旋转门应设有紧急停止按钮,当出现紧急或意外事故时,按下该按钮,门立即停转。解除急停信号,门又自动恢复正常运转。

6) 电动机过载保护功能

在自动旋转门运行过程中,经常会发生行人或物品阻碍门扇正常转动的现象,从而导致电动机过载。此时,门应立即停转,指示灯闪烁报警。待过载消除后,门又重新恢复运转。

7) 变频器过载保护和延时复位功能

当变频器出现过载时,应关闭输出,使门立即停转,并进行声光报警;延时 10 s 后自动复位。

3. 控制系统组成

自动旋转门在进/出侧的华盖上方各安装 2 个红外线传感器来感应是否有人进出。当传感器感应有人进/出门时,门扇立即以中速旋转。在进/出口左侧的曲壁立柱上各安装 1 个防夹传感器(防夹感应胶条),当遇到物体受压时,门扇立即以低低速反转一段距离,防止夹伤行人或宠物。在每个门扇的底部装有防碰传感器,当行人或宠物碰到门时,门将立即停止转动,防止门扇碰伤行人或宠物。在旋转门出口右侧的曲壁立柱外表面上装有一组按钮,包括急停按钮、残疾人按钮和高速切换按钮;在门进口右侧的相应位置只安装一个残疾人按钮。此外,在进/出口左侧距门口 1/4 的位置各安装一个接近开关,用于反转停止定位。

自动旋转门控制系统选用西门子公司的 S7 - 200 系列 PLC 实现全部控制功能。通过对控制要求的分析可知,系统一共需要 18 个数字量输入点和 10 个数字量输出点,因此选用 CPU226,并选择西门子公司的 MM440 变频器进行变频调速,从而满足不同转速的需要。

4. 控制系统地址分配

自动旋转门 PLC 控制系统 I/O 地址分配情况如表 6.1 所列。

表 6.1　自动旋转门 PLC 控制系统 I/O 地址分配表

输入信号		输出信号	
地　址	功能描述	地　址	功能描述
I0.0	急停按钮	Q0.0	电动机正转启/停
I0.1	残疾人按钮 1	Q0.1	电动机反转
I0.2	残疾人按钮 2	Q0.2	变频器复位
I0.3	高速按钮	Q0.3	高速控制
I0.4	电动机过载	Q0.4	中速控制
I0.5	变频器过载	Q0.5	低速控制
I0.6	变频器报警	Q0.6	反转速度控制
I0.7	反转停止限位开关 1	Q0.7	电动机过载报警指示灯
I1.0	反转停止限位开关 2	Q1.0	变频器过载报警指示灯
I1.1	红外线接近传感器 1	Q1.1	变频器故障报警指示灯
I1.2	红外线接近传感器 2	Q1.2	变频器故障报警电铃
I1.3	红外线接近传感器 3		
I1.4	红外线接近传感器 4		
I1.5	防夹传感器 1		
I1.6	防夹传感器 2		
I1.7	防碰传感器 1		
I2.0	防碰传感器 2		
I2.1	防碰传感器 3		

在自动旋转门控制系统的程序设计中,出于方便编程的考虑,使用了 9 个中间继电器和 6 个定时器,其分配情况及其功能如表 6.2 所列。

表 6.2　自动旋转门 PLC 控制系统存储单元地址分配表

中间继电器		定时器	
地　址	功能描述	地　址	功能描述
M0.0	上电标志	T37	电动机/变频器过载时指示灯亮→灭计时
M0.1	有人进/出门标志	T38	电动机/变频器过载时指示灯灭→亮计时
M0.2	按下残疾人/高速按钮	T39	变频器复位延时
M0.3	残疾人通过	T40	变频器故障后自动复位计时
M1.0	电动机/变频器故障	T41	门转动后无人再进出时自动停转计时
M1.1	碰人信号有效	T42	残疾人通行时门至少转一圈计时
M1.2	夹人信号有效		

5. 电气控制原理图

1) 主回路原理图

自动旋转门控制系统主回路原理图如图 6.1 所示。根据系统的控制要求,变频器需要 7 个数字量输入,而 MM440 内置 6 个数字输入,因此模拟输入 2 作为第 7 个数字输入。

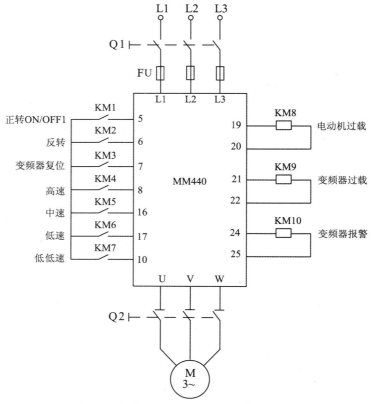

图 6.1　自动旋转门控制系统主回路原理图

2）PLC I/O 接线图

自动旋转门控制系统 PLC 外部接线图如图 6.2 所示。

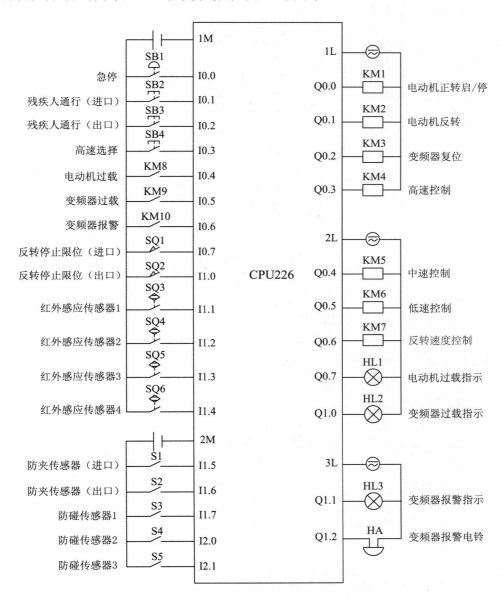

图 6.2　自动旋转门控制系统 PLC I/O 接线图

6. 变频器主要参数设置

如前所述，自动旋转门控制系统有四种速度的要求，即用于紧急疏散时的高速、正常运行时的中速、残疾人通过时的低速以及当行人被夹时门反转的低低速。当变频器发生故障时，应在延时一段时间后自动复位。另外，电动机过载、变频器过载及变频器故障等信号由变频器输出，并送往 PLC 予以报警。因此，应通过设定变频器的相应参数来设置变频器数字输入/输出端子的功能。自动旋转门控制系统变频器主要参数设置如表 6.3 所列。

表 6.3　自动旋转门控制系统变频器主要参数设置

参　数	设定值	备　注
数字输入端子功能设定		
P0701	1	数字输入 1 为正转 ON/OFF
P0702	12	数字输入 2 为反转
P0703	9	数字输入 3 为变频器故障复位
P0704	15	数字输入 4 为固定频率设定
P0705	15	数字输入 5 为固定频率设定
P0706	15	数字输入 6 为固定频率设定
P0707	15	数字输入 7 为固定频率设定
数字输出端子功能设定		
P0731	52.D	数字输出 1 为电动机过载
P0732	52.F	数字输出 2 为变频器过载
P0733	52.7	数字输出 3 为变频器报警
转速设定		
P1000	3	频率设定值的信号源为固定频率
P1004	50 Hz	高速频率设定值
P1005	33.3 Hz	中速频率设定值
P1006	16.7 Hz	低速频率设定值
P1007	12.5 Hz	反转频率设定值

MM440 变频器的参数 P0701～P0707 分别用于设定数字输入 1～7 的功能,可能的设定值为:

0——禁止数字输入;

1——ON/OFF1 (接通正转/停车命令 1);

2——ON reverse/OFF1 (接通反转/停车命令 1);

3——OFF2(停车命令 2);

4——OFF3(停车命令 3);

9——故障确认;

10——正向点动;

11——反向点动;

12——反转;

13——MOP(电动电位计)升速(增加频率);

14——MOP 降速(减少频率);

15——固定频率设定值(直接选择);

16——固定频率设定值(直接选择 ＋ ON 命令);

17——固定频率设定值(二进制编码选择 ＋ ON 命令);

25——直流注入制动;

29——由外部信号触发跳闸;

33——禁止附加频率设定值;

99——使能 BICO(二进制互联连接)参数化。

参数 P0731～P0733 分别用于设定数字输出 1～3 的功能,可能的设定值为:

52.0——变频器准备;

52.1——变频器运行准备就绪;

52.2——变频器正在运行;

52.3——变频器故障;

52.4——OFF2 停车命令有效;

52.5——OFF3 停车命令有效;

52.6——禁止合闸;

52.7——变频器报警;

52.8——设定值/实际值偏差过大;

52.9——PZD 控制(过程数据控制);

52.A——已达到最大频率;

52.B——电动机电流极限报警;

52.C——电动机抱闸(MHB)投入;

52.D——电动机过载;

52.E——电动机正向运行;

52.F——变频器过载;

53.0——直流注入制动投入;

53.1——变频器频率低于跳闸极限值(P2167);

53.2——变频器频率低于最小频率(P1080);

53.3——电流大于或等于极限值;

53.4——实际频率大于比较频率(P2155);

53.5——实际频率低于比较频率(P2155);

53.6——实际频率大于或等于设定值;

53.7——电压低于门限值;

53.8——电压高于门限值;

53.A——PID 控制器的输出在下限幅值(P2292);

53.B——PID 控制器的输出在上限幅值(P2291)。

参数 P1000 用于选择频率设定值的信号源,可能的设定值为:

0、10、20、30、40、50、60、70——无主设定值;

1、11、21、31、41、51、61、71——MOP 设定值;

2、12、22、32、42、52、62、72——模拟设定值;

3、13、23、33、43、53、63、73——固定频率;

4、14、24、34、44、54、64、74——通过 BOP 链路的 USS 设定;

5、15、25、35、45、55、65、75——通过 COM 链路的 USS 设定;

6、16、26、36、46、56、66、76——通过 COM 链路的 CB(通信板)设定;

7、17、27、37、47、57、67、77——模拟设定值 2。

参数 P1004～P1007 用于定义固定频率 4～7 的设定值。根据工艺要求,分别设置为 50 Hz、33.3 Hz、16.7 Hz、12.5 Hz。

7. 控制流程图

自动旋转门控制系统流程图如图 6.3 和图 6.4 所示。

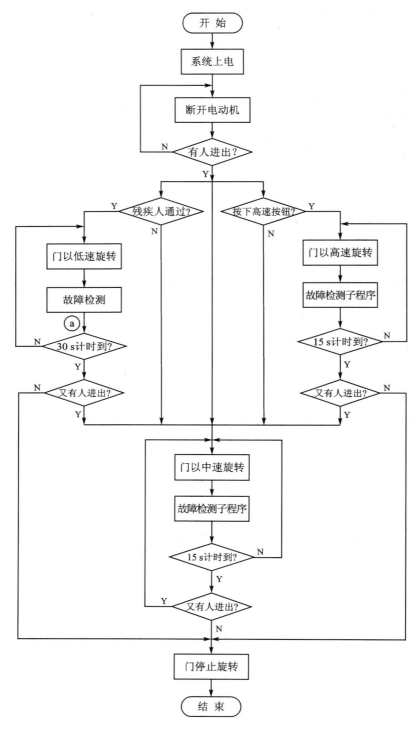

图 6.3　自动旋转门控制流程图（一）

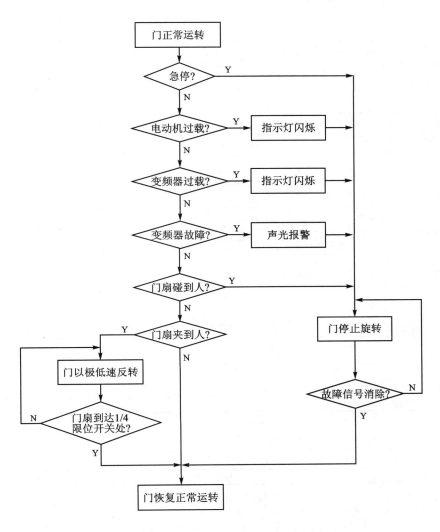

图 6.4　自动旋转门控制流程图(二)——故障检测部分

8. 控制程序设计

自动旋转门控制系统梯形图程序及注释如图 6.5 所示。

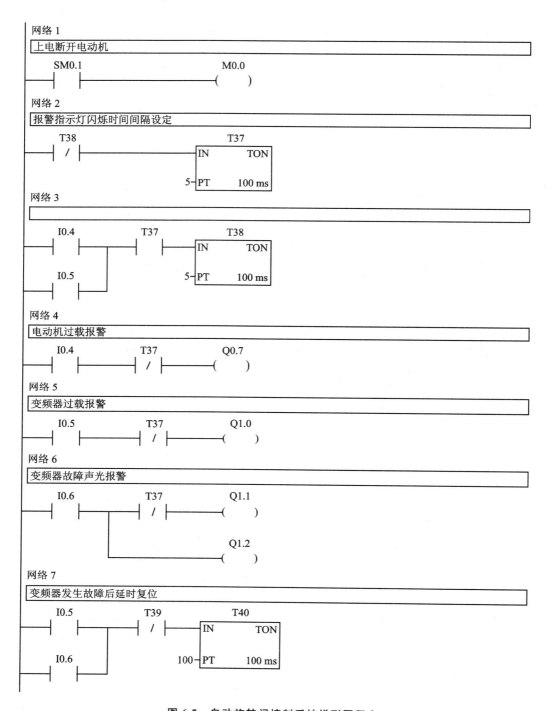

图 6.5　自动旋转门控制系统梯形图程序

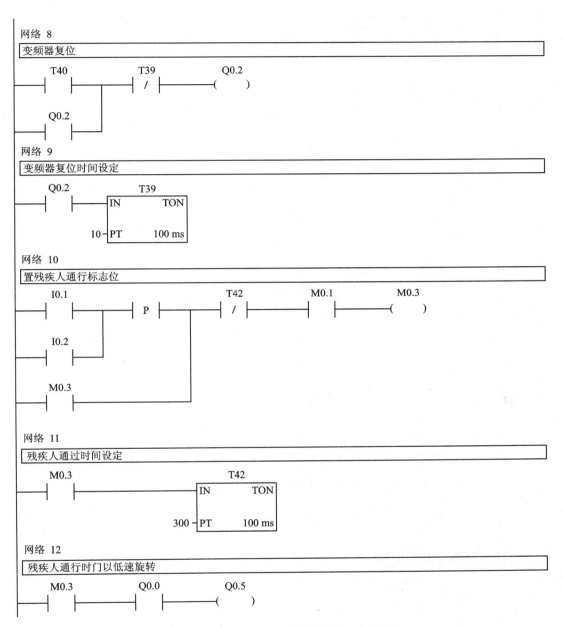

图 6.5　自动旋转门控制系统梯形图程序(续)

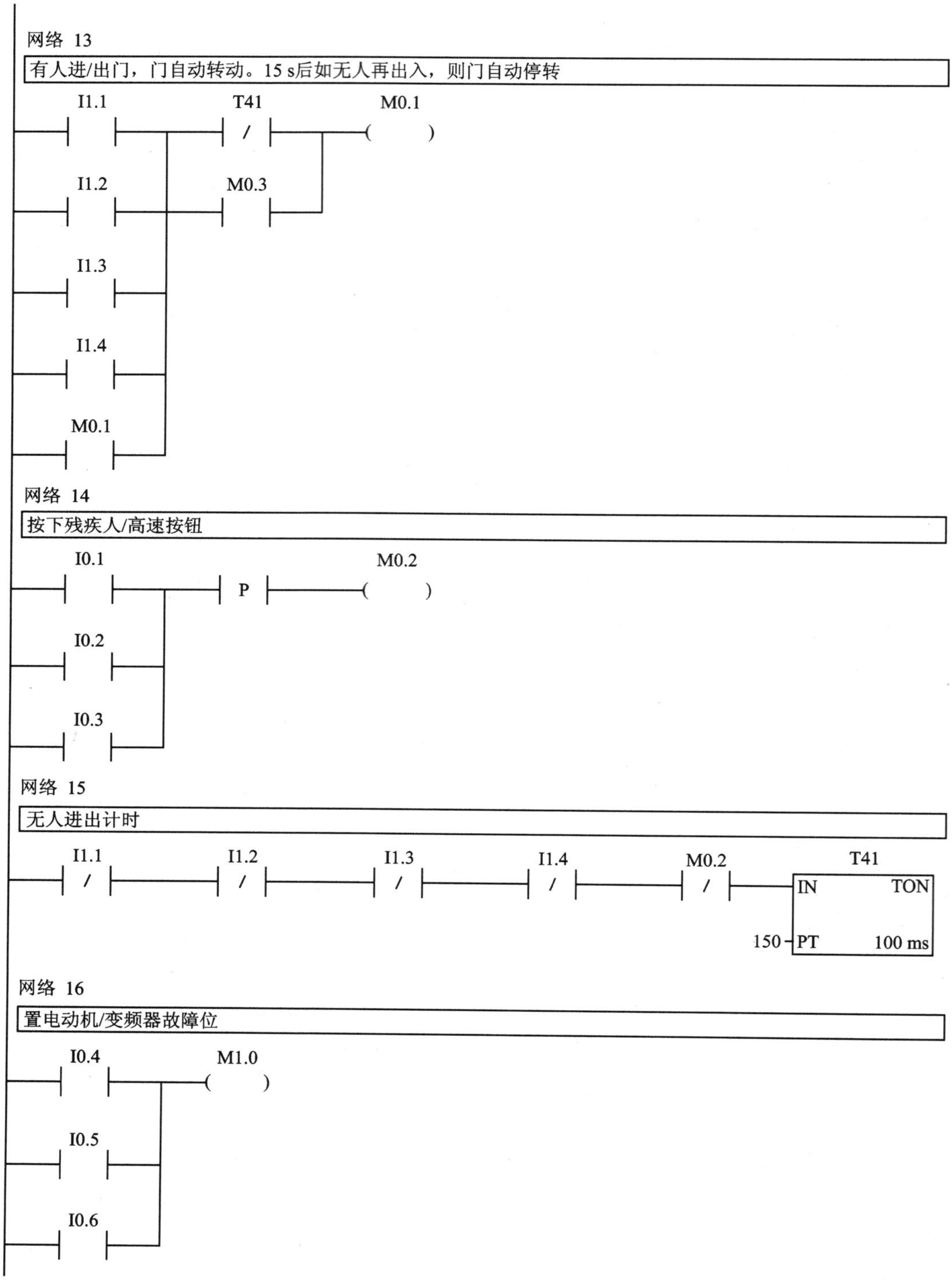

网络 13

有人进/出门，门自动转动。15 s后如无人再出入，则门自动停转

```
     I1.1          T41          M0.1
─────┤ ├─┬─────────┤/├──────────(   )
     I1.2 │          M0.3
─────┤ ├──┤─────────┤ ├──
     I1.3 │
─────┤ ├──┤
     I1.4 │
─────┤ ├──┤
     M0.1 │
─────┤ ├──┘
```

网络 14

按下残疾人/高速按钮

```
     I0.1                M0.2
─────┤ ├─┬──────┤P├──────(   )
     I0.2 │
─────┤ ├──┤
     I0.3 │
─────┤ ├──┘
```

网络 15

无人进出计时

```
     I1.1      I1.2      I1.3      I1.4      M0.2         T41
──┬──┤/├───────┤/├───────┤/├───────┤/├───────┤/├──┤IN    TON├
  │                                          150─┤PT  100 ms│
```

网络 16

置电动机/变频器故障位

```
     I0.4        M1.0
──┬──┤ ├─┬───────(   )
  │  I0.5 │
  ├──┤ ├──┤
  │  I0.6 │
  └──┤ ├──┘
```

图 6.5　自动旋转门控制系统梯形图程序(续)

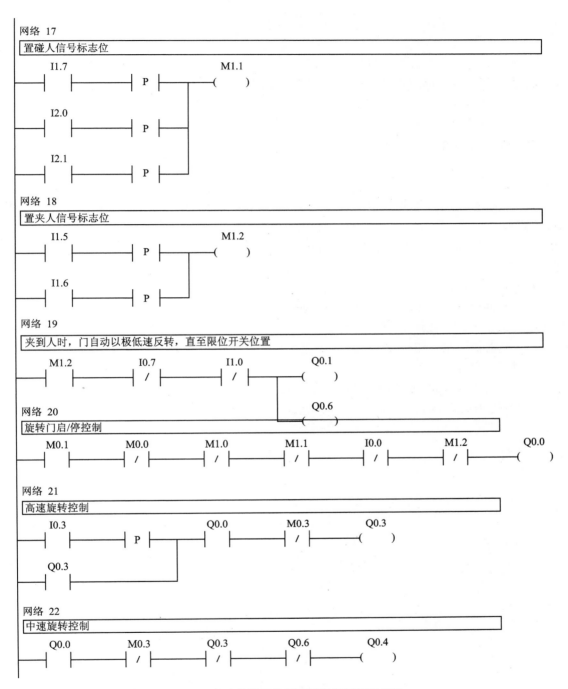

图 6.5 自动旋转门控制系统梯形图程序(续)

习 题 与 思 考 题

1. 机电传动控制系统设计包括哪几个阶段？各个阶段的主要设计内容是什么？

2. 在进行机电传动控制系统设计时，应如何减小环境因素的影响？

3. 在设计电气柜时，应如何布置柜内电气元器件的位置？

4. 在布置操作台或操作面板上的按钮或指示灯时应如何考虑？

5. 设计三层楼电梯自动控制系统，控制要求为：

（1）当电梯停在一楼或二楼时，按三楼呼叫按钮，三楼指示灯亮，电梯上升至三楼压下 SQ3 后停止。

（2）当电梯停在三楼或二楼时，按一楼呼叫按钮，一楼指示灯亮，电梯下降至一楼压下 SQ1 后停止。

（3）当电梯停在一楼时，按二楼呼叫按钮，二楼指示灯亮，电梯上升至二楼压下 SQ2 后停止。

（4）当电梯停在三楼时，按二楼呼叫按钮，电梯下降至二楼压下 SQ2 停下。

（5）当电梯停在一楼时，在二楼、三楼均有人按呼叫按钮，电梯上升至二楼压下 SQ2 暂停 2 s 后，继续上升到三楼压下 SQ3 停止。

（6）当电梯停在三楼时，在一楼、二楼均有人按呼叫按钮，电梯下降至二楼压下 SQ2 暂停 2 s 后，继续下降至一楼压下 SQ1 停止。

（7）在电梯上升或下降途中，任何反方向的下降或上升呼叫均无效。

（8）每层楼之间的到达时间在 10 s 内完成，否则电梯停机。

附　　录

附录 A　控制电动机技术数据

A.1　日本三菱 MELSERVO J3 交流伺服系统技术数据

表 A.1　HF－MP 系列伺服电动机规格

伺服电机型号 HF－MP			053(B)	13(B)	23(B)	43(B)	73(B)
伺服放大器型号　MR－J3－			10A(1)/B(1)(－RJ006)/T(1)		20A(1)/B(1)(－RJ006)/T(1)	40A(1)/B(1)(－RJ006)/T(1)	70A/B(－RJ006)/T
伺服电机	电源设备功率/kV·A		0.3	0.3	0.5	0.9	1.3
	连续运行特性	额定输出/W	50	100	200	400	750
		额定转矩/(N·m)	0.16	0.32	0.64	1.3	2.4
	最大转矩/(N·m)		0.48	0.95	1.9	3.8	7.2
	额定转速/(r·min^{-1})		3 000				
	最大转速/(r·min^{-1})		6 000				
	允许瞬间转速/(r·min^{-1})		6 900				
	连续额定转矩时的功率变化率/(kW·s^{-1})		13.3	31.7	46.1	111.6	95.5
	额定电流/A		1.1	0.9	1.6	2.7	5.6
	最大电流/A		3.2	2.8	5.0	8.6	16.7
	10^4·转动惯量/(kg·m^2)	标准	0.019	0.032	0.088	0.15	0.60
		带电磁制动	0.025	0.039	0.12	0.18	0.70
	推荐负载/电机惯量比		最大 30 倍于电机惯量				
	速度/位置检测器		18 位绝对位置编码器(分辨率: 262 144 p/r)				
	质量/kg	标准	0.35	0.56	0.94	1.5	2.9
		带电磁制动	0.65	0.86	1.6	2.1	3.9

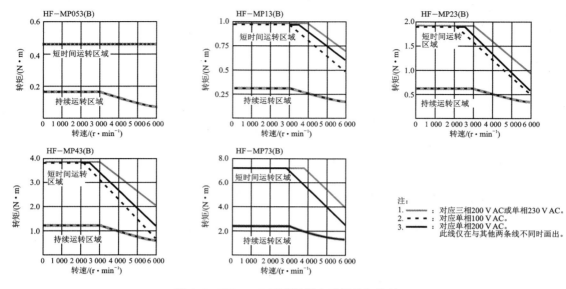

图 A.1   HF‑MP 系列伺服电动机转矩特性

表 A.2   HF‑KP 系列伺服电动机规格

伺服电机型号 HF‑KP			053(B)	13(B)	23(B)	43(B)	73(B)
伺服放大器型号 MR‑J3‑			10A(1)/B(1) (‑RJ006)/T(1)		20A(1)/B(1) (‑RJ006)/T(1)	40A(1)/B(1) (‑RJ006)/T(1)	70A/B (‑RJ006)/T
	电源设备功率/kV・A		0.3	0.3	0.5	0.9	1.3
	连续运行特性	额定输出/W	50	100	200	400	750
		额定转矩/(N・m)	0.16	0.32	0.64	1.3	2.4
	最大转矩/(N・m)		0.48	0.95	1.9	3.8	7.2
	额定转速/(r・min^{-1})		3 000				
	最大转速/(r・min^{-1})		6 000				
	允许瞬间转速/(r・min^{-1})		6 900				
伺服电机	连续额定转矩时的功率变化率/ (kW・s^{-1})		4.87	11.5	16.9	38.6	39.9
	额定电流/A		0.9	0.8	1.4	2.7	5.2
	最大电流/A		2.7	2.4	4.2	8.1	15.6
	10^4・转动惯量/ (kg・m^2)	标准	0.052	0.088	0.24	0.42	1.43
		带电磁制动	0.054	0.090	0.31	0.50	1.63
	推荐负载/电机惯量比		最大 15 倍		最大 24 倍	最大 22 倍	最大 15 倍
	速度/位置检测器		18 位绝对位置编码器(分辨率: 262 144 p/r)				
	质量/kg	标准	0.35	0.56	0.94	1.5	2.9
		带电磁制动	0.65	0.86	1.6	2.1	3.9

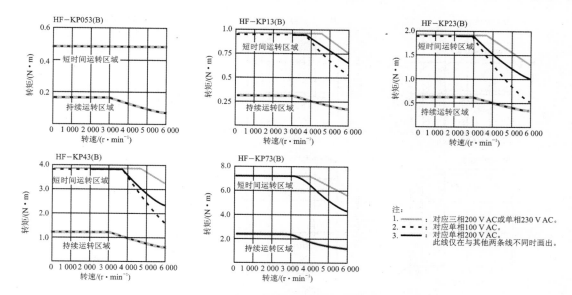

图 A.2　HF－KP 系列伺服电动机转矩特性

注：
1. ———— 对应三相200 V AC或单相230 V AC。
2. ------ 对应单相100 V AC。
3. ———— 对应单相200 V AC。
　 此线仅在与其他两条线不同时画出。

表 A.3　HC－RP 系列伺服电动机规格

伺服电机型号 HC－RP			103(B)	153(B)	203(B)	353(B)	503(B)
伺服放大器型号 MR－J3－			200A/B(－RJ006)/T		350A/B(－RJ006)/T	500A/B(－RJ006)/T	
伺服电机	电源设备功率/kV·A		1.7	2.5	3.5	5.5	7.5
	连续运行特性	额定输出功率/kW	1.0	1.5	2.0	3.5	5.0
		额定输出转矩/(N·m)	3.18	4.78	6.37	11.1	15.9
	最大输出转矩/(N·m)		7.95	11.9	15.9	27.9	39.7
	额定转速/(r·min⁻¹)		3 000				
	最大转速/(r·min⁻¹)		4 500				
	允许瞬间转速/(r·min⁻¹)		5 175				
	连续额定转矩时的功率变化率/(kW·s⁻¹)		67.4	120	176	150	211
	额定电流/A		6.1	8.8	14	23	28
	最大电流/A		18	23	37	58	70
	10⁴·转动惯量/(kg·m²)	标准	1.50	1.90	2.30	8.30	12.0
		带电磁制动器	1.85	2.25	2.65	11.8	15.5
	推荐负载/电机惯量比		最大 5 倍于电机惯量				
	速度/位置检测器		18 位绝对位置编码器(分辨率：262 144 p/r)				
	质量/kg	标准	3.9	5.0	6.2	12	17
		带电磁制动器	6.0	7.0	8.3	15	21

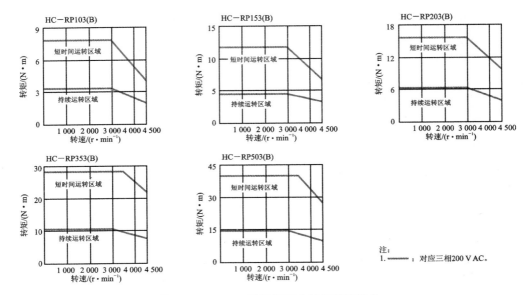

图 A.3　HC‑RP 系列伺服电动机转矩特性

注:
1. ——— :对应三相200 V AC。

表 A.4　HC‑LP 系列伺服电动机规格

伺服电机型号 HC‑LP			52(B)	102(B)	152(B)	202(B)	302(B)
伺服放大器型号 MR‑J3‑			60A/B(‑RJ006)/T	100A/B(‑RJ006)/T	200A/B(‑RJ006)/T	350A/B(‑RJ006)/T	500A/B(‑RJ006)/T
伺服电机	电源设备功率/kV·A		1.0	1.7	2.5	3.5	4.8
	连续运行特性	额定输出功率/kW	0.5	1.0	1.5	2.0	3.0
		额定输出转矩/(N·m)	2.39	4.78	7.16	9.55	14.3
	最大转矩/(N·m)		7.16	14.4	21.6	28.5	42.9
	额定转速/(r·min⁻¹)		2 000				
	最大转速/(r·min⁻¹)		3 000				
	允许瞬间转速/(r·min⁻¹)		3 450				
	连续额定转矩时的功率变化率/(kW·s⁻¹)		18.4	49.3	79.8	41.5	56.8
	额定电流/A		3.2	5.9	9.9	14	23
	最大电流/A		9.6	18	30	42	69
	10⁴·转动惯量/(kg·m²)	标准	3.10	4.62	6.42	22.0	36.0
		带电磁制动器	5.20	6.72	8.52	32.0	46.0
	推荐负载/电机惯量比		最大 10 倍于电机惯量				
	速度/位置检测器		18 位绝对位置编码器(分辨率:262 144 p/r)				
	质量/kg	标准	6.5	8.0	10	21	28
		带电磁制动器	9.0	11	13	27	34

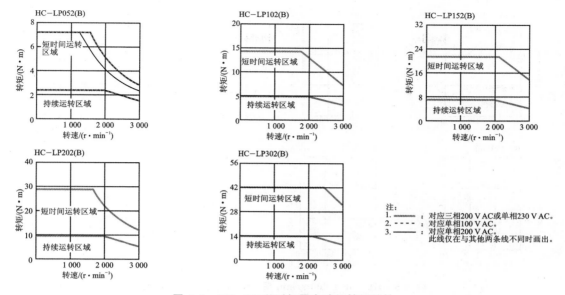

图 A.4　HC‐LP 系列伺服电动机转矩特性

表 A.5　HF‐SP 1000 r/min 系列伺服电动机规格

伺服电机型号 HF‐SP		51(B)	81(B)	121(B)	201(B)	301(B)	421(B)
伺服放大器型号 MR‐J3‐		60A/B (‐RJ006)/T	100A/B (‐RJ006)/T	200A/B (‐RJ006)/T		350A/B (‐RJ006)/T	500A/B (‐RJ006)/T
伺 服 电 机	电源设备功率/kV·A	1.0	1.5	2.1	3.5	4.8	6.3
	连续运行特性　额定输出功率/kW	0.5	0.85	1.2	2.0	3.0	4.2
	额定输出转矩/(N·m)	4.77	8.12	11.5	19.1	28.6	40.1
	最大输出转矩/(N·m)	14.3	24.4	34.4	57.3	85.9	120
	额定转速/(r·min⁻¹)	1 000					
	最大转速/(r·min⁻¹)	1 500					
	允许瞬间转速/(r·min⁻¹)	1 725					
	连续额定转矩时的功率变化率/(kW·s⁻¹)	19.2	37.0	34.3	48.6	84.6	104
	额定电流/A	2.9	4.5	6.5	11	16	24
	最大电流/A	8.7	13.5	19.5	33	48	72
	10⁴·转动惯量/(kg·m²)　标准	11.9	17.8	38.3	75.0	97.0	154
	带电磁制动器	14.0	20.0	47.9	84.7	107	164
	推荐负载/电机惯量比	最大 15 倍于电机惯量					
	速度/位置检测器	18 位绝对位置编码器(分辨率: 262 144 p/r)					
	质量/kg　标准	6.5	8.3	12	19	22	32
	带电磁制动器	8.5	10.3	18	25	28	38

注:
1. ━━━ : 对应三相200 V AC或单相230 V AC。
2. ----- : 对应单相100 V AC。
3. ──── : 对应单相200 V AC。
此线仅在与其他两条线不同时画出。

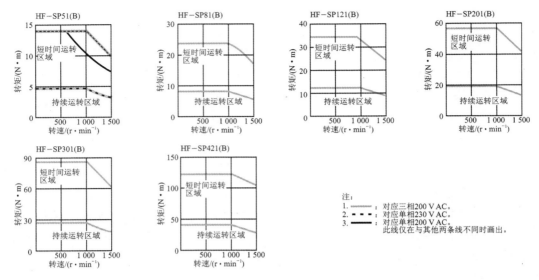

图 A.5　HF‑SP 1 000 r/min 系列伺服电动机转矩特性

注:
1. ▨▨▨ 对应三相200 V AC。
2. ▦▦▦ 对应单相230 V AC。
3. ━━━ 对应单相200 V AC。
此线仅在与其他两条线不同时画出。

表 A.6　HF‑SP 2 000 r/min 系列伺服电动机规格(200 V AC 级)

伺服电机型号 HF‑SP			52(B)	102(B)	152(B)	202(B)	352(B)	502(B)	702(B)
伺服放大器型号 MR‑J3‑			60A/B (‑RJ006)/T	100A/B (‑RJ006)/T	200A/B (‑RJ006)/T		350A/B (‑RJ006)/T	500A/B (‑RJ006)/T	700A/B (‑RJ006)/T
伺服电机		电源设备功率/kV·A	1.0	1.7	2.5	3.5	5.5	7.5	10
	连续运行特性	额定输出功率/kW	0.5	1.0	1.5	2.0	3.5	5.0	7.0
		额定输出转矩/(N·m)	2.39	4.77	7.16	9.55	16.7	23.9	33.4
	最大输出转矩/(N·m)		7.16	14.3	21.5	28.6	50.1	71.6	100
	额定转速/(r·min⁻¹)		2 000						
	最大转速/(r·min⁻¹)		3 000						
	允许瞬间转速/(r·min⁻¹)		3 450						
	连续额定转矩时的功率变化率/(kW·s⁻¹)		9.34	19.2	28.8	23.8	37.2	58.8	72.5
	额定电流/A		2.9	5.3	8.0	10	16	24	33
	最大电流/A		8.7	15.9	24	30	48	72	99
	10^4·转动惯量/(kg·m²)	标准	6.1	11.9	17.8	38.3	75.0	97.0	154
		带电磁制动器	8.3	14.0	20.0	47.9	84.7	107	164
	推荐负载/电机惯量比		最大15倍于电机惯量						
	速度/位置检测器		18位绝对位置编码器(分辨率: 262 144 p/r)						
	质量/kg	标准	4.8	6.5	8.3	12	19	22	32
		带电磁制动器	6.7	8.5	10.3	18	25	28	38

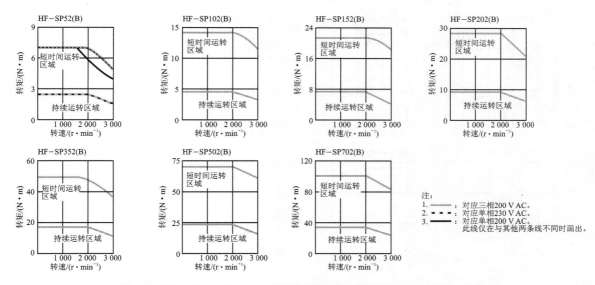

图 A.6　HF-SP 2 000 r/min 系列伺服电动机转矩特性(200 V AC 级)

注:
1. ▬▬▬　对应三相200 V AC。
2. ------　对应单相230 V AC。
3. ━━━　对应单相200 V AC。
　　　此线仅在与其他两条线不同时画出。

表 A.7　HF-SP 2 000 r/min 系列伺服电动机规格(400 V AC 级)

伺服电机型号 HF-SP			524(B)	1024(B)	1524(B)	2024(B)	3524(B)	5024(B)	7024(B)
伺服放大器型号 MR-J3-			60A4/B4(-RJ006)/T4	100A4/B4(-RJ006)/T4	200A4/B4(-RJ006)/T4		350A4/B4(-RJ006)/T4	500A4/B4(-RJ006)/T4	700A4/B4(-RJ006)/T4
伺服电机	电源设备功率/kV·A		1.0	1.7	2.5	3.5	5.5	7.5	10
	连续运行特性	额定输出功率/kW	0.5	1.0	1.5	2.0	3.5	5.0	7.0
		额定输出转矩/(N·m)	2.39	4.77	7.16	9.55	16.7	23.9	33.4
	最大输出转矩/(N·m)		7.16	14.3	21.5	28.6	50.1	71.6	100
	额定转速/(r·min⁻¹)		2 000						
	最大转速/(r·min⁻¹)		3 000						
	允许瞬间转速/(r·min⁻¹)		3 450						
	连续额定转矩时的功率变化率/(kW·s⁻¹)		9.34	19.2	28.8	23.8	37.2	58.8	72.5
	额定电流/A		1.5	2.9	4.1	5.0	8.4	12	16
	最大电流/A		4.5	8.7	12	15	25	36	48
	10⁴·转动惯量/(kg·m²)	标准	6.1	11.9	17.8	38.3	75.0	97.0	154
		带电磁制动器	8.3	14.0	20.0	47.9	84.7	107	164
	推荐负载/电机惯量比		最大15倍于电机惯量						
	速度/位置检测器		18位绝对位置编码器(分辨率:262 144 p/r)						
	质量/kg	标准	4.8	6.7	8.5	13	19	22	32
		带电磁制动器	6.7	8.6	11	19	25	28	38

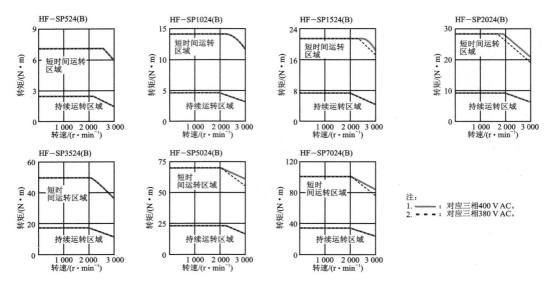

图 A.7　HF-SP 2 000 r/min 系列伺服电动机转矩特性(400 V AC 级)

表 A.8　HC-UP 系列伺服电动机规格

伺服电机型号 HC-UP			72(B)	152(B)	202(B)	352(B)	502(B)
伺服放大器型号 MR-J3-			70A/B (-RJ006)/T	200A/B (-RJ006)/T	350A/B (-RJ006)/T	500A/B(-RJ006)/T	
伺服电机	电源设备功率/kV·A		1.3	2.5	3.5	5.5	7.5
	连续运行特性	额定输出功率/kW	0.75	1.5	2.0	3.5	5.0
		额定输出转矩/(N·m)	3.58	7.16	9.55	16.7	23.9
	最大转矩/(N·m)		10.7	21.6	28.5	50.1	71.6
	额定转速/(r·min⁻¹)		2 000				
	最大转速/(r·min⁻¹)		3 000			2 500	
	允许瞬间转速/(r·min⁻¹)		3 450			2 875	
	连续额定转矩时的功率变化率/(kW·s⁻¹)		12.3	23.2	23.9	36.5	49.6
	额定电流/A		5.4	9.7	14	23	28
	最大电流/A		16	29	42	69	84
	10⁴·转动惯量/(kg·m²)	标准	10.4	22.1	38.2	76.5	115
		带电磁制动	12.5	24.2	46.8	85.1	124
	推荐负载/电机惯量比		最大15倍于电机惯量				
	速度/位置检测器		18位绝对位置编码器(分辨率:262 144 p/r)				
	质量/kg	标准	8.0	11	16	20	24
		带电磁制动	10	13	22	26	30

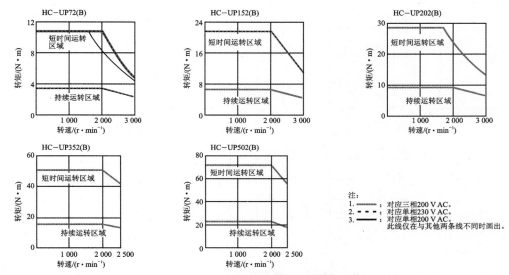

图 A.8　HC - UP 系列伺服电动机转矩特性

表 A.9　HA - LP 1 000 r/min 系列伺服电动机规格(200 V AC 级)

伺服电机型号 HA - LP			601(B)	801(B)	12K1(B)	15K1	20K1	25K1	30K1	37K1
伺服放大器型号 MR - J3 -			700A/B (- RJ006)/T	11KA/B(- RJ006)/T		15KA/B (- RJ006)/T	22KA/B(- RJ006)/T		DU30KA/B	DU37KA/B
伺服电机	电源设备功率/kV・A		8.6	12	18	22	30	38	48	59
	连续运行特性	额定输出功率/kW	6.0	8.0	12	15	20	25	30	37
		额定输出转矩/ (N・m)	57.3	76.4	115	143	191	239	286	353
	最大输出转矩/(N・m)		172	229	344	415	477	597	716	883
	额定转速/(r・min⁻¹)		1 000							
	最大转速/(r・min⁻¹)		1 200							
	允许瞬间转速/(r・min⁻¹)		1 380							
	连续额定转矩时的功率变化率/(kW・s⁻¹)		313	265	445	373	561	528	626	668
	额定电流/A		34	42	61	83	118	118	154	188
	最大电流/A		102	126	183	249	295	295	385	470
	10⁴・转动惯量/ (kg・m²)	标准	105	220	295	550	650 (3 550)	1 080 (5 900)	1 310 (7 160)	1 870 (10 200)
		带电磁制动器	113	293	369	—	—	—	—	—
	推荐负载/电机惯量比		最大 10 倍于电机惯量							
	速度/位置检测器		18 位绝对位置编码器(分辨率：262 144 p/r)							
	质量/kg	标准	55	95	115	160	180	230	250	335
		带电磁制动器	70	130	150	—	—	—	—	—

注：
1. ━━━━ ：对应三相 200 V AC。
2. ------- ：对应单相 230 V AC。
3. ─────：对应单相 200 V AC。
此线仅在与其他两条线不同时画出。

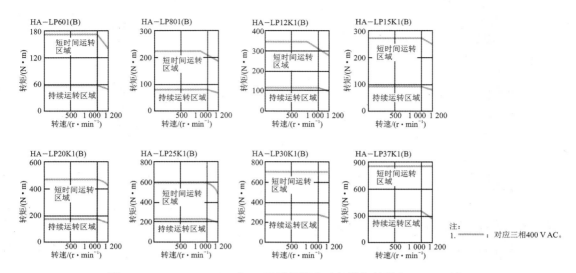

图 A.9　HA - LP 1 000 r/min 系列伺服电动机转矩特性(200 V AC 级)

表 A.10　HA - LP 1 000 r/min 系列伺服电动机规格(400 V AC 级)

伺服电机型号 HA - LP			6014(B)	8014(B)	12K14(B)	15K14	20K14	25K14	30K14	37K14
伺服放大器型号 MR - J3 -			700A4/B4 (- RJ006)/T4	11KA4/B4(- RJ006) /T4	15KA4/B4 (- RJ006)/T4	22KA4/B4 (- RJ006)/T4		DU30KA4/B4		DU37KA4 /B4
伺服电机	电源设备功率/kV·A		8.6	12	18	22	30	38	48	59
	连续运行特性	额定输出功率/kW	6.0	8.0	12	15	20	25	30	37
		额定输出转矩/ (N·m)	57.3	76.4	115	143	191	239	286	353
	最大输出转矩/(N·m)		172	229	344	415	477	597	716	883
	额定转速/(r·min⁻¹)		1 000							
	最大转速/(r·min⁻¹)		1 200							
	允许瞬间转速/(r·min⁻¹)		1 380							
	连续额定转矩时的功率变化率/(kW·s⁻¹)		313	265	445	373	561	528	626	668
	额定电流/A		17	20	30	40	55	70	77	95
	最大电流/A		51	60	90	120	138	175	193	238
	10⁴·转动惯量/ (kg·m²)	标准	105	220	295	550	650	1080	1310	1870
		带电磁制动器	113	293	369	—	—	—	—	—
	推荐负载/电机惯量比		最大 10 倍于电机惯量							
	速度/位置检测器		18 位绝对位置编码器(分辨率:262 144 p/r)							
	质量/kg	标准	55	95	115	160	180	230	250	335
		带电磁制动器	70	130	150	—	—	—	—	—

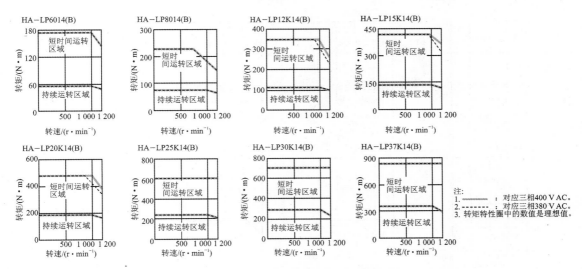

图 A.10　HA−LP 1 000 r/min 系列伺服电动机转矩特性(400 V AC 级)

表 A.11　HA−LP 1 500 r/min 系列伺服电动机规格(200 V AC 级)

伺服电机型号 HA−LP			701M(B)	11K1M(B)	15K1M(B)	22K1M	30K1M	37K1M
伺服放大器型号 MR−J3−			700A/B(−RJ006)/T	11KA/B(−RJ006)/T	15KA/B(−RJ006)/T	22KA/B(−RJ006)/T	DU30KA/B	DU37KA/B
伺服电机	电源设备功率/kV·A		10	16	22	33	48	59
	连续运行特性	额定输出功率/kW	7.0	11	15	22	30	37
		额定输出转矩/(N·m)	44.6	70.0	95.5	140	191	236
	最大输出转矩/(N·m)		134	210	286	350	477	589
	额定转速/$(r·min^{-1})$		1 500					
	最大转速/$(r·min^{-1})$		2 000					
	允许瞬间转速/$(r·min^{-1})$		2 300					
	连续额定转矩时的功率变化率/$(kW·s^{-1})$		189	223	309	357	561	514
	额定电流/A		37	65	87	126	174	202
	最大电流/A		111	195	261	315	435	505
	10^4·转动惯量/$(kg·m^2)$	标准	105	220	295	550	650	1 080
		带电磁制动器	113	293	369	—	—	—
	推荐负载/电机惯量比		最大 10 倍于电机惯量					
	速度/位置检测器		18 位绝对位置编码器(分辨率：262 144 p/r)					
	质量/kg	标准	55	95	115	160	180	230
		带电磁制动器	70	130	150	—	—	—

注：
1. ───── ：对应三相400 V AC。
2. ------- ：对应三相380 V AC。
3. 转矩特性圈中的数值是理想值。

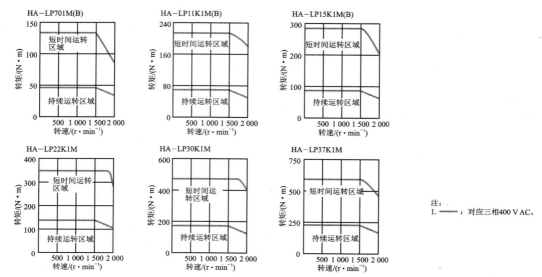

图 A.11　HA－LP 1 500 r/min 系列伺服电动机转矩特性（200 V AC 级）

表 A.12　HA－LP 1 500 r/min 系列伺服电动机规格（400 V AC 级）

伺服电机型号 HA－LP			701M4(B)	11K1M4(B)	15K1M4(B)	22K1M4	30K1M4	37K1M4	45K1M4	50K1M4
伺服放大器型号 MR－J3－			700A4/B4 (－RJ006)/T4	11KA4/B4 (－RJ006)/T4	15KA4/B4 (－RJ006)/T4	22KA4/B4 (－RJ006)/T4	DU30KA4 /B4	DU37KA4 /B4	DU45KA4 /B4	DU55KA4 /B4
伺服电机	连续运行特性	电源设备功率/kV·A	10	16	22	33	48	59	71	80
		额定输出功率/kW	7.0	11	15	22	30	37	45	50
		额定输出转矩/(N·m)	44.6	70.0	95.5	140	191	236	286	318
	最大输出转矩/(N·m)		134	210	286	350	477	589	716	798
	额定转速/(r·min⁻¹)		1 500							
	最大转速/(r·min⁻¹)		2 000							
	允许瞬间转速/(r·min⁻¹)		2 300							
	连续额定转矩时的功率变化率/(kW·s⁻¹)		189	223	309	357	561	514	626	542
	额定电流/A		18	31	41	63	87	101	128	143
	最大电流/A		54	93	123	158	218	253	320	358
	10⁴·转动惯量/(kg·m²)	标准	105	220	295	550	650	1080	1310	1870 (10200)
		带电磁制动器	113	293	369					
	推荐负载/电机惯量比		最大 10 倍于电机惯量							
	速度/位置检测器		18 位绝对位置编码器（分辨率：262 144 p/r）							
	质量/kg	标准	55	95	115	160	180	230	250	335
		带电磁制动器	70	130	150	—	—	—	—	—

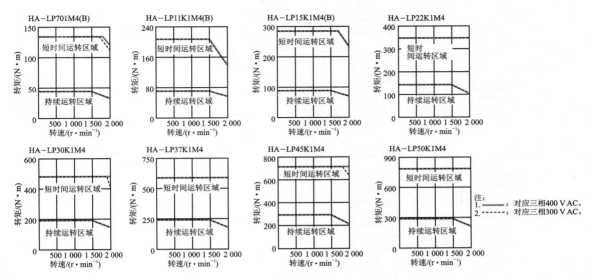

图 A.12　HA‑LP 1 500 r/min 系列伺服电动机转矩特性（400 V AC 级）

表 A.13　HA‑LP 2 000 r/min 系列伺服电动机规格（200 V AC 级）

伺服电机型号 HA‑LP			502	702	11K2(B)	15K2(B)	22K2(B)	30K2	37K2
伺服放大器型号 MR‑J3‑			500A/B (‑RJ006)/T	700A/B (‑RJ006)/T	11KA/B (‑RJ006)/T	15KA/B (‑RJ006)/T	22KA/B (‑RJ006)/T	DU30KA/B	DU37KA/B
伺服电机	电源设备功率/kV·A		7.5	10.0	16	22	33	48	59
	连续运行特性	额定输出功率/kW	5.0	7.0	11	15	22	30	37
		额定输出转矩/(N·m)	23.9	33.4	52.5	71.6	105	143	177
	最大输出转矩/(N·m)		71.6	100	158	215	263	358	442
	额定转速/(r·min⁻¹)		2 000						
	最大转速/(r·min⁻¹)		2 000						
	允许瞬间转速/(r·min⁻¹)		2 300						
	连续额定转矩时的功率变化率/(kW·s⁻¹)		77.2	118	263	233	374	373	480
	额定电流/A		25	34	63	77	112	166	204
	最大电流/A		75	102	189	231	280	415	510
	10⁴·转动惯量/(kg·m²)	标准	74.0	94.2	105	220	295	550	650
		带电磁制动器	—	—	113	293	369	—	—
	推荐负载/电机惯量比		最大 10 倍于电机惯量						
	速度/位置检测器		18 位绝对位置编码器（分辨率：262 144 p/r）						
	质量/kg	标准	28	35	55	95	115	160	180
		带电磁制动器	—	—	70	130	150	—	—

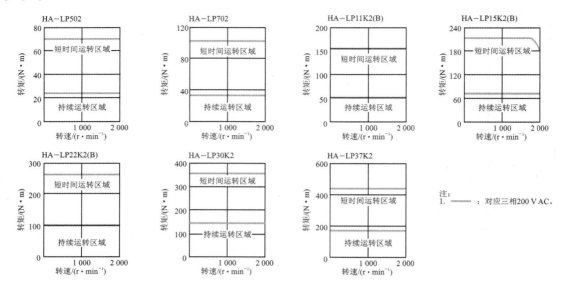

图 A.13　HA-LP 2 000 r/min 系列伺服电动机转矩特性(200 V AC 级)

表 A.14　HA-LP 2 000 r/min 系列伺服电动机规格(400 V AC 级)

		伺服电机型号 HA-LP	11K24(B)	15K24(B)	22K24(B)	30K24	37K24	45K24	55K24
		伺服放大器型号 MR-J3-	11KA4/B4 (-RJ006)/T4	15KA4/B4 (-RJ006)/T4	22KA4/B4 (-RJ006)/T4	DU30KA4 /B4	DU37KA4 /B4	DU45KA4 /B4	DU55KA4 /B4
伺服电机		电源设备功率/kV·A	16	22	33	48	59	74	87
	连续运行特性	额定输出功率/kW	11	15	22	30	37	45	55
		额定输出转矩/(N·m)	52.5	71.6	105	143	177	215	263
	最大输出转矩/(N·m)		158	215	263	358	442	537	657
	额定转速/(r·min^{-1})		2 000						
	最大转速/(r·min^{-1})		2 000						
	允许瞬间转速/(r·min^{-1})		2 300						
	连续额定转矩时的功率变化率/(kW·s^{-1})		263	233	374	373	480	427	526
	额定电流/A		32	40	57	83	102	131	143
	最大电流/A		96	120	143	208	255	328	358
	10^4·转动惯量/(kg·m^2)	标准	105	220	295	550	650	1 080	1 310
		带电磁制动器	113	293	369	—	—	—	—
	推荐负载/电机惯量比		最大 10 倍于电机惯量						
	速度/位置检测器		18 位绝对位置编码器(分辨率:262 144 p/r)						
	质量/kg	标准	55	95	115	160	180	230	250
		带电磁制动器	70	130	150	—	—	—	—

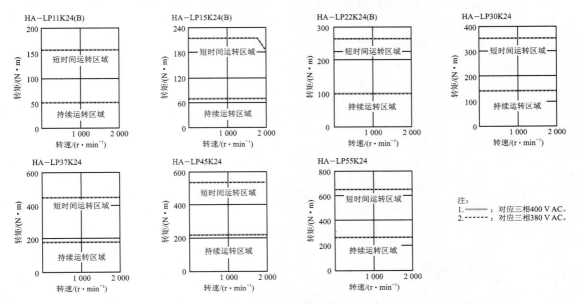

图 A.14　HA－LP 2 000 r/min 系列伺服电动机转矩特性(400 V AC 级)

A.2　德国百格拉公司步进电动机技术数据

表 A.15　百格拉三相混合式步进电动机规格

型	电机型号	步数/(步·转⁻¹)	相电压/V	相电流/A	额定扭矩/(N·m)	保持扭矩/(N·m)	最高启动速度/(r·s⁻¹)	转动惯量/(kg·cm²)	质量/kg	接线方式/(线数)	配套驱动器
57型	VRDM364/LHA	200/400/500/1000	40 V DC	5.2	0.45	0.51	6.3	0.1	0.45	6	D921
	VRDM366/LHA			5.8	0.9	1.02		0.22	0.72		
	VRDM368/LHA				1.5	1.74		0.38	1.1		
	VRDM397/LHA				1.7	1.92		1.1	1.65		
	VRDM3910/LHA				3.7	4.18		2.2	2.7		
90型	VRDM397/LWA	2000/4000 5000/10000	325 V AC	1.75	2	2.26	5.3	1.1	1.65	3	WD3-007
	VRDM397/LWB			2					2.05	6	
	VRDM3910/LWA				4	4.52		2.2	2.7	3	
	VRDM3910/LWB								3.1	6	
	VRDM3913/LWA			2.25	6	6.78		3.3	3.8	3	
	VRDM3913/LWB								4.2	6	
110型	VRDM31117/LSB			2.5	12	13.92	4.7	10.5	8	3	
	VRDM31117/LWB			4.1							WD3-008
	VRDM31122/LWB			4.75	16.5	19.14		16	11		WDM3-008

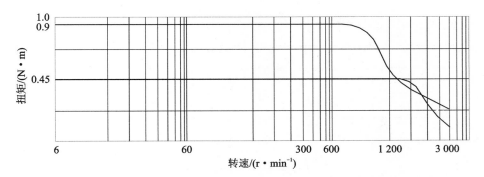

图 A.15　0.45 N・m 和 0.9 N・m 步进电动机的矩频特性曲线

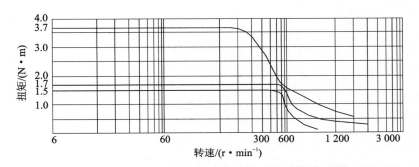

图 A.16　1.5 N・m、1.7 N・m 和 3.7 N・m 步进电动机的矩频特性曲线

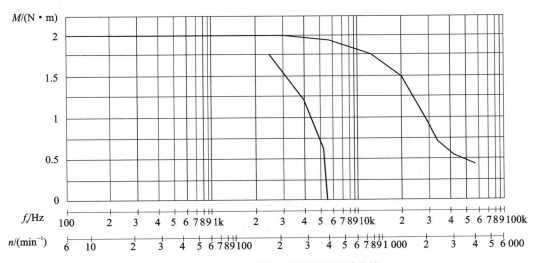

图 A.17　2 N・m 步进电动机矩频特性曲线

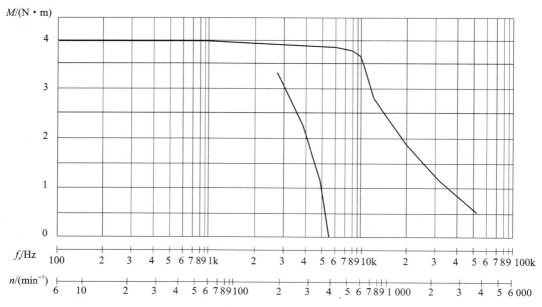

图 A.18   4 N·m 步进电动机矩频特性曲线

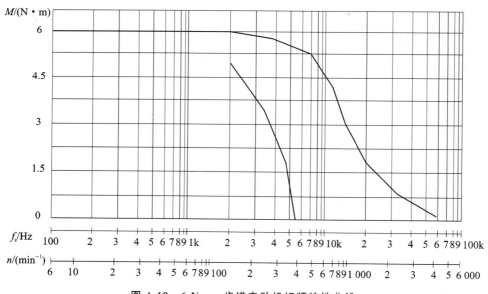

图 A.19   6 N·m 步进电动机矩频特性曲线

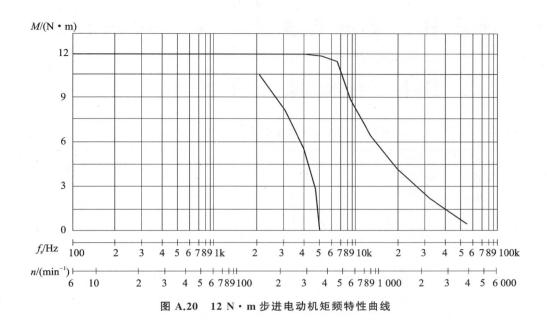

图 A.20　12 N·m 步进电动机矩频特性曲线

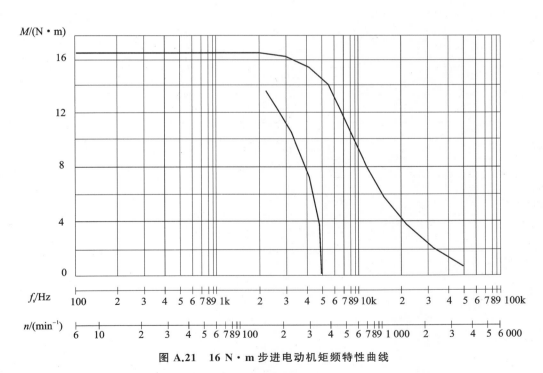

图 A.21　16 N·m 步进电动机矩频特性曲线

注：长曲线—最大工作转矩和转速的关系；短曲线—最大启动和停止频率。

附录B 常用电器元件主要技术数据

B.1 接触器主要技术数据

表 B.1 CJ20 系列交流接触器的主要技术数据

型号	额定工作电压/V	约定发热电流/A	断续周期工作制下的额定工作电流/A				AC-3使用类别下的额定工作功率/kW	配用熔断器型号	机/电寿命/万次	操作频率/(次·h^{-1})
			AC-1	AC-2	AC-3	AC-4				
CJ20-10	220	10	10	—	10	10	2.2	RT16-20	1 000/100	1 200
	380			—	10	10	4			
	660			—	5.2	5.2				
CJ20-16	220	16	—		16	16	4.5	RT16-32		
	380				16	16	7.5			
	660				13	13	11			
CJ20-25	220	32	32	—	25	25	5.5	RT16-50		
	380			—	25	25	11			
	660			—	14.5	14.5	13			
CJ20-40	220	55	55	—	40	40	11	RT16-80		
	380			—	40	40	22			
	660			—	25	25				
CJ20-63	220	80	80	63	63	63	18	RT16-160		
	380			63	63	63	30			
	660			40	40	40	35			
CJ20-100	220	125	125	100	100	100	28	RT16-250	600/120	1 200
	380			100	100	100	50			
	660			63	63	63				
CJ20-160	220	200	200	160	160	160	48	RT16-315		
	380			160	160	160	85			
	660			100	100	100				
CJ20-160/11	1 140	200	200	80	80	80	85			

续表 B.1

型　号	额定工作电压/V	约定发热电流/A	断续周期工作制下的额定工作电流/A					AC-3使用类别下的额定工作功率/kW	配用熔断器型号	机/电寿命/万次	操作频率/(次·h⁻¹)
			AC-1	AC-2	AC-3	AC-4				
CJ20-250	220	315	315	250	250	250	80	RT16-400	300/60	600
	380			250	250	250	132			
CJ20-250/06	660			200	200	200	190			
CJ20-400	220	400	400	400	400	400	115	RT16-500		
	380	400	400	400	400	400	200			
	660			250	250	250	220			
CJ20-630	220	630	630	630	630	630	175			
	380			630	630	630	300			
CJ20-630/06	660	400	400	400	400	400	350	RT16-630		
CJ20-630/11	1 140	400	400	400	400	400	400		300/12	120

表 B.2　3TF 系列交流接触器的主要技术数据

产品型号	额定绝缘电压/V	约定发热电流/A	额定工作电流/A						控制电动机功率/kW				
			AC-3 使用类型			AC-4 使用类型			AC-3 使用类型			AC-4 使用类型		
			380 V	660 V	1 000 V	380 V	660 V	1 000 V	380 V	660 V	1 000 V	380 V	660 V	1 000 V
3TF30	690	20	9	6.6	—	3.3	3.3	—	4	5.5	—	1.4	2.4	—
3TF40			9	6.6	—	3.3	3.3	—	4	5.5	—	1.4	2.4	—
3TF31			12	8.8	—	4.3	4.3	—	5.5	7.5	—	1.9	3.3	—
3TF41			12	8.8	—	4.3	4.3	—	5.5	7.5	—	1.9	3.3	—
3TF32		30	16	12.2	—	7.7	7.7	—	7.5	11	—	3.5	6	—
3TF42			16	12.2	—	7.7	7.7	—	7.5	11	—	3.5	6	—
3TF33			22	12.2	—	8.5	8.5	—	11	11	—	4	6.6	—
3TF43			22	12.2	—	8.5	8.5	—	11	11	—	4	6.6	—
3TF34		55	32	27	—	15.6	15.6	—	15	23	—	7.5	13	—
3TF44			32	27	—	15.6	15.6	—	15	23	—	7.5	13	—
3TF35			38	27	—	18.5	18.5	—	18.5	23	—	9	15.5	—
3TF45			38	27	—	18.5	18.5	—	18.5	23	—	9	15.5	—

产品型号	额定绝缘电压/V	约定发热电流/A	额定工作电流/A						控制电动机功率/kW					
			AC-3 使用类型			AC-4 使用类型			AC-3 使用类型			AC-4 使用类型		
			380 V	660 V	1 000 V	380 V	660 V	1 000 V	380 V	660 V	1 000 V	380 V	660 V	1 000 V
3TF46	1 000	80	45	45	6	24	24	—	22	39	7.5	12	20.8	—
3TF47		90	63	63	6	28	28	—	30	55	7.5	14	24.3	—
3TF48		100	75	75	30	34	34	23	37	67	39	17	29.5	30
3TF49		100	85	75	30	42	42	23	45	67	39	21	36	30
3TF50		160	110	110	42	54	54	54	55	100	65	27	46.9	45
3TF51		160	140	110	42	68	68	34	75	100	65	35	60	45
3TF52		210	170	170	68	75	57	42	90	156	90	38	66	55
3TF53		220	205	170	68	96	96	42	110	156	90	50	86	55
3TF54		300	250	250	95	110	110	57	132	235	132	58	100	75
3TF55		300	300	250	95	125	125	57	160	235	132	66	114	75
3TF56		400	400	400	180	150	150	80	200	375	250	81	140	110

表 B.3　CZ18 系列直流接触器表的主要技术数据

型　号	额定工作电压/V	额定工作电流/A	动合主触头数目	辅助触头参数		约定发热电流/A	机/电寿命/万次	操作频率/(次·h⁻¹)
				动合触头数目	动断触头数目			
CZ18-40/10	440	40	1	2	2	6	500/50	1 200
CZ18-40/20			2					
CZ18-80/10		80	1					
CZ18-80/20			2					
CZ18-160/10		160	1			10	500/50	600
CZ18-160B/10			1					
CZ18-315/10		315	1					
CZ18-315B/10			1					
CZ18-630/10		630	1				300/30	600
CZ18-630B/10			1					
CZ18-1000/10		1 000	1					
CZ18-1000B/10			1					

B.2　电磁式继电器主要技术数据

表 B.4　JT3 系列通用继电器的主要技术数据

继电器类型	型号	动作值	延时可调范围/s	触点组合及数目	吸引线圈参数	机械寿命/万次	电寿命/万次
电压	JT3 -□□/A	吸合电压： 30%～50%U_N 释放电压： 7%～20%U_N	—	最多为四对，可任意组合	直流 12 V、24 V、48 V、110 V、220 V、440 V	—	—
电流	JT3 -□□L	吸合电流： 30%～65%I_N 释放电流： 10%～20%I_N	—	最多为三对	直流 1.5 A、2.5 A、5 A、10 A、25 A、50 A、100 A、150 A、300 A、600 A	100	10
时间	JT3 -□□/1	—	0.3～0.9（线圈断电） 0.3～1.5（线圈短接）	最多为四对，可任意组合	—	—	—
	JT3 -□□/3		0.8～3（线圈断电） 1～3.5（线圈短接）				
	JT3 -□□/5		0.5～5（线圈断电） 3～5.5（线圈短接）				

表 B.5　JZ7 系列中间继电器的主要技术数据

型号	触点容量		接通分断能力				触点数目		吸引线圈额定电压/V	保持线圈功率/VA	额定操作频率/(次·h⁻¹)
	额定电压/V	额定电流/A	电压/V	接通电流/A	分断电流/A		动合	动断			
					电感负载	电阻负载					
JZ7 - 44	500	5	AC380	50	5	5	4	4	交流 50 Hz：12、36、127、220、380 交流 60 Hz：12、36、127、220、380、440	12	1 200
JZ7 - 62			DC110	7.5	1	2.5	6	2			
JZ7 - 80			DC220	4	0.5	1	8	0			

表 B.6　JL15 系列过电流继电器的主要技术数据

产品型号	额定电压/V	约定发热电流/A	线圈额定电流/A	复位方式	触点组合	返回系数	电寿命/10^4 次	机械寿命/10^4 次
JL15 - 1.5			1.5					
JL15 - 2.5			2.5					
JL15 - 5			5					
JL15 - 10			10					
JL15 - 15			15					
JL15 - 20			20					
JL15 - 30			30		四种:			控制用:
JL15 - 40			40		1 常闭			100
JL15 - 60	AC: 380	5	60	自动和	2 常闭	AC: 0.25	50	保护用:
JL15 - 80	DC: 440		80	手动	1 常开　1 常闭	DC: 0.15		50
JL15 - 100			100		2 常开　2 常闭			
JL15 - 150			150					
JL15 - 250			250					
JL15 - 300			300					
JL15 - 400			400					
JL15 - 600			600					
JL15 - 800			800					
JL15 - 1200			1 200					

B.3　热继电器主要技术数据

表 B.7　JR20 系列热继电器的主要技术数据

型　号	热元件编号	整定电流范围/A	额定电压/V	触点数目	额定电压/V	额定电流/A	配用接触器型号
	1R	0.1～0.13～0.15					
	2R	0.15～0.19～0.23					
	3R	0.23～0.29～0.35					
	4R	0.35～0.44～0.53					
	5R	0.53～0.67～0.8					
	6R	0.8～1～1.2					
	7R	1.2～1.5～1.8					
JR20 - 10	8R	1.8～2.2～2.6	660	1 动合 1 动断	380	1	CJ20 - 10
	9R	2.6～3.2～3.8					
	10R	3.2～4～4.8					
	11R	4～5～6					
	12R	5～6～7					
	13R	6～7.2～8.4					
	14R	7～8.6～10					
	15R	8.6～10～11.6					

型　号	热元件编号	整定电流范围/A	额定电压/V	触点参数			配用接触器型号
				触点数目	额定电压/V	额定电流/A	
JR20 - 16	1S	3.6～4.5～5.4	660	1 动合 1 动断	380	1	CJ20 - 16
	2S	5.4～6.7～8					
	3S	8～10～12					
	4S	10～12～14					
	5S	12～14～16					
	6S	14～16～18					
JR20 - 25	1T	7.8～9.7～11.6					CJ20 - 25
	2T	11.6～14.3～17					
	3T	17～21～25					
	4T	21～25～29					
JR20 - 63	1U	16～20～24					CJ20 - 63
	2U	24～30～36					
	3U	32～40～47					
	4U	40～47～55					
	5U	47～55～62					
	6U	55～63～71					
JR20 - 160	1W	33～40～47					CJ20 - 160
	2W	47～55～63					
	3W	63～74～84					
	4W	74～86～98					
	5W	85～100～115					
	6W	100～115～130					
	7W	115～132～150					
	8W	130～150～170					
	9W	144～160～176					
JR20 - 250	1X	130～160～195					CJ20 - 250
	2X	167～200～250					

B.4　时间继电器主要技术数据

表 B.8　JS7 - A 系列空气阻尼时间继电器的主要技术数据

型　号	线圈电压/V	触点容量		延时范围/s	延时触点数目				瞬动触点数目		额定操作频率/(次·h⁻¹)
		额定电压/V	额定电流/A		通电延时		断电延时		动合	动断	
					动合	动断	动合	动断			
JS7 - 1A	24、36、 110、 127、 220、 380、420	380	5	0.4～60 0.4～180	1	1	—	—	—	—	600
JS7 - 2A					1	1	—	—	1	1	
JS7 - 3A					—	—	1	1	—	—	
JS7 - 4A					—	—	1	1	1	1	

表 B.9　ST 系列电子式时间继电器的主要技术数据

型　号	延时范围	额定控制电压/V	触点容量 电压/V	触点容量 发热电流/A	延时触点数 通电延时 闭合	延时触点数 通电延时 断开	延时触点数 断电延时 闭合	延时触点数 断电延时 断开	瞬动触点数 闭合	瞬动触点数 断开
ST3PA (JSZ3-A)	延时范围代号: A—0.1 s~3 min				2	2				
ST3PC (JSZ3-C)		AC：100~110/200~220 DC：24、48	AC：240	3	1	1			1	1
ST3PF (JSZ3-F)	B—0.1 s~6 min						1	1		
ST3PK (JSZ3-K)	C—0.5 s~30 min						1	1		
ST3PY (JSZ3-Y)	D—1 s~60 min E—5 s~6 h	AC：100~110/200~220			1	1			1	
ST3PR (JSZ3-R)					2	1	1			
ST6P-2 (JSZ6-2)	F—0.25 min~12 h C—0.5 min~24 h	AC：100~110/200~220 DC：24、28	AC：240	3	2	2				
ST6P-4 (JSZ6-4)					4	4				
ST5P-2					2	2				
ST5P-4	0.1~180 s				4	4				
ST5B-2					2	2				
ST5B-4					4	4				

注：括号内为对应的国产型号。

B.5　主令电器

表 B.10　LA25 系列按钮的主要技术数据

型　号	按钮形式	触点数量	操作频率/(次·h⁻¹)	10^4·电寿命/次	10^4·机械寿命/次
LA25-1	平钮		1 200	AC：50 DC：25	100
LA25-1J	蘑菇钮				
LA25-1D	带灯钮	1			
LA25-1X	旋钮		120	AC：10 DC：10	10
LA25-1Y	钥匙钮				

型 号	按钮形式	触点数量	操作频率/（次·h⁻¹）	10⁻⁴·电寿命/次	10⁻⁴·机械寿命/次
LA25-2	平钮			AC：50 DC：25	100
LA25-2J	蘑菇钮		1200	AC：50 DC：25	100
LA25-2D	带灯钮	2		AC：50 DC：25	100
LA25-2X	旋钮		120	10	10
LA25-2Y	钥匙钮		120	10	10
LA25-3	平钮			AC：50 DC：25	100
LA25-3J	蘑菇钮		1 200	AC：50 DC：25	100
LA25-3D	带灯钮	3		AC：50 DC：25	100
LA25-3X	旋钮		120	10	10
LA25-3Y	钥匙钮		120	10	10
LA25-4	平钮			AC：50 DC：25	100
LA25-4J	蘑菇钮		1 200	AC：50 DC：25	100
LA25-4D	带灯钮	4		AC：50 DC：25	100
LA25-4X	旋钮		120	10	10
LA25-4Y	钥匙钮		120	10	10
LA25-5	平钮			AC：50 DC：25	100
LA25-5J	蘑菇钮		1 200	AC：50 DC：25	100
LA25-5D	带灯钮	5		AC：50 DC：25	100
LA25-5X	旋钮		120	10	10
LA25-5Y	钥匙钮		120	10	10
LA25-6	平钮			AC：50 DC：25	100
LA25-6J	蘑菇钮		1 200	AC：50 DC：25	100
LA25-6D	带灯钮	6		AC：50 DC：25	100
LA25-6X	旋钮		120	10	10
LA25-6Y	钥匙钮		120	10	10

表 B.11 LX19 系列行程开关的主要技术数据

型 号	结构形式	触点数量 动 合	触点数量 动 断	工作行程	触点超程	触点转换时间/s
LX19-111	单轮，滚轮装在传动杆内侧，能自动复位				0°～20°	
LX19-121	单轮，滚轮装在传动杆外侧，能自动复位				0°～20°	
LX19-131	单轮，滚轮装在传动杆凹槽内，能自动复位				0°～20°	
LX19-212	双轮，滚轮装在 U 形传动杆内侧，不能自动复位	1	1	0°～30°		≤0.04
LX19-222	双轮，滚轮装在 U 形传动杆外侧，不能自动复位				0°～15°	
LX19-232	双轮，滚轮装在 U 形传动杆内外侧各一个，不能自动复位					
LX19-001	无滚轮，仅有径向传动杆，能自动复位			4 mm	3 mm	

表 B.12　JLXK1 系列行程开关的主要技术数据

型号	额定电压/V		额定电流/A	触点数目		工作行程	触点超程	结构形式
	交流	直流		动合	动断			
JLXK1-111	500	440	5	1	1	12°~15°	≤30°	单轮防护式
JLXK1-111M								双轮防护式
JLXK1-211						约 25°	<45°	单轮密封式
JLXK1-211M								双轮密封式
JLXK1-311						1~3 mm	2~4 mm	直动防护式
JLXK1-311M								直动密封式
JLXK1-411						1~3 mm	2~4 mm	直动滚轮防护式
JLXK1-411M								直动滚轮密封式

表 B.13　LJ5 系列接近开关的主要技术数据

接近开关类型		额定工作电压/V	输出电流/mA	开关压降/V	截止状态电流/mA	工作电压/(%)	操作频率/(次/s)	外螺纹直径/mm	外壳防护等级
直流	二线型	10~30	5~50	8	1.5	85~110	100~200	M18、M30	IP65
	三线型	6~30	5~300	3.5	0.5				
	四线型	10~30	2×(5~50)						
交流		30~220	20~30	10	2.5	80~110	5		

表 B.14　LW5 系列万能转换开关定位特征

操作方式	定位特征代号	操作手柄位置/(°)											
自复型	A						0	45					
	B					45	0	45					
定位型	C					45	0	45					
	D					45	0	45					
	E					45	0	45	90				
	F				90	45	0	45	90				
	G				90	45	0	45	90	135			
	H			135	90	45	0	45	90	135			
	I			135	90	45	0	45	90	135	180		
	J		120	90	60	30	0	30	60	90	120		
	K		120	90	60	30	0	30	60	90	120	150	
	L	150	120	90	60	30	0	30	60	90	120	150	
	M	150	120	90	60	30	0	30	60	90	120	150	180
	N					45		45					
	P				90		0		90				

表 B.15 LW6 系列万能转换开关定位特征

定位特征代号						操作手柄位置/(°)						
A						0	30					
B					30	0	30					
C					30	0	30	60				
D				60	30	0	30	60				
E				60	30	0	30	60	90			
F			90	60	30	0	30	60	90			
G			90	60	30	0	30	60	90	120		
H		120	90	60	30	0	30	60	90	120		
I		120	90	60	30	0	30	60	90	120	150	
J	150	120	90	60	30	0	30	60	90	120	150	
K	210	240	270	300	300	0	30	60	90	120	150	180
L						0	60					
M					60	0						
N					60	0	60	120				
O				120		0		120				
P				240	300	0	60	120	180			

表 B.16 LW5、LW6 系列万能转换开关的主要技术数据

型号	额定电压/V	额定电流/A	双断点触点技术数据													操作频率/(次·h⁻¹)	触点挡数
			AC						DC								
			接通			分断			接通			分断					
			电压/V	电流/A	cos φ	电压/V	电流/A	cos φ	电压/V	电流/A	t/ms	电压/V	电流/A	t/ms			
LW5	AC、DC: 500	15	24 48 110 220 380 440 500	30 20 15 10	0.3~0.4	24 48 110 220 380 440 500	30 20 15 10	0.3~0.4	24 48 110 220 380 440 500	20 15 2.5 1.25 0.5 0.35	60~66	24 48 110 220 380 440 500	20 15 2.5 1.25 0.5 0.35	60~66	120	每一触点座内有二对触点,挡数有1~16、18、21、24、27、30 可取代 LW1、LW4
LW6	AC: 380 DC: 220	5	380	5		380	5		220	0.2	50~100	220	0.2	50~100			每一触点座内有三对,触点挡数有1~6、8、10、12、16、20

表 B.17　LK4 系列主令控制器的主要技术数据

型　号	额定电流/A	控制的电路数	凸轮装配旋转方式	减速器传动比	防护形式
LK4 - 024		2		—	
LK4 - 044		4		—	
LK4 - 54		6		—	
LK4 - 028/1		2		1:30	
LK4 - 028/2		2		1:5	
LK4 - 047/1		4		1:30	
LK4 - 047/2		4		1:5	保护式
LK4 - 058/1	10	6		1:30	
LK4 - 058/2		6		1:5	
LK4 - 148/3		8	串联	1:16.65	
LK4 - 148/4		8	并联	1:1、1:20、1:36	
LK4 - 168/3		16	串联	1:16.65	
LK4 - 168/4		16	并联	1:1、1:20、1:36	
LK4 - 188/3		24	串联	1:16.65	
LK4 - 188/4		24	并联	1:1、1:20、1:36	保护式
LK4 - 658/4		5		1:30	
LK4 - 658/5		5		1:30	防水式
LK4 - 658/6		5		1:5	
LK4 - 658/7		5		1:5	

B.6　熔断器主要技术数据

表 B.18　常用熔断器的主要技术数据

形　式	型　号	熔断器额定电流/A	额定电压/V	熔体额定电流/A	额定分断电流/kA
插入式	RC1A - 10	10		2、4、6、10	
	RC1A - 15	15		6、10、12、15	0.75(cos φ = 0.8)
	RC1A - 30	30	AC：380	15、20、25、30	1(cos φ = 0.8)
	RC1A - 60	60	DC：440	30、40、50、60	4(cos φ = 0.5)
	RC1A - 100	100		60、80、100	
螺旋式	RL1 - 15	15		2、4、6、10、15	25(cos φ = 0.25)
	RL1 - 60	60		20、25、30、35、40、50、60	
	RL1 - 100	100		60、80、100	50(cos φ = 0.25)
	RL1 - 200	200		100、125、150、200	

形　式	型　号	熔断器额定电流/A	额定电压/V	熔体额定电流/A	额定分断电流/kA
有填料封闭管式	RT16(NT)-00 RT16(NT)-0	160	AC：500 600	4、6、10、16、20、25、35、40、50、63、100、125、160	50(660 V) 120(500V)
	RT16(NT)-1	250		80、100、125、160、200、224、250	
	RT16(NT)-2	400		125、160、200、224、250、300、315、355、400	(cos φ=0.1～0.2)
	RT16(NT)-3	630		315、355、400、425、500、630	
无填料封闭管式	RM10-15	15	220	6、10、15	1.2(cos φ=0.8)
	RM10-60	60		15、20、25、35、45、60	3.5(cos φ=0.7)
	RM10-100	100		60、80、100	10(cos φ=0.35)
快速式	RS3-50	50	500	10、15、30、50	25(cos φ≤0.3)
	RS3-100	100		80、100	
	RS3-200	200	500	150、200	
	RS3-300	300		250、300	

B.7　断路器主要技术数据

表 B.19　DZ20 系列断路器的主要技术数据

型　号		DZ20-100	DZ20-200	DZ20-400	DZ20-630	DZ20Y-1250
额定工作电压/V	AC	380		380(660)	380	
	DC	220				
开关极数		2极,3极				
壳架等级电流/A		100	200	400	630	1 250
脱扣器等级电流/A		16、20、32、40、50、63、80、100	100、125、160、180、200、225	200、250、315、350、400	250、315、350、400、500、630	630、700、800、1 000、1 250
额定短路分断能力/kA	AC：380 V　Y 型	18	25	30	30	50
	J 型	35	42	42	42	
	G 型	100	100	100		
	C 型	25	15	20	20	
	DC：220 V　Y 型	10	20	25	25	30
	J 型	18	20	25	25	
	G 型	20	25	30		
可配附件	欠压脱扣器	√	√	√	√	√
	分励脱扣器	√	√	√	√	√
	辅助触点	√	√	√	√	√
	报警触点	√	√	√	√	√
	电动操作机构	√	√	√	√	√
	转动手柄操作机构	√	√	J 型和 G 型无	√	√

型　号	DZ20-100	DZ20-200	DZ20-400	DZ20-630	DZ20Y-1250
操作频率/(次·h^{-1})	120		60		30
机械寿命/次	8 000		5 000		3 000
电寿命/次	4 000	2 000	1 000		500

表 B.20　C45 系列断路器的主要技术数据

型　号	额定电压/V	额定电流/A	极　数	额定断开能力/A	短路通断能力/A	瞬时动作电流倍数	电寿命/次	机械寿命/次
C45	220、240	5、10、15、20、25、32	2、3	6 000	3 000			
	380、415			5 000				
C45N	220、240	1	2、3、4	20 000	6 000	(4～7)I_n	6 000	20 000
	380、415			10 000				
	220、240	3、5		20 000				
	380、415			8 000				
	220、240	10、15、20、25、32、40		16 000				
	380、415			8 000				
	220、240	50		10 000	4 000			
	380、415			6 000				
	220、240	60		10 000				
	380、415			5 000				
C45AD	220、240	1、3、5、10、15、20、25、32、40	1	6 000	4 000	(10～14)I_n		
	380、415							

附录C S7 – 200 系列 PLC 技术资料

C.1 S7 – 200 PLC 模块接线图

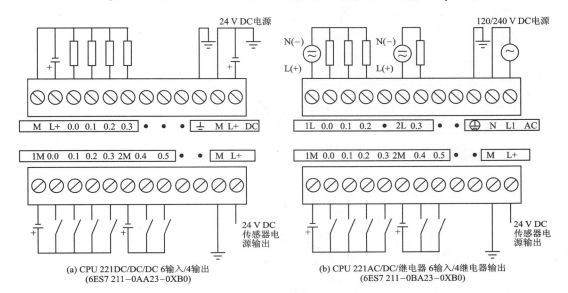

(a) CPU 221DC/DC/DC 6输入/4输出
(6ES7 211 – 0AA23 – 0XB0)

(b) CPU 221AC/DC/继电器 6输入/4继电器输出
(6ES7 211 – 0BA23 – 0XB0)

图 C.1 CPU 221 接线图

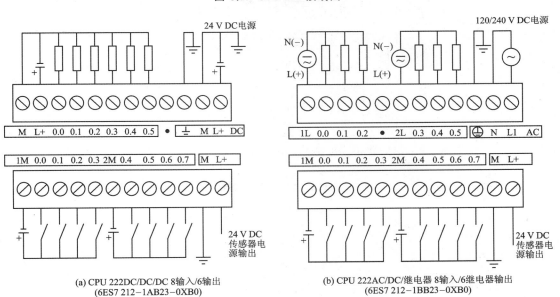

(a) CPU 222DC/DC/DC 8输入/6输出
(6ES7 212 – 1AB23 – 0XB0)

(b) CPU 222AC/DC/继电器 8输入/6继电器输出
(6ES7 212 – 1BB23 – 0XB0)

图 C.2 CPU 222 接线图

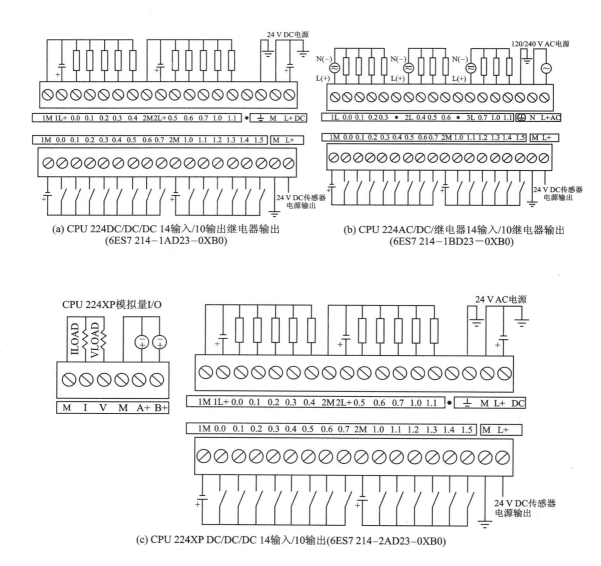

(a) CPU 224DC/DC/DC 14输入/10输出继电器输出
(6ES7 214－1AD23－0XB0)

(b) CPU 224AC/DC/继电器14输入/10继电器输出
(6ES7 214－1BD23－0XB0)

(c) CPU 224XP DC/DC/DC 14输入/10输出(6ES7 214－2AD23－0XB0)

图 C.3　CPU 224 接线图

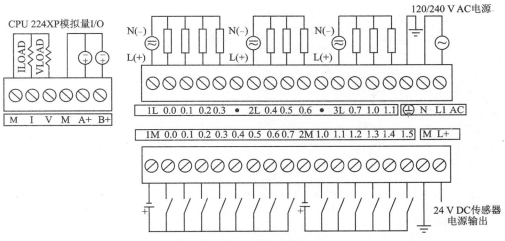

(e) CPU 224XP AC/DC/继电器 14输入/10继电器输出(6ES7 214−2BD23−0XB0)

图 C.3 CPU 224 接线图(续)

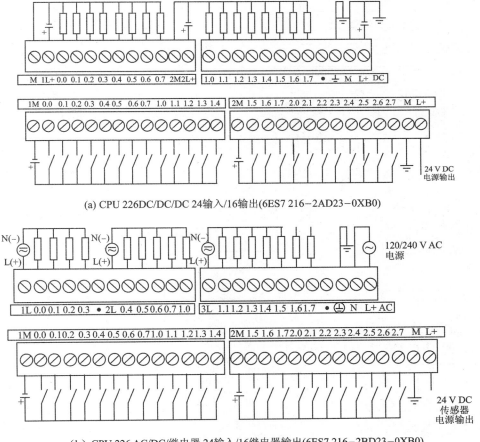

(a) CPU 226DC/DC/DC 24输入/16输出(6ES7 216−2AD23−0XB0)

（b）CPU 226 AC/DC/继电器 24输入/16继电器输出(6ES7 216−2BD23−0XB0)

图 C.4 CPU 226 接线图

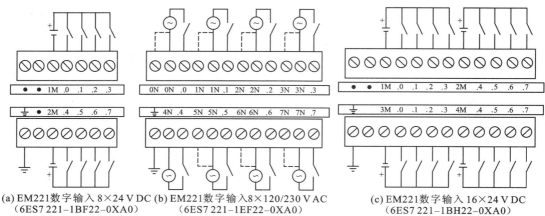

(a) EM221数字输入 8×24 V DC
（6ES7 221–1BF22–0XA0）

(b) EM221数字输入8×120/230 V AC
（6ES7 221–1EF22–0XA0）

(c) EM221数字输入 16×24 V DC
（6ES7 221–1BH22–0XA0）

图 C.5　EM221 接线图

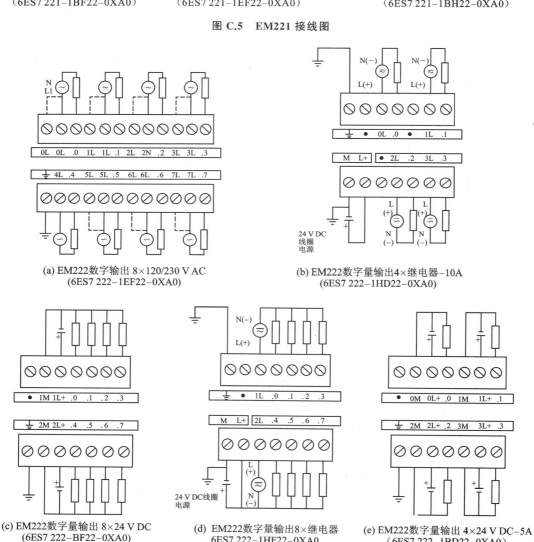

(a) EM222数字输出 8×120/230 V AC
（6ES7 222–1EF22–0XA0）

(b) EM222数字量输出4×继电器–10A
（6ES7 222–1HD22–0XA0）

(c) EM222数字量输出 8×24 V DC
（6ES7 222–BF22–0XA0）

(d) EM222数字量输出8×继电器
6ES7 222–1HF22–0XA0

(e) EM222数字量输出 4×24 V DC–5A
（6ES7 222–1BD22–0XA0）

图 C.6　EM222 接线图

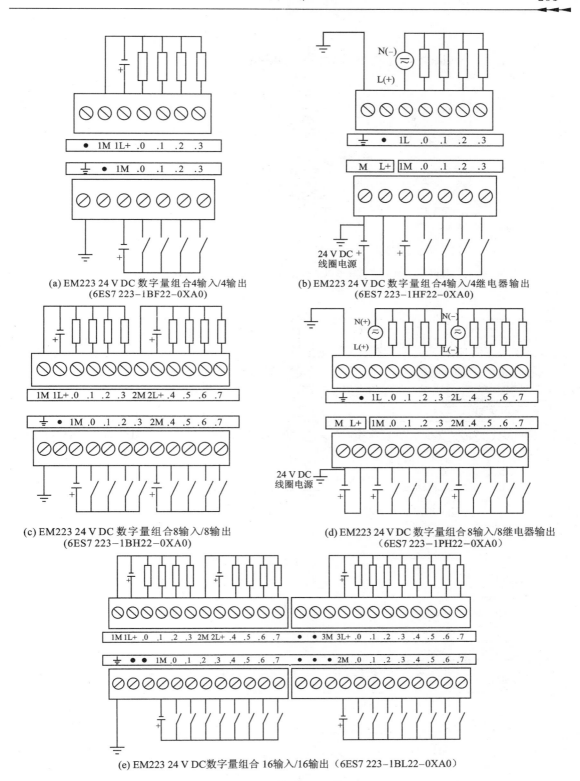

(a) EM223 24 V DC 数字量组合4输入/4输出
(6ES7 223–1BF22–0XA0)

(b) EM223 24 V DC 数字量组合4输入/4继电器输出
(6ES7 223–1HF22–0XA0)

(c) EM223 24 V DC 数字量组合8输入/8输出
(6ES7 223–1BH22–0XA0)

(d) EM223 24 V DC 数字量组合8输入/8继电器输出
（6ES7 223–1PH22–0XA0）

(e) EM223 24 V DC数字量组合 16输入/16输出（6ES7 223–1BL22–0XA0）

图 C.7　EM223 接线图

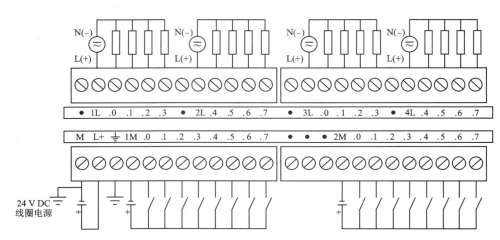

(f) EM223 24 V DC数字量组合 16输入/16输出 （6ES7 223−1PL22−0XA0）

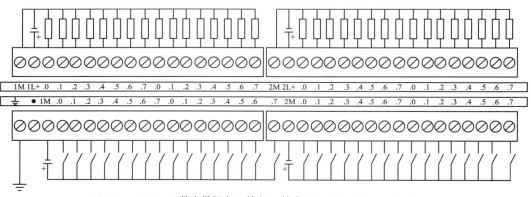

(g) EM223 24 V DC数字量组合 32输入/32输出 （6ES7 223−1BM22−0XA0）

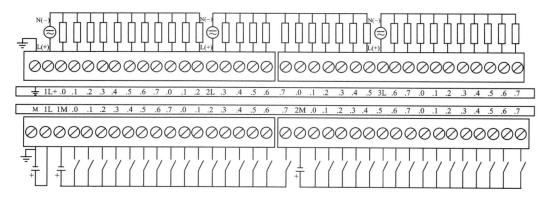

(h) EM223 24 V DC 数字量组合 32输入/32继电器输出 （6ES7 223−1PM22−0XA0）

图 C.7　　EM223 接线图(续)

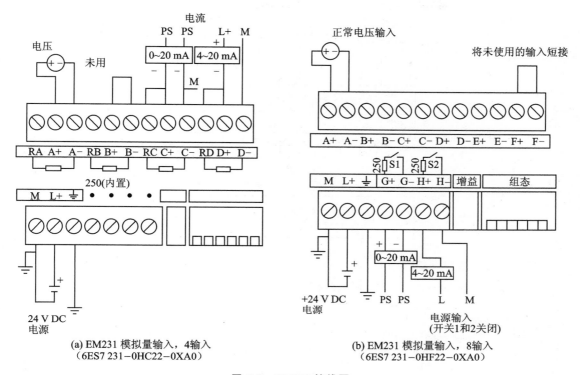

(a) EM231 模拟量输入，4输入
（6ES7 231－0HC22－0XA0）

(b) EM231 模拟量输入，8输入
（6ES7 231－0HF22－0XA0）

图 C.8　EM231 接线图

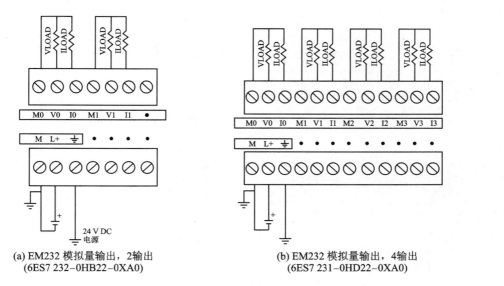

(a) EM232 模拟量输出，2输出
(6ES7 232－0HB22－0XA0)

(b) EM232 模拟量输出，4输出
(6ES7 231－0HD22－0XA0)

图 C.9　EM232 接线图

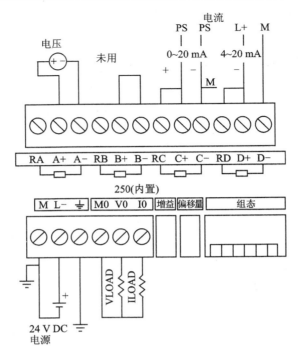

EM 235 模拟量组合，4 输入/1 输出

（6ES7 235 - 0KD22 - 0XA0）

图 C.10　EM235 接线图

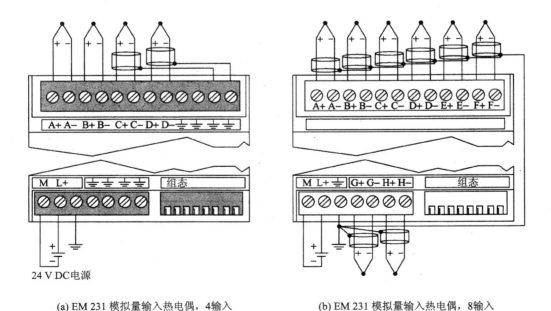

(a) EM 231 模拟量输入热电偶，4输入　　　　　(b) EM 231 模拟量输入热电偶，8输入
　　（6ES7 231-7PD22-0XA0）　　　　　　　　　（6ES7 231-7PF22-0XA0）

图 C.11　EM231 热电偶模块接线图

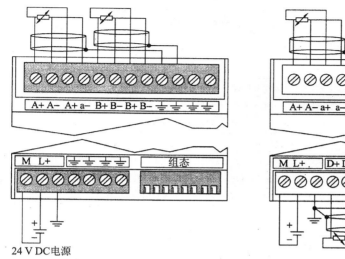
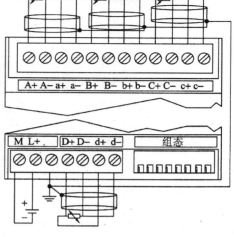

(a) EM 231 模拟量输入RTD，2输入
（6ES7 231–7PB22–0XA0）

(b) EM 231 模拟输入RTD，4输入
（6ES7 231–7PC22–0XA0）

图 C.12　EM231 热电阻接线图

C.2　特殊存储器(SM)标志位及其功能

SM 标志位	描　述	
	状态位	
	SM 位	描　述
	SM0.0	该位始终为 1
	SM0.1	该位在首次扫描时为 1,用于调用初始化子程序
	SM0.2	若保存的数据丢失,则该位在一个扫描周期中为 1。该位可用作错误存储器位,或用来调用特殊启动顺序功能
	SM0.3	开机后进入 RUN 模式,该位将 ON 一个扫描周期,可用作在启动操作之前给设备提供一个预热时间
SMB0	SM0.4	该位提供一个高低电平各为 30 s、周期为 1 min 的时钟脉冲。它提供了一个简单易用的延时或 1 min 的时钟脉冲
	SM0.5	该位提供一个高低电平各为 0.5 s、周期为 1 s 的时钟脉冲。它提供了一个简单易用的延时或 1 s 的时钟脉冲
	SM0.6	该位为扫描时钟,本次扫描时置 1,下次扫描时置 0。可用作扫描计数器的输入
	SM0.7	该位指示 CPU 模式开关的位置(0 为 TERM 位置,1 为 RUN 位置)。当开关在 RUN 位置时,该位可使自由端口通信方式有效;当切换至 TERM 位置时,CPU 可以与编程设备正常通信

SM 标志位	描　述

SMB1	状态位

SM 位	描　述
SM1.0	零标志。当执行某些指令的结果为 0 时,该位置 1
SM1.1	错误标志。当执行某些指令的结果溢出或查出非法数据时,该位置 1
SM1.2	负数标志。当执行数学运算的结果为负数时,该位置 1
SM1.3	当试图除以 0 时,该位置 1
SM1.4	当执行 ATT(添加到表格)指令并试图超出表范围时,该位置 1
SM1.5	当执行 LIFO 或 FIFO 指令,试图从空表中读数时,该位置 1
SM1.6	当试图把一个非 BCD 数转换为二进制数时,该位置 1
SM1.7	当 ASCII 码不能转换为有效的十六进制数时,该位置 1

SM 标志位	描　述
SMB2	自由端口接收字符缓冲区
SMB3	自由端口奇偶校验错误
SMB4	队列溢出
SMB5	I/O 错误状态

SM 位	描　述
SM5.0	当有 I/O 错误时,该位置 1
SM5.1	当 I/O 总线上连接了过多的数字量 I/O 点时,该位置 1
SM5.2	当 I/O 总线上连接了过多的模拟量 I/O 点时,该位置 1
SM5.3	当 I/O 总线上连接了过多的智能 I/O 模块时,该位置 1
SM5.4～SM5.7	保留

SM 标志位	描　述
SMB6	S7 - 200 CPU 标识寄存器
SMB8～SMB21	I/O 模块标识和错误寄存器
SMW22～ SMW26	扫描时间
SMB28 和 SMB29	模拟调整
SMB30 和 SMB130	自由端口控制寄存器

端口 0	端口 1	描　述
SMB30 格式	SMB130 格式	自由端口模式控制字节 MSB　　　　　　　　　　　LSB 7　　　　　　　　　　　　0 | p | p | d | b | b | b | m | m |
SM30.0 和 SM30.1	SM130.0 和 SM130.1	mm:协议选择。 　　00＝点对点接口协议(PPI/从站模式); 　　01＝自由口协议; 　　10＝PPI/主站模式; 　　11＝保留(缺省设置为 PPI/从站模式)

SM 标志位	描　述		
	端口 0	端口 1	描　述
SMB30 和 SMB130	SM30.2～ SM30.4	SM130.2～ SM130.4	bbb：自由口波特率。 　　000＝38 400 波特； 　　001＝19 200 波特； 　　010＝9 600 波特； 　　011＝4 800 波特； 　　100＝2 400 波特； 　　101＝1 200 波特； 　　110＝115 200 波特； 　　111＝57 600 波特
	SM30.5	SM130.5	d：每个字符的数据位。 　　0＝8 位/字符； 　　1＝7 位/字符
	SM30.6 和 SM30.7	SM130.6 和 SM130.7	pp：奇偶校验选择。 　　00＝无奇偶校验； 　　01＝偶校验； 　　10＝无奇偶校验； 　　11＝奇校验

SM 标志位	描　述
SMB31 和 SMW32	E²PROM 写控制

SMB34 和 SMB35

定时中断的时间间隔寄存器

SM 位	描　述
SMB34	定义定时中断 0 的时间间隔（1～255 ms，时基为 1 ms）
SMB35	定义定时中断 1 的时间间隔（1～255 ms，时基为 1 ms）

SMB36～SMB65

HSC0、HSC1 和 HSC2 寄存器

SM 位	描　述
SM36.0～SM36.4、 SM46.0～ SM46.4、 SM56.0～SM56.4	保留
SM36.5、SM46.5、SM56.5	HSC0～HSC2 当前计数方向状态位：1＝增计数；0＝减计数
SM36.6、SM46.6、SM56.6	HSC0～HSC2 当前值等于预置值状态位：1＝相等；0＝不等于
SM36.7、SM46.7、SM56.7	HSC0～HSC2 当前值大于预置值状态位：1＝大于；0＝小于或等于
SM37.0、SM47.0、SM57.0	HSC0～HSC2 复位有效电平控制位：0＝高电平复位有效；1＝低电平复位有效

SM 标志位	描　述
SMB36～SMB65	<table><tr><td>SM 位</td><td>描　述</td></tr><tr><td>SM37.1</td><td>保留</td></tr><tr><td>SM47.1、SM57.1</td><td>HSC1 和 HSC2 启动有效电平控制位：0＝高电平；1＝低电平</td></tr><tr><td>SM37.2、SM47.2、SM57.2</td><td>HSC0～HSC2 正交计数器的计数速率选择：0＝4×计数速率；1＝1×计数速率</td></tr><tr><td>SM37.3、SM47.3、SM57.3</td><td>HSC0～HSC2 方向控制位：1＝增计数；0＝减计数</td></tr><tr><td>SM37.4、SM47.4、SM57.4</td><td>HSC0～HSC2 更新方向：1＝更新方向；0＝无更新</td></tr><tr><td>SM37.5、SM47.5、SM57.5</td><td>HSC0～HSC2 更新预置值：1＝更新预置值；0＝无更新</td></tr><tr><td>SM37.6、SM47.6、SM57.6</td><td>HSC0～HSC2 更新当前值：1＝更新当前值；0＝无更新</td></tr><tr><td>SM37.7、SM47.7、SM57.7</td><td>HSC0～HSC2 启用位：1＝启用；0＝禁止</td></tr><tr><td>SMD38、SMD48、SMD58</td><td>HSC0～HSC2 新的初始值</td></tr><tr><td>SMD42、SMD52、SMD62</td><td>HSC0～HSC2 新的预置值</td></tr></table>
SMB66～SMB85	PTO/PWM 寄存器（下表仅列出与 PWM 有关的 SM 位）<table><tr><td>SM 位</td><td>描　述</td></tr><tr><td>SM67.0、SM77.0</td><td>PWM0、PWM1 更新周期值：1＝更新周期值；0＝无更新</td></tr><tr><td>SM67.1、SM77.1</td><td>PWM0、PWM1 更新脉宽值：1＝更新脉冲宽度；0＝无更新</td></tr><tr><td>SM67.3、SM77.3</td><td>PWM0、PWM1 时间基准：0＝1 μs；1＝1 ms</td></tr><tr><td>SM67.4、SM77.4</td><td>PWM0、PWM1 同步更新：0＝异步更新；1＝同步更新</td></tr><tr><td>SM67.6、SM77.6</td><td>PWM0、PWM1 模式选择：1＝PWM；0＝PTO</td></tr><tr><td>SM67.7、SM77.7</td><td>PWM0、PWM1 启用位：1＝启用；0＝禁止</td></tr><tr><td>SMW68、SMW78</td><td>PWM0、PWM1 周期（2～65 535 个时间基准）</td></tr><tr><td>SMW70、SMW80</td><td>PWM0、PWM1 脉冲宽度值（0～65 535 个时间基准）</td></tr></table>
SMB86～SMB94	端口 0 接收信息控制
SMW98	扩展 I/O 总线错误计数器

SM 标志位	描　述		
SMB131～SMB165	HSC3～HSC5 寄存器		
	SM 位	描　述	
	SMB131～SMB135	保留	
	SM136.0～SM136.4、SM146.0～SM146.4、SM156.0～SM156.4	保留	
	SM136.5、SM146.5、SM156.5	HSC3～HSC5 当前计数方向状态位:1=增计数;0=减计数	
	SM136.6、SM146.6、SM156.6	HSC3～HSC5 当前值等于预置值状态位:1=相等;0=不等于	
	SM136.7、SM146.7、SM156.7	HSC3～HSC5 当前值大于预置值状态位:1=大于;0=小于或等于	
	SM137.0～SM137.2	保留	
	SM147.0	HSC4 复位有效电平控制位:0=高电平复位有效;1=低电平复位有效	
	SM147.1	保留	
	SM147.2	HSC4 正交计数器的计数速率选择:0=4 × 计数速率;1=1 × 计数速率	
	SM137.3、SM147.3、SM157.3	HSC3～HSC5 方向控制位:1=增计数;0=减计数	
	SM137.4、SM147.4、SM157.4	HSC3～HSC5 更新方向:1=更新方向;0=无更新	
	SM137.5、SM147.5、SM157.5	HSC3～HSC5 更新预置值:1=更新预置值;0=无更新	
	SM137.6、SM147.6、SM157.6	HSC3～HSC5 更新当前值:1=更新当前值;0=无更新	
	SM137.7、SM147.7、SM157.7	HSC3～HSC5 启用位:1=启用;0=禁止	
	SMD138、SMD148、SMD158	HSC3～HSC5 新的初始值	
	SMD142、SMD152、SMD162	HSC3～HSC5 新的预置值	
SMB166～SMB185	PTO0、PTO1 包络定义表		
SMB186～SMB194	端口 1 接收信息控制		
SMB200～SMB549	智能模块状态		

C.3　SIMATIC 指令集

位逻辑指令		
LD	Bit	取
LDI	Bit	立即取
LDN	Bit	取反
LDNI	Bit	立即取反
A	Bit	与
AI	Bit	立即与
AN	Bit	与反
ANI	Bit	立即与反
O	Bit	或
OI	Bit	立即或
ON	Bit	或反
ONI	Bit	立即或反
NOT		堆栈取反
EU		上升沿脉冲
ED		下降沿脉冲
=	Bit	输出
=I	Bit	立即输出
S	Bit,N	置位一个区域
R	Bit,N	复位一个区域
SI	Bit,N	立即置位一个区域
RI	Bit,N	立即复位一个区域
ALD		栈装载与
OLD		栈装载或
LPS		逻辑入栈
LRD		逻辑读栈
LPP		逻辑出栈
LDS		装载堆栈
AENO		ENO 与

比较指令		
LDBx	IN1,IN2	装载字节比较的结果 IN1 (x:<,<=,=,>=,>,<>) IN2
ABx	IN1,IN2	与字节比较的结果 IN1 (x:<,<=,=,>=,>,<>) IN2
OBx	IN1,IN2	或字节比较的结果 IN1 (x:<,<=,=,>=,>,<>) IN2
LDWx	IN1,IN2	装载字比较结果 IN1 (x:<,<=,=,>=,>,<>) IN2
AWx	IN1,IN2	与字比较结果 IN1 (x:<,<=,=,>=,>,<>) IN2
OWx	IN1,IN2	或字比较结果 IN1 (x:<,<=,=,>=,>,<>) IN2
LDDx	IN1,IN2	装载双字比较结果 IN1 (x:<,<=,=,>=,>,<>) IN2
ADx	IN1,IN2	与双字比较结果 IN1 (x:<,<=,=,>=,>,<>) IN2

ODx	IN1,IN2	或双字比较结果 IN1 (x:<,<=,=,>=,>,<>) IN2
LDRx	IN1,IN2	装载实数比较结果 IN1 (x:<,<=,=,>=,>,<>) IN2
ARx	IN1,IN2	与实数比较结果 IN1 (x:<,<=,=,>=,>,<>) IN2
ORx	IN1,IN2	或实数比较结果 IN1 (x:<,<=,=,>=,>,<>) IN2
LDSx	IN1,IN2	装载字符串比较结果 IN1 (x:=,<>) IN2
ASx	IN1,IN2	与字符串比较结果 IN1 (x:=,<>) IN2
OSx	IN1,IN2	或字符串比较结果 IN1 (x:=,<>) IN2

实时时钟指令		
TODR	T	读实时时钟
TODW	T	写实时时钟

字符串指令		
SLEN	IN,OUT	字符串长度
SCAT	IN,OUT	连接字符串
SCPY	IN,OUT	复制字符串
SSCPY	IN, INDX, N,OUT	复制子字符串
CFND	IN1, IN2,OUT	在字符串中查找第一个字符
SFND	IN1, IN2,OUT	在字符串中查找字符串

数学运算指令		
+I	IN1,OUT	整数加法：IN1+OUT=OUT
+D	IN1,OUT	双整数加法：IN1+OUT=OUT
+R	IN1,OUT	实数加法：IN1+OUT=OUT
−I	IN1,OUT	整数减法：OUT−IN1=OUT
−D	IN1,OUT	双整数减法：OUT−IN1=OUT
−R	IN1,OUT	实数减法：OUT−IN1=OUT
MUL	IN1,OUT	完全整数乘法：IN1×OUT=OUT
*I	IN1,OUT	整数乘法：IN1×OUT=OUT
*D	IN1,OUT	双整数乘法：IN1×OUT=OUT
*R	IN1,OUT	实数乘法：IN1×OUT=OUT
DIV	IN1,OUT	安全整数除法：OUT/IN1=OUT
/I	IN1,OUT	整数除法：OUT/IN1=OUT

/D	IN1,OUT	双整数除法：OUT/IN1＝OUT		移位、循环指令		
/R	IN1,OUT	实数除法：OUT/IN1＝OUT	SWAP	IN		交换字节
SQRT	IN, OUT	平方根	SHRB	DATA ,S_BIT, N		寄存器移位
LN	IN, OUT	自然对数	SRB	OUT, N		字节右移
EXP	IN, OUT	自然指数	SRW	OUT, N		字右移
SIN	IN, OUT	正弦	SRD	OUT, N		双字右移
COS	IN, OUT	余弦	SLB	OUT, N		字节左移
TAN	IN, OUT	正切	SLW	OUT, N		字左移
INCB	OUT	字节增1	SLD	OUT, N		双字左移
INCW	OUT	字增1	RRB	OUT, N		字节循环右移
INCD	OUT	双字增1	RRW	OUT, N		字循环右移
DECB	OUT	字节减1	RRD	OUT, N		双字循环右移
DECW	OUT	字减1	RLB	OUT, N		字节循环左移
DECD	OUT	双字减1	RLW	OUT, N		字循环左移
定时器和计数器指令			RLD	OUT, N		双字循环左移
TON	Txxx,PT	接通延时定时器	逻辑操作			
TOF	Txxx,PT	断开延时定时器	ANDB	IN1, OUT		字节逻辑与
TONR	Txxx,PT	带记忆的接通延时定时器	ANDW	IN1, OUT		字逻辑与
CTU	Cxxx,PV	增计数	ANDD	IN1, OUT		双字逻辑与
CTD	Cxxx,PV	减计数	ORB	IN1, OUT		字节逻辑或
CTUD	Cxxx,PV	增/减计数	ORW	IN1, OUT		字逻辑或
程序控制指令			ORD	IN1, OUT		双字逻辑或
END		程序的条件结束	XORB	IN1, OUT		字节逻辑异或
STOP		切换到 STOP 模式	XORW	IN1, OUT		字逻辑异或
WDR		看门狗复位(300 ms)	XORD	IN1, OUT		双字逻辑异或
JMP	N	跳到定义的标号	INVB	OUT		字节取反
LBL	N	定义一个跳转的标号	INVW	OUT		字取反
FOR	INDX,INIT,	For/Next 循环	INVD	OUT		双字取反
	FINAL		表指令			
NEXT			ATT	DATA ,TBL		把数据加入到表中
LSCR	S_bit	顺控继电器段的启动	LIFO	TBL, DATA		从表中取数据
SCRT	S_bit	状态转移				(后进先出)
CSCRE		顺控继电器段条件结束	FIFO	TBL, DATA		从表中取数据
SCRE		顺控继电器段结束				(先进先出)
子程序指令			FND＝	TBL,PTN,INDX		根据比较条件在表中
CALL	SBR - N	调用子程序	FND＜＞	TBL,PTN,INDX		查找数据
CRET		从子程序条件返回	FND＜	TBL,PTN,INDX		
传送指令			FND＞	TBL,PTN,INDX		
MOVB	IN,OUT	字节传送	FILL	IN, OUT, N		用指定的元素填充存储
MOVW	IN,OUT	字传送				器空间
MOVD	IN,OUT	双字传送	转换指令			
MOVR	IN,OUT	实数传送	BCDI	OUT		BCD 码转换成整数
BIR	IN,OUT	字节立即读	IBCD	OUT		整数转换成 BCD 码
BIW	IN,OUT	字节立即写	BTI	IN, OUT		字节转换成整数
BMB	IN, OUT, N	字节块传送	ITB	IN, OUT		整数转换成字节
BMW	IN, OUT, N	字块传送	ITD	IN, OUT		整数转换成双整数
BMD	IN, OUT, N	双字块传送	DTI	IN, OUT		双整数转换成整数
			DTR	IN, OUT		双字转换成实数
			TRUNC	IN, OUT		实数转换成双字(舍去
						小数)

ROUND IN, OUT	实数转换成双整数(保留小数)	
ATH	IN, OUT, LEN	ASCII 码转换成十六进制格式
HTA	IN, OUT, LEN	十六进制格式转换成 ASCII 码
ITA	IN, OUT, FMT	整数转换成 ASCII 码
DTA	IN, OUT, FMT	双整数转换成 ASCII 码
RTA	IN, OUT, FMT	实数转换成 ASCII 码
ITS	IN,FMT,OUT	整数转换为字符串
DTS	IN,FMT,OUT	双整数转换为字符串
RTS	IN,FMT,OUT	实数转换为字符串
STI	IN,INDX,OUT	字符串转换为整数
STD	IN,INDX,OUT	字符串转换为双整数
STR	IN,INDX,OUT	字符串转换为实数
ENCO	IN, OUT	编码
DECO	IN, OUT	解码
PID 控制指令		
PID	TBL,LOOP	PID 运算

中　断		
CRETI		从中断条件返回
ENI		允许中断
DISI		禁止中断
ATCH	INT, EVNT	给事件分配中断程序
DTCH	EVNT	解除中断事件
通　信		
XMT	TBL, PORT	自由口传送数据
RCV	TBL, PORT	自由口接收信息
NETR	TBL, PORT	网络读
NETW	TBL, PORT	网络写
GPA	ADDR, PORT	获取口地址
SPA	ADDR, PORT	设置口地址
高速指令		
HDEF	HSC, MODE	定义高速计数器模式
HSC	N	激活高速计数器
PLS	Q 0.X	脉冲输出(X 为 0 或 1)

附录 D MM440 变频器技术规格

定货号	6SE6440 –	2AB11 – 2AA1	2AB12 – 5AA1	2AB13 – 7AA1	2AB15 – 5AA1	2AB17 – 5AA1	2AB21 – 1BA1	2AB21 – 5BA1	2AB22 – 2BA1	2AB23 – 0CA1
输入电压范围		1AC 200～240 V（带内置 A 级滤波器）								
电动机的额定输出功率/kW		0.12	0.25	0.37	0.55	0.75	1.1	1.5	2.2	3.0
输出功率/kV·A		0.4	0.7	1.0	1.3	1.7	2.4	3.2	4.6	6.0
最大输出电流/A		0.9	1.7	2.3	3.0	3.9	5.5	7.4	10.4	13.6
输入电流/A		1.4	2.7	3.7	5.0	6.6	9.6	13.0	17.6	23.7
外形尺寸	宽/mm	73.0	73.0	73.0	73.0	73.0	149.0	149.0	149.0	185.0
	高/mm	173.0	173.0	173.0	173.0	173.0	202.0	202.0	202.0	245.0
	深/mm	149.0	149.0	149.0	149.0	149.0	172.0	172.0	172.0	195.0

定货号	6SE6440 –	2AC23 – 0CA1	2AC24 – 0CA1	2AC25 – 5CA1
输入电压范围		3AC 200～240 V（带内置 A 级滤波器）		
电动机的额定输出功率/kW		3.0	4.0	5.5
输出功率/kV·A		6.0	7.7	9.6
最大输出电流（CT）/A		13.6	17.5	22.0
输入电流（CT）/A		10.5	13.1	17.5
输入电流（VT）/A		10.5	17.6	26.5
最大输出电流（VT）/A		13.6	22.0	28.0
外形尺寸	宽/mm	185.0	185.0	185.0
	高/mm	245.0	245.0	245.0
	深/mm	195.0	195.0	195.0

定货号	6SE6440 –	2UC11 – 2AA1	2UC12 – 5AA1	2UC13 – 7AA1	2UC15 – 5AA1	2UC17 – 5AA1	2UC21 – 1BA1	2UC21 – 5BA1	2UC22 – 2BA1	2UC23 – 0CA1
输入电压范围		1AC/3AC 200～240 V（不带滤波器）								
电动机的额定输出功率/kW		0.12	0.25	0.37	0.55	0.75	1.1	1.5	2.2	3.0
输出功率/kV·A		0.4	0.7	1.0	1.3	1.7	2.4	3.2	4.6	6.0
最大输出电流/A		0.9	1.7	2.3	3.0	3.9	5.5	7.4	10.4	13.6
输入电流，3AC/A		0.6	1.1	1.6	2.1	2.9	4.1	5.6	7.6	10.5
输入电流，1AC/A		1.4	2.7	3.7	5.0	6.6	9.6	13.0	17.6	23.7
外形尺寸	宽/mm	73.0	73.0	73.0	73.0	73.0	149.0	149.0	149.0	185.0
	高/mm	173.0	173.0	173.0	173.0	173.0	202.0	202.0	202.0	245.0
	深/mm	149.0	149.0	149.0	149.0	149.0	172.0	172.0	172.0	195.0

定货号 6SE6440 -	2UC24 - 0CA1	2UC25 - 5CA1	2UC27 - 5DA1	2UC31 - 1DA1	2UC31 - 5DA1	2UC31 - 8EA1	2UC32 - 2EA1	2UC33 - 0FA1	2UC33 - 7FA1	2UC34 - 5FA1
输入电压范围	3AC 200～240 V(不带滤波器)									
电动机的额定输出功率/kW	4.0	5.5	7.5	11.0	15.0	18.5	22.0	30.0	37.0	45.0
输出功率/kV·A	7.7	9.6	12.3	18.4	23.7	29.8	35.1	45.6	57.0	67.5
最大输出电流(CT)/A	17.5	22.0	28.0	42.0	54.0	68.0	80.0	104.0	130.0	154.0
输入电流(CT)/A	13.1	17.5	25.3	37.0	48.8	61.0	69.4	94.1	110.6	134.9
输入电流(VT)/A	17.6	26.5	38.4	50.3	61.5	70.8	96.2	114.1	134.9	163.9
最大输出电流(VT)/A	22.0	28.0	42.0	54.0	68.0	80.0	104.0	130.0	154.0	178.0
外形尺寸 宽/mm	185.0	185.0	275.0	275.0	275.0	275.0	275.0	350.0	350.0	350.0
高/mm	245.0	245.0	520.0	520.0	520.0	520.0	520.0	850.0	850.0	850.0
深/mm	195.0	195.0	245.0	245.0	245.0	245.0	245.0	320.0	320.0	320.0

定货号 6SE6440 -	2AD22 - 2BA1	2AD23 - 0BA1	2AD24 - BA1	2AD25 - 5CA1	2AD27 - 5CA1	2AD31 - 1CA1	2AD31 - 5DA1	2AD31 - 8DA1
输入电压范围	3AC 380～480 V(带内置 A 级滤波器)							
电动机的额定输出功率/kW	2.2	3.0	4.0	5.5	7.5	11.0	15.0	18.5
输出功率/kV·A	4.5	5.9	7.8	10.1	14.0	19.8	24.4	29.0
最大输出电流(CT)/A	5.9	7.7	10.2	13.2	18.4	26.0	32.0	38.0
输入电流(CT)/A	5.0	6.7	8.5	11.6	15.4	22.5	30.0	36.6
输入电流(VT)/A	5.0	6.7	8.5	16.0	22.5	30.5	37.2	43.3
最大输出电流(VT)/A	5.9	7.7	10.2	18.4	26.0	32.0	38.0	45.0
外形尺寸 宽/mm	149.0	149.0	149.0	185.0	185.0	185.0	275.0	275.0
高/mm	202.0	202.0	202.0	245.0	245.0	245.0	520.0	520.0
深/mm	172.0	172.0	172.0	195.0	195.0	195.0	245.0	245.0

定货号 6SE6440 -	2AD32 - 2DA1	2AD33 - 0EA1	2AD33 - 7EA1	2AD34 - 5FA1	2AD35 - 5FA1	2AD37 - 5FA1
输入电压范围	3AC 380～480 V(带内置 A 级滤波器)					
电动机的额定输出功率/kW	22.0	30.0	37.0	45.0	55.0	75.0
输出功率/kV·A	34.3	47.3	57.2	68.6	83.8	110.5
最大输出电流(CT)/A	45.0	62.0	75.0	90.0	110.0	145.0
输入电流(CT)/A	43.1	58.7	71.2	85.6	103.6	138.5
输入电流(VT)/A	59.3	71.7	86.6	103.6	138.5	168.5
最大输出电流(VT)/A	62.0	75.0	90.0	110.0	145.0	178.0
外形尺寸 宽/mm	275.0	275.0	275.0	350.0	35.0	350.0
高/mm	520.0	650.0	650.0	1 150.0	1 150.0	1 150.0
深/mm	245.0	245.0	245.0	320.0	320.0	320.0

定货号　6SE6440 -	2UD13-7AA1	2UD15-5AA1	2UD17-5AA1	2UD21-1AA1	2UD21-5AA1	2UD22-2BA1	2UD23-0BA1	2UD24-0BA1	2UD25-5CA1	2UD27-5CA1
输入电压范围	3AC 380~480 V(不带滤波器)									
电动机的额定输出功率/kW	0.37	0.55	0.75	1.1	1.5	2.2	3.0	4.0	5.5	7.5
输出功率/kV·A	0.9	1.2	1.6	2.3	3.0	4.5	5.9	7.8	10.1	14.0
最大输出电流(CT)/A	1.2	1.6	2.1	3.0	4.0	5.9	7.7	10.2	13.2	18.4
输入电流(CT)/A	1.1	1.4	1.9	2.8	3.9	5.0	6.7	8.5	11.6	15.4
输入电流(VT)/A									16.0	22.5
最大输出电流(VT)/A									18.4	26.0
外形尺寸　宽/mm	73.0	73.0	73.0	73.0	73.0	149.0	149.0	149.0	185.0	185.0
高/mm	173.0	173.0	173.0	173.0	173.0	202.0	202.0	202.0	245.0	245.0
深/mm	149.0	149.0	149.0	149.0	149.0	172.0	172.0	172.0	195.0	195.0

定货号　6SE6440 -	2UD31-1CA1	2UD31-5DA1	2UD31-8DA1	2UD32-2DA1	2UD33-0EA1	2UD33-7EA1	2UD34-5FA1	2UD35-5FA1	2UD37-5FA1
输入电压范围	3AC 380~480 V(不带滤波器)								
电动机的额定输出功率/kW	11.0	15.0	18.5	22.0	30.0	37.0	45.0	55.0	75.0
输出功率/kV·A	19.8	24.4	29.0	34.3	47.3	57.2	68.6	83.8	110.5
最大输出电流(CT)/A	26.0	32.0	38.0	45.0	62.0	75.0	90.0	110.0	145.0
输入电流(CT)/A	22.5	30.0	36.6	43.1	58.7	71.2	85.6	103.6	138.5
输入电流(VT)/A	30.5	37.2	43.3	59.3	71.7	86.6	103.6	138.5	168.5
最大输出电流(VT)/A	32.0	38.0	45.0	62.0	75.0	90.0	110.0	145.0	178.0
外形尺寸　宽/mm	185.0	275.0	275.0	275.0	275.0	275.0	350.0	350.0	350.0
高/mm	245.0	520.0	520.0	520.0	650.0	650.0	850.0	850.0	850.0
深/mm	195.0	245.0	245.0	245.0	245.0	245.0	320.0	320.0	320.0

定货号　6SE6440 -	2UD38-	2UD41-	2UD41-3GA1	2UD41-	2UD42-
输入电压范围	3AC 380~480 V(不带滤波器)				
电动机的额定输出功率(CT)/kW	90	110	132	160	200
输出功率/kV·A	145.4	180	214.8	263.2	339.4
最大输出电流(CT)/A	178.0	205.0	250.0	302.0	370.0
输入电流(CT)/A	177	201	246	289	343
输入电流(VT)/A	200	245	297	354	442
最大输出电流(VT)/A	205.0	250.0	302.0	370.0	477.0

定货号　6SE6440 −	2UE17 − 5CA1	2UE21 − 5CA1	2UE22 − 2CA1	2UE24 − 0CA1	2UE25 − 5CA1	2UE27 − 5CA1	2UE31 − 1CA1	2UE31 − 5DA1	2UE31 − 8DA1
输入电压范围	3AC 500～600 V(不带滤波器)								
电动机的额 定输出功率/kW	0.75	1.5	2.2	4.0	5.5	7.5	11.0	15.0	18.5
输出功率/kV·A	1.3	2.6	3.7	5.8	8.6	10.5	16.2	21.0	25.7
最大输出电流(CT)/A	1.4	2.7	3.9	6.1	9.0	11.0	17.0	22.0	27.0
输入电流(CT)/A	2.0	3.2	4.4	6.9	9.4	12.3	18.1	24.2	29.5
输入电流(VT)/A	3.2	4.4	6.9	9.4	12.6	18.1	24.9	29.8	35.1
最大输出电流(VT)/A	2.7	3.9	6.1	9.0	11.0	17.0	22.0	27.0	32.0
外形尺寸　宽/mm	185.0	185.0	185.0	185.0	185.0	185.0	185.0	275.0	275.0
高/mm	245.0	245.0	245.0	245.0	245.0	245.0	245.0	520.0	520.0
深/mm	195.0	195.0	195.0	195.0	195.0	195.0	195.0	245.0	245.0

定货号　6SE6440 −	2UE32 − 2DA1	2UE33 − 0EA1	2UE33 − 7EA1	2UE34 − 5FA1	2UE35 − 5FA1	2UE37 − 5FA1
输入电压范围	3AC 500～600 V(不带滤波器)					
电动机的额 定输出功率/kW	22.0	30.0	37.0	45.0	55.0	75.0
输出功率/kV·A	30.5	39.1	49.5	59.1	73.4	94.3
最大输出电流(CT)/A	32.0	41.0	52.0	62.0	77.0	99.0
输入电流(CT)/A	34.7	47.2	57.3	69.0	82.9	113.4
输入电流(VT)/A	47.5	57.9	69.4	83.6	113.4	137.6
最大输出电流(VT)/A	41.0	52.0	62.0	77.0	99.0	125.0
外形尺寸　宽/mm	275.0	275.0	275.0	350.0	350.0	350.0
高/mm	520.0	650.0	650.0	850.0	850.0	850.0
深/mm	245.0	245.0	245.0	320.0	320.0	320.0

注:CT—恒定转矩;VT—可变转矩。

参 考 文 献

[1] 王丰,李明颖,赵永成. 机电传动控制[M]. 北京:清华大学出版社,2011.

[2] 赵永成,王丰,李明颖,等. 机电传动控制[M]. 2 版. 北京:中国计量出版社,2007.

[3] 邓星钟. 机电传动控制[M]. 4 版. 武汉:华中科技大学出版社,2007.

[4] 马如宏. 机电传动控制[M]. 西安:西安电子科技大学出版社,2009.

[5] 海心,赵华. 机电传动控制[M]. 北京:高等教育出版社,2007.

[6] 杨黎明. 机电传动控制技术[M]. 北京:国防工业出版社,2007.

[7] 芮延年. 机电传动控制[M]. 北京:机械工业出版社,2006.

[8] 王晋生. 新标准电气识图[M]. 北京:中国电力出版社,2003.

[9] 闫和平. 常用低压电器应用手册[M]. 北京:机械工业出版社,2005.

[10] 王仁祥. 常用低压电器原理及其控制技术[M]. 北京:机械工业出版社,2001.

[11] 张万忠,刘明芹. 电器与 PLC 控制技术[M]. 北京:化学工业出版社,2003.

[12] 王永华. 现代电气控制及 PLC 应用技术[M]. 北京:北京航空航天大学出版社,2003.

[13] 李艳杰. S7 - 200 PLC 原理与实用开发指南[M]. 北京:机械工业出版社,2009.

[14] 廖常初. S7 - 200 PLC 编程及应用[M]. 北京:机械工业出版社,2007.

[15] 郭汀. 新旧电气简图用图形符号对照手册[M]. 北京:中国电力出版社,2001.

[16] 吕庆荣. 电气识图[M]. 北京:化学工业出版社,2005.